“十二五”普通高等教育本科国家级规划教材
普通高等教育“十一五”国家级规划教材
山东省高等学校优秀教材一等奖
山东省普通高等教育一流教材
国家级一流本科专业教材
国家级一流本科课程教材
新工科计算机类一流精品教材

计算机网络技术与应用

（第4版）

◎荆 山 陈贞翔 主 编

◎董 良 黄艺美 副主编

◎徐龙玺 张佳伦 隋永平 王 倩 王彦磊 编

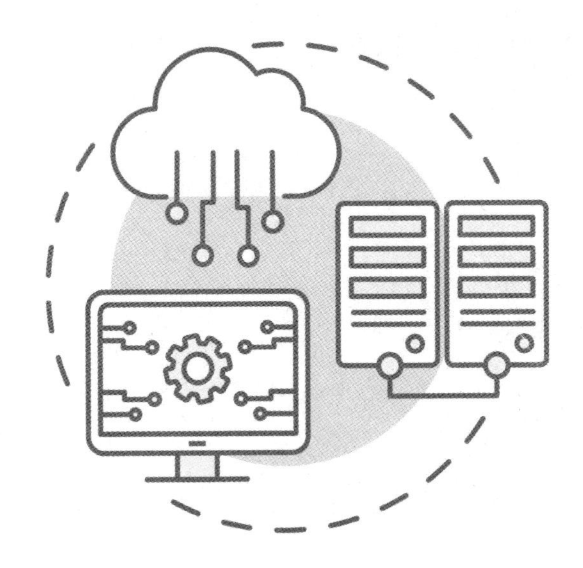

電子工業出版社

Publishing House of Electronics Industry

北京·BEIJING

内 容 简 介

本书是“十二五”普通高等教育本科国家级规划教材、普通高等教育“十一五”国家级规划教材，获山东省高等学校优秀教材一等奖。本书从实用性和先进性出发，较全面地介绍了计算机网络技术基本理论和技术应用的相关内容。全书分为14章，内容包括计算机网络基础、数据通信基础、局域网、IP基础、路由基础、OSPF协议、VLAN技术、STP协议、DHCP技术、ACL与NAT、广域网技术、MPLS技术、WLAN技术，以及企业网络综合实战。

本书可作为高等学校计算机网络课程的基础教材，也可供相关领域的工程技术人员学习和参考。

未经许可，不得以任何方式复制或抄袭本书之部分或全部内容。
版权所有，侵权必究。

图书在版编目（CIP）数据

计算机网络技术与应用 / 荆山，陈贞翔主编. —4版. —北京：电子工业出版社，2024.1

ISBN 978-7-121-47253-4

Ⅰ. ①计… Ⅱ. ①荆… ②陈… Ⅲ. ①计算机网络—高等学校—教材 Ⅳ. ①TP393

中国国家版本馆CIP数据核字（2024）第014223号

责任编辑：王羽佳　　　文字编辑：康　霞
印　　刷：北京雁林吉兆印刷有限公司
装　　订：北京雁林吉兆印刷有限公司
出版发行：电子工业出版社
　　　　　北京市海淀区万寿路173信箱　邮编：100036
开　　本：787×1 092　1/16　印张：15　字数：423.4千字
版　　次：2006年9月第1版
　　　　　2024年1月第4版
印　　次：2024年11月第2次印刷
定　　价：59.90元

凡所购买电子工业出版社图书有缺损问题，请向购买书店调换。若书店售缺，请与本社发行部联系，联系及邮购电话：（010）88254888，88258888。

质量投诉请发邮件至zlts@phei.com.cn，盗版侵权举报请发邮件至dbqq@phei.com.cn。

本书咨询联系方式：（010）88254535，wyj@phei.com.cn。

前　言

计算机技术的发展不仅极大地促进了科学技术的发展，而且加快了经济信息化和社会信息化的进程。因此，计算机教育在各国备受重视，具备计算机知识与相关能力已成为21世纪人才的基本素质之一。

计算机网络彻底改变了人们的工作和生活方式，改变了企事业单位的运营和管理方式，已经融入人们生活、工作、学习、交往的方方面面，与各行各业紧密结合。计算机网络对整个社会的各个领域产生了很大的影响，与国家发展、综合国力提升也有着日益密切的联系。党的二十大报告对加快建设网络强国、数字中国做出了重要部署，青年大学生是建设网络强国的中流砥柱，熟练掌握计算机网络知识和技术是实施网络强国的前提和保障。

为了进一步加强计算机教学工作，适应高等学校正在开展的课程体系与教学内容的改革，及时反映计算机教学的研究成果，积极探索适应21世纪新工科人才培养的教学模式，我们编写了本书。

本书具有如下特色：强调理论与实践结合，通过在计算机网络基础知识和计算机网络技术两大方向上安排内容，使学生在掌握计算机网络基础知识的基础上，学习计算机网络技术的原理和应用，并强调计算机网络关键技术的配置实践，将理论知识与实践应用全面结合，最后落地于企业网络综合实战，提升学生的动手实践能力。

党的二十大报告提出“实施科教兴国战略，强化现代化建设人才支撑”，高等教育事业发展进入新阶段，提出新要求，迎来新机遇。经过在多年教学实践中的不断探索，我们总结出适合高等学校学生学习计算机网络知识的研究型教学模式。

研究型教学模式的基本形式为：精讲多练，以学生在课题研究中探索式的学习为主，以网络教学平台答疑讨论为辅，以试题库在线测验为补充。研究型教学模式的操作重点突出以下几个方面：

① 加强自学和实践。课堂教学主要精讲重点内容，而不是面面俱到。在教师指导下，学生通过自己看书，在网络教学平台上学习多媒体课件或使用其他各种学习资料进行学习。同时，增加上机实验教学的学时比例，使学生充分利用上机练习掌握所学的内容。

② 以实际训练提升教学效果。在上课前给单个学生，或几个学生组成的小组，布置一项实际操作或软件开发课题。课题力求既结合实际，又能涵盖课程教学的内容，并明确具体要求和进度。学生结合课程进度在规定时间内完成课题，成绩记入操作设计成绩库。

③ 充分重视辅助教学手段在课程教学中的作用。建设在线考试环境，使得学生可以随时登录进行在线测试。根据教学进度的安排，每个重要学习单元都组织学生在线考试，并将成绩记入平时成绩库。另外，在教学平台的辅导答疑论坛，安排专人负责解答学生提出的各种问题，根据学生在答疑论坛发表见解的次数和深度，评定答疑讨论分，并记入平时成绩库。

研究型教学模式在重视教学过程中每个环节的同时，把调动学生学习的积极性放到了重要位置，把培养学生数字化学习能力、自主学习意识和创新思维意识有机地融合到平时的教学过程之中。

对于当代大学生的计算机教育，重点应该是计算机应用能力的培养。本书针对这个特点，从应用出发，以应用为目的，更强调实用性，在强调概念严谨的同时，做到通俗易懂、例题丰富、便于自学。我们希望本书能应用于计算机类专业课程和非计算机类专业通识课程，通过研究型教学模式的应用使学生更好地掌握计算机技术的相关知识。

本书是“十二五”普通高等教育本科国家级规划教材和普通高等教育“十一五”国家级规划教材，全书分为14章：第1章讲述计算机网络基础，介绍计算机网络的基本概念、发展过程、拓扑结构、常用设备、体系结构和应用模式；第 2 章讲述数据通信基础，介绍通信系统的组成、数据的编码和调制方法、数据的并行和串行传输方式、数据交换技术的分类及各自的优缺点，以及常用数据传输介质；第 3 章讲述局域网，介绍局域网的基础知识、以太网和交换式局域网；第 4 章讲述 IP 基础，介绍 IP 地址编码方案、子网划分、变长子网掩码划分（VLSM）、ARP 协议、IP 协议数据报文格式、ICMP 协议和邻居发现协议；第 5 章讲述路由基础，介绍路由器的工作原理、路由条目生成方式、最优路由、路由高级特性、华为通用路由平台配置环境和静态路由配置；第 6 章讲述 OSPF 协议，介绍 OSPF 协议的特点、工作原理，OSPF 认证和 OSPF 协议配置；第 7 章讲述 VLAN 技术，介绍 VLAN 基础知识、VLAN 间路由、链路聚合和 VLAN 的基本配置；第 8 章讲述 STP 协议，介绍 STP、RSTP、MSTP、VRRP 协议的原理和配置；第 9 章讲述 DHCP 技术，介绍 DHCP 的工作原理与配置、DHCP 中继、DHCP Snooping 和 DHCPv6 协议等；第 10 章讲述 ACL 与 NAT，介绍 ACL（访问控制列表）、ACL 的工作原理和配置方法、NAT（网络地址转换）的概念和工作原理，以及 NAT 配置；第 11 章讲述广域网技术，介绍 HDLC 协议、PPP 协议和 PPPoE 协议；第 12 章讲述 MPLS 技术，介绍 MPLS 体系结构、数据报文结构、基本网络结构，静态 LSP 和动态 LSP，以及 MPLS VPN；第 13 章讲述 WLAN 技术，介绍 WLAN 的概念、无线局域网标准、WLAN 设备、基本 WLAN 组网和 WLAN 的工作流程，以及 WLAN 配置实现；第 14 章讲述企业网络综合实战，介绍使用 MSTP、OSPF、LDP、DHCP 等多种技术完成企业网络的综合配置。

通过学习本书，你可以：

- 了解网络原理和技术。
- 认识网络中的有关部件。
- 掌握网络的基本配置。
- 对网络设备实施基本配置。
- 在网络设备上部署基本网络。
- 做好规划，小试身手——进行简单的企业网络综合开发。

本书是编者在多年计算机网络教学的基础上逐年积累编写而成的。每章都附有丰富的习题，供学生课后练习以巩固所学知识。本书可作为高等学校计算机网络课程的基础教材，也可供相关工程技术人员学习、参考。在教学中，可以根据教学对象和学时等具体情况对书中的内容进行删减和组合，也可以进行适当扩展，参考学时为 32～64 学时。

本书配有电子教案、习题参考答案和实验文档等，可登录华信教育资源网（http://hxedu.com.cn）注册下载。

本书第 1 章由陈贞翔编写，第 2 章由董良编写，第 3 章由徐龙玺编写，第 4 章由荆山编写，第 5 和第 6 章由黄艺美编写，第 7 和第 8 章由王倩编写，第 9 和第 10 章由隋永平编写，第 11 和第 12 章由张佳伦编写，第 13 和第 14 章由王彦磊编写；全书由荆山、陈贞翔和董良统稿。在本书的编写过程中，董吉文教授提出了许多宝贵意见，电子工业出版社的王羽佳编辑为本书的出版做了大量工作，在此一并表示感谢！

本书在编写过程中参考了大量近年来出版的相关技术资料，吸取了许多专家和同仁的宝贵经验，在此深表谢意。

由于计算机网络技术发展迅速，且编者学识有限，书中难免有误漏之处，望广大读者批评指正。

编　者

2023 年 10 月

目　　录

第 1 章　计算机网络基础

人类社会目前处于一个历史飞跃时期，正由高度的工业化时代进入计算机网络时代。计算机网络和 Internet 给人们的工作、学习和生活带来了极大的方便。计算机网络技术的发展对人类技术史的发展产生了不可磨灭的深远影响，正以改变一切的力量，在全球范围内掀起一场影响人类生活各个领域的深刻变革。

本章导读：

- 计算机网络的发展过程
- 计算机网络的定义和分类
- 计算机网络的拓扑结构
- 计算机网络的常用设备
- 计算机网络体系结构
- 计算机网络的应用模式

1.1　计算机网络的发展过程

通信技术的快速发展为计算机之间信息的快速传递、资源共享和协调合作提供了强有力的手段。计算机网络是计算机技术和通信技术紧密结合的产物。

在信息化社会中，计算机已经从单机使用发展到群体使用。大多数应用领域需要计算机在一定地理范围内联合起来进行群体工作，这加速了计算机和通信两种技术的紧密结合，从而促进了计算机网络系统的快速发展。

1.1.1　计算机网络的产生与发展

1. 由主机和终端形成的远程通信系统

在 20 世纪 50 年代，世界上的计算机都是大中型计算机，一个主机通常带有多个终端，并分时为这些终端提供服务，分别供多个用户同时使用。这些计算机放置在计算中心的机房里，数量很少，价格昂贵，即使在一些发达国家，也只有少数的计算中心才有。要想用计算机解决问题，必须到计算中心排队等待，这给人们带来诸多不便。于是，科技工作者就开始研究如何让计算机具有远程通信能力，通过通信线路让远端的输入/输出设备连接到主机上，远程用户通过终端直接将需要处理的数据传输给主机，主机将处理后的结果送给远程终端。后来人们实现了通过调制解调器和公用电话网把计算机和远程终端连接起来的系统。具有远程通信能力的单机系统如图 1-1 所示。

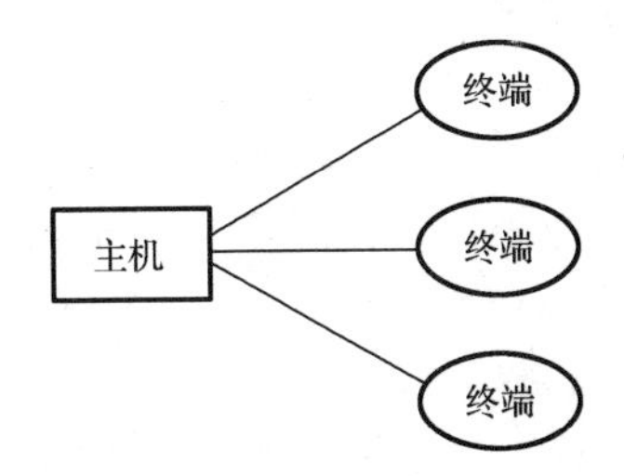

图 1-1　具有远程通信能力的单机系统

这种应用在当时有两个典型的例子：一个是美国军方 1951 年开始研制的半自动地面防空系统（SAGE），该系统分布于不同地点的雷达观测站，将收集到的信号传送给计算中心，由计算机程序辅助指挥员决策。另一个是 1963 年 IBM 公司研发的全美航空订票系统。该系统通过设置在全美各地的 2000 多个终端，将订票信息传送给航空公司的主机，由主机统一处理订票信息。

在这种单机系统中，主机除要完成数据处理功能外，还要承担通信处理任务，负担较重。为了减轻主机负担，人们又研制了通信控制处理机，专门负责通信任务。另外，为了降低通信线路的成本，在终端集中的地方设置了集中器，让多个终端共用一条通信线路，从而形成具有远程通信功能的多机系统，改进的远程通信系统如图1-2所示。

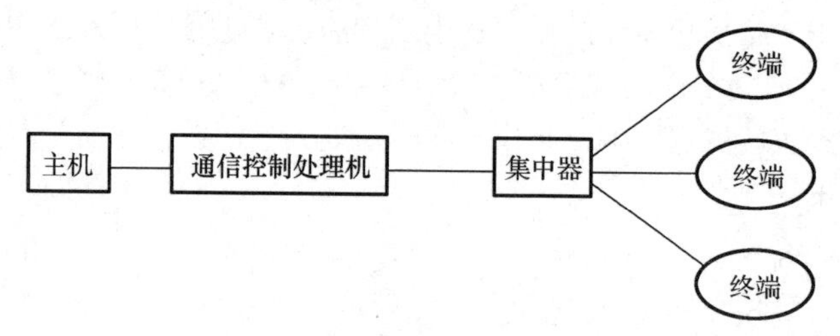

图1-2 改进的远程通信系统

2. 主机和主机互连的计算机网络

20世纪60年代中期，随着通信技术的进步，以及人们对共享资源的需求，出现了主机和主机互连的网络。多台计算机通过通信网络构成一个有机整体，使得整个系统的性能大大提高。原来单一的主机负载可以分散到全网的各个机器上，使得网络系统的响应速度加快，并且在这种系统中，单机故障不会导致整个网络系统的全面瘫痪。主机和主机互连的计算机网络如图1-3所示。

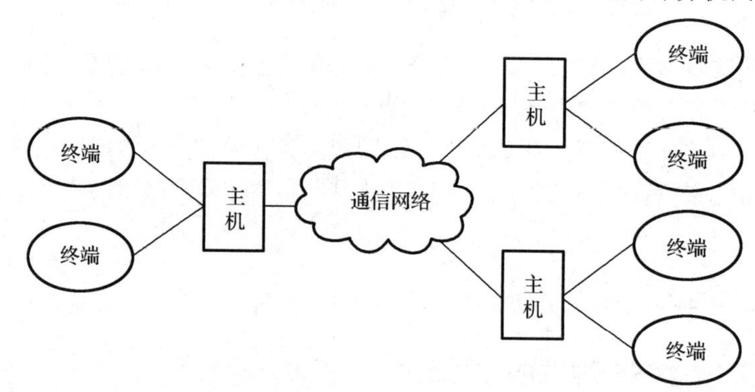

图1-3 主机和主机互连的计算机网络

这个阶段典型的应用代表是ARPANET（Advanced Research Project Agency Network，高级研究计划局网络），终端用户可以共享不同主机上的资源，真正实现了资源共享。

3. 网络与网络互连的计算机互联网

随着网络规模的增大，很多网络通过一些路由器相互连接起来，构成了一个覆盖范围更大的计算机网络。这样的网络称为互联网。网络与网络互连的计算机互联网如图1-4所示。

在网络中，相互通信的计算机必须高度协调工作，而这种协调相当复杂。为了降低网络设计的复杂性，早在设计ARPAnet时就提出了分层思想。分层思想可以把较为复杂的大问题转化为若干易于解决的小问题。在20世纪六七十年代，许多公司推出了自己的网络体系结构，如IBM公司的系统网络体系结构（System Network Architecture，SNA）、DEC公司的数字网络体系结构（Digital Network Architecture，DNA）等。每种体系结构都有自己的网络产品，每种产品都有自己的标准，不能相互兼容，不能相互通信。因此，统一网络标准成为十分迫切的任务。

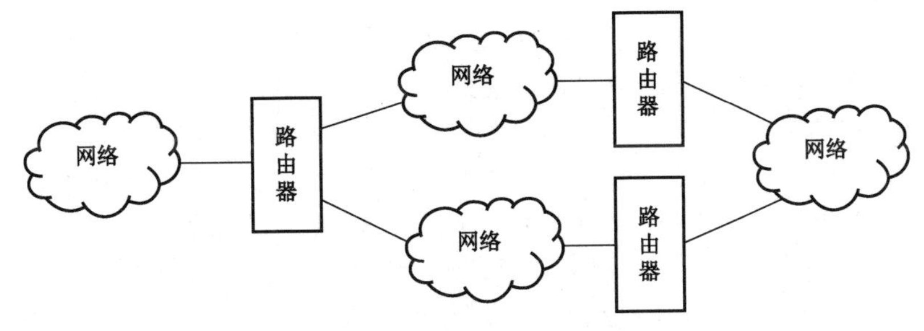

图 1-4　网络与网络互连的计算机互联网

1977 年，为了使不同体系结构的计算机网络能够互连，国际标准化组织（ISO）提出了不基于任何具体机型、操作系统或公司的网络体系结构，即著名的开放系统互连参考模型（Open System Interconnection Reference Model，OSI-RM）。它规定了网络层次结构及每层次的任务和功能，并对各层协议做了说明。虽然这个模型最终没有得到企业界的支持，但是 OSI 参考模型对网络理论体系的形成与网络协议的标准化起到了重要的推动作用。

4. 互联网（Internet）时代的到来

OSI 参考模型的推出使得网络发展道路走向标准化，网络标准化的最大体现就是 Internet 的飞速发展。Internet 由世界上大大小小的网络互连而成，在 Internet 主干网上连接了各个国家和地区的主干网，各个国家和地区的主干网又连接了企业、学校和政府的网络。

Internet 起源于 ARPANET，最早只有 4 台大型主机，是 20 世纪 60 年代后期美国国防部出于军事科研的目的开发研制的。1983 年 TCP/IP 协议成为 ARPANET 上的标准协议，其后，人们称呼这个以 ARPANET 为主干网的网际互联网为 Internet，所有使用 TCP/IP 协议的计算机都能利用互联网相互通信。1986 年，美国国家科学基金会（NSF）为了让全国的科学家能够共享计算机中心的资源，决定利用 Internet 的通信能力连接美国的 6 个超级计算机中心和各个大学，采用 ARPANET 技术重新组建一个网络，也就是后来的 NSFNET。NSFNET 于 1990 年 6 月彻底取代 ARPANET 而成为 Internet 的主干网。

截至 2023 年 6 月，我国网民规模达 10.79 亿人，互联网普及率为 76.4%。与 2022 年年底相比增加 1109 万人。2023 年上半年我国个人互联网应用持续发展。其中，即时通信、网络视频、短视频、网络支付、网络购物和搜索引擎的用户规模均超过 8 亿人，网约车、在线旅行预订、网络文学的用户规模增长最为显著，用户规模分别达 4.7199 亿人、4.5363 亿人和 5.2825 亿人，增长率均在 7%以上。

互联网产业正由消费领域向生产领域拓展，加速提升产业发展水平，增强各行业创新能力，构筑经济社会发展新优势和新动能。丰富的资源、便捷的通信方式使得 Internet 的应用从最早的通信和共享信息资源迅速向各行业、各领域扩展。目前，Internet 已经成为人们工作、生活中不可缺少的工具。

1.1.2　互联网的应用与发展

20 世纪 80 年代以来，计算机网络领域最引人注目的就是 Internet 的飞速发展。目前，Internet 是全球最大的网际网，也是最有价值的信息资源宝库。Internet 是通过众多路由器将许多广域网、城域网和局域网互连的大型网络，对推动世界科学、文化、经济和社会发展有着不可估量的作用。

1. 万维网

20 世纪 40 年代，人们就梦想能拥有一个世界性的信息库。在这个信息库中，数据不仅能被全球的用户存取，还能够轻松地链接其他地方的信息，用户可以方便快捷地获得重要的信息。随着科学技术的迅猛发展，人们的这个梦想已经变成现实。它就是目前正在使用的、最流行的系统——环球信息网 WWW。

WWW（World Wide Web）的中文名字为“万维网”，是一张附着在 Internet 上的覆盖全球的信息“蜘蛛网”，镶嵌着无数以超文本形式存在的信息。WWW 是当前 Internet 上最受欢迎、最流行，且最新的信息检索服务系统。WWW 诞生于 Internet 之中，后来成为 Internet 的一部分，而今天，WWW 几乎成了 Internet 的代名词。通过加入 Internet，每个人能够在瞬间访问世界的各个角落。

2. Web 2.0

进入 21 世纪后，宽带和无线移动通信等技术的发展，为互联网应用的丰富和拓展创造了条件。在网络规模大小和用户数量持续增加的同时，互联网开始向更深层次的应用领域扩张。2004 年以博客、播客为代表的具有自组织、个性化特性的第二代万维网（Web 2.0）新技术、新应用的出现，标志着普通用户不再是互联网信息的单纯受众，而是成为互联网信息内容的提供者，用户既是网站内容的浏览者，也是网站内容的制造者。

Web 2.0 为用户提供了更多参与机会，Internet 更加注重交互性，这包括用户和服务器之间的交互、同一网站不同用户之间的交互，还有不同网站之间信息的交互等。Web 2.0 激发了公众参与的热情，网络内容日益繁荣，为互联网的进一步发展提供了更为广阔的空间。

3. 移动互联网

随着宽带无线接入技术和移动终端技术的飞速发展，人们迫切希望能够随时随地乃至在移动过程中都能方便地从互联网获取信息和服务，移动互联网应运而生并迅猛发展。在我国互联网的发展过程中，PC 互联网已日趋饱和，移动互联网呈现井喷式发展。

移动互联网（Mobile Internet，简称 MI）就是将移动通信和互联网结合起来，成为一体，是指互联网的技术、平台、商业模式和应用与移动通信技术结合并实践的活动的总称。

移动互联网是通过智能移动终端，采用移动无线通信方式获取业务和服务的新兴业务，包含终端、软件和应用三个层面：终端包括智能手机、平板电脑、电子书等，软件包括操作系统、中间件、数据库和安全软件等，应用包括休闲娱乐类、工具媒体类、商务财经类等不同应用与服务。

近几年，移动互联网产业出现了前所未有的飞跃，移动通信和互联网成为当今世界发展最快、市场潜力最大、前景最诱人的两大业务。移动互联网正逐渐渗透到人们的生活、工作等各个领域，移动音乐、手机游戏、视频应用、手机支付等丰富多彩的移动互联网应用迅猛发展，正在深刻改变信息时代的社会生活。移动互联网经过几年的曲折前行，终于迎来了新的发展高潮。

然而，移动互联网在移动终端、接入网络、应用服务、安全与隐私保护等方面面临着一系列挑战。其基础理论与关键技术的研究，对于国家信息产业整体发展具有重要的现实意义。

4. 互联网+

随着科学技术的发展，互联网的应用已不再局限于消费或教育等某个领域，工业、农业等传统行业也可以利用互联网的优势特点，寻求新的发展机会。“互联网+”即“互联网+各个传统行业”，通过对传统行业进行优化升级转型，使得传统行业能够适应当下的新发展，从而最终推动社会不断地向前发展。

5. 物联网

物联网（Internet of Things，IoT）是新一代信息技术的重要组成部分，也是信息化时代的重要发展阶段。顾名思义，物联网就是物和物相连的互联网。这有两层意思：其一，物联网的核心和基础仍然是互联网，是在互联网基础上的延伸和扩展的网络；其二，其用户端延伸和扩展到了任意物品与物品进行信息交换和通信，也就是物物相联。物联网通过智能感知、识别技术与普适计算等通信感知技术，广泛应用于网络的融合中，也因此被称为继计算机、互联网之后世界信息产业发展的第三次浪潮。物联网是互联网的应用拓展，与其说物联网是网络，不如说物联网是业务和应用。因此，应用创新是物联网发展的核心，以用户体验为核心的创新是物联网发展的灵魂。

物联网的定义是：利用局部网络或互联网等通信技术把传感器、控制器、机器、人员和物等通过新的方式联系在一起，形成人与物、物与物相联，实现信息化、远程管理控制和智能化的网络。

6. 智能互联网

毫无疑问，智能互联网依然需要和传统互联网一样的高速度。这个网络不仅需要高速度，还应该是广域覆盖的，在社会生活的任何地方都存在，是实时和泛在的。也就是说，任何人在任何地方，无论是在家里、办公室中，还是在移动的交通工具中或野外，都有一个网络存在。人们可以随时随地利用这个网络。高速度是智能互联网的基础。

除此之外，大数据的分析能力完全改变了人们对网络的理解。传统的网络还只是信息传输，只关注信息的流动，而很少关注信息的存储和分析。越来越多的用户在使用网络，甚至生活中的所有事情都在网络中进行，云存储记录了每一次网络活动。访问的网站、电子商务的交易、玩了什么游戏、导航去了何地、看了什么影片，所有这些信息都不再像传统世界里那样，发生过，又消失了。在智能互联网世界里，云存储帮助人们记录了一切。因此，对这些数据进行整理、挖掘、分析，具有巨大的价值。

智能感应能力开始出现在智能互联网中，智能互联网世界不只是进行信息传输，还对人的感知能力进行了完善与补充。以手机为代表的终端产品出现，大量的智能穿戴设备开始慢慢形成自己的力量，使智能感应成为可能。一个普通的智能手机，不再只是一个计算、存储与通信的工具，传统计算机的那些基本能力，手机已经具有，甚至超越。手机最为不同的是，大量的内置传感器让它具有了强大的感应能力，如压力感应、重力感应、矢量感应、旋转感应、加速度感应、高度感应、方位感应、位置感应、影像感应、声音感应、温度感应、红外感应、辐射感应、RFID、NFC 等。

智能互联网是高速度移动网络、大数据分析和挖掘、智能感应能力形成的综合能力。互联网和移动互联网是它的基础，但是必须要用数据挖掘、数据分析来整合；而智能感应让传统的信息传输增加了感应能力。这些能力整合起来所形成的力量是传统互联网不可比拟与想象的。

1.2　计算机网络的定义和分类

1.2.1　计算机网络的定义

计算机网络，就是把分布在不同地理位置的计算机通过通信设备和线路连接起来，以功能完善的网络软件（网络通信协议、网络操作系统及网络应用软件等）实现互相通信及网络资源共享的系统。

在计算机网络中，多台计算机可以方便地互相传递信息，因此资源共享是计算机网络的一个重要特征。用户能够通过网络来共享软件、硬件和数据资源。现代计算机网络可以提供多媒体信息服务，如图像、语音、动画等。

1.2.2 计算机网络的功能

计算机网络的功能很多，其中最主要的三个功能是数据通信、资源共享和分布式处理。

1. 数据通信

数据通信是计算机网络最基本的功能。它用来快速传送计算机与终端、计算机与计算机之间的各种信息，包括文字信件、新闻消息、咨询信息、图片资料、报纸版面等。利用这一功能，用户可以在网上传送电子邮件，发布新闻消息，进行电子购物、电子贸易、远程教育、远程视频等。

2. 资源共享

“资源”指的是网络中的软件、硬件和数据资源。“共享”指的是网络中的用户能够部分或全部地享受这些资源。例如，某些地区或单位的数据库（如飞机票、饭店客房等）可供全网使用；某些单位设计的软件可供需要的地方有偿调用或办理一定手续后调用；常用的共享外围硬件设备有各种打印机、绘图仪、硬盘、光盘驱动器等。在网络中，使用这些共享资源就像使用本地资源一样方便，既节省了成本，又提高了资源的利用率。

3. 分布式处理

一项复杂的任务可以划分成许多部分，由网络内各计算机协作并行完成，从而使整个系统的性能大为增强。

网络技术的发展使得分布式计算成为可能。大型综合性问题可以分为许许多多的小问题，再将这些小问题分别交给不同的计算机处理，从而充分利用网络资源，扩大计算机的处理能力，增强实用性。解决复杂问题时，可将多台计算机联合使用并构成高性能的计算机体系，这种协同工作、并行处理要比单独购置高性能大型计算机的成本低得多。

分布式处理的应用使得整个网络中如果有某个部件或少数计算机失效，则可以通过不同路由来访问网上资源。另外，网络中的工作负荷被均匀地分配给各个计算机系统，当某系统的负荷过重时，网络能自动将该系统中的一部分负荷转移至其他负荷较轻的系统去处理，大大提高了计算机网络的可靠性。

1.2.3 计算机网络的分类

网络类型的划分标准多种多样，如果按地理范围划分，可以把网络划分为局域网、城域网和广域网三种类型。这里的网络划分并没有严格意义上地理范围的区分，只是一个定性的概念。

1. 局域网

局域网（Local Area Network，LAN）是最常见、应用最广的一种网络。随着整个计算机网络技术的发展和提高，局域网得到充分的应用和普及，几乎每个单位都有局域网，甚至有的家庭中都有自己的小型局域网。很明显，所谓局域网，就是在局部地区范围内的网络，它所覆盖的地区范围较小。局域网在计算机数量配置上没有太多的限制，少的可以只有两台，多的可达几百台。在网络所涉及的地理距离上，一般来说可以是几米至10km。这种网络的特点有连接范围小、用户数少、配置容易及连接速率高等。

2. 城域网

一般来说，城域网（Metropolitan Area Network，MAN）是指在一个城市，但不在同一地理区域范围内的计算机互连。这种网络的连接距离可以是10～100km。MAN与LAN相比，扩展的距离更长，连接的计算机数量更多，在地理范围上可以说是LAN的延伸。在一个大型城市，一个MAN通常连接着多个LAN，如连接政府机构的LAN、医院的LAN、公司企业的LAN等。城域网设计的目标是满足几十千米范围内大量企业、机关、公司的多个局域网互连的需求，以实现大量用户之间数据、语音、图形与视频等多种信息的传输功能。

3. 广域网

广域网（Wide Area Network，WAN）也称远程网，它所覆盖的范围比MAN更广。广域网一般是在不同城市的LAN或MAN之间的网络互连，地理范围可从几百千米到几千千米，可以覆盖几个城市、几个国家，甚至全球。广域网内用于通信的传输介质和设备一般由电信部门提供。广域网通常不具备规则的拓扑结构，它的管理工作由复杂的互连设备（如交换机、路由器）完成。

1.3　计算机网络的拓扑结构

网络拓扑是指网络中各计算机相互连接的方法和形式。计算机网络采用拓扑学中的研究方法，将网络中的设备定义为节点，将两个设备之间的连接线路定义为链路。从拓扑学的观点看，计算机网络是由一组节点和链路组成的几何图形。拓扑结构反映了网络中各种实体间的结构关系。网络拓扑结构设计是构建计算机网络的第一步，也是实现各种网络协议的基础，它对网络的性能、可靠性和通信费用等都有很大影响。网络拓扑结构通常有以下4种类型：总线型、星形、环形和树状。

1. 总线型拓扑结构

总线型拓扑结构是指网络中的计算机和其他通信设备均连接到一条公用的总线上，所有节点共同使用这条总线，共享总线的全部带宽。在总线型网络中，当一个节点向另一个节点发送数据时，传递方向总是从发送信息的节点开始向两端扩散，如同广播电台发射的信息一样，各节点在被动接收该数据时进行地址检查，如果与自己的工作站地址相符则接收，否则忽略。总线型拓扑结构如图1-5所示。

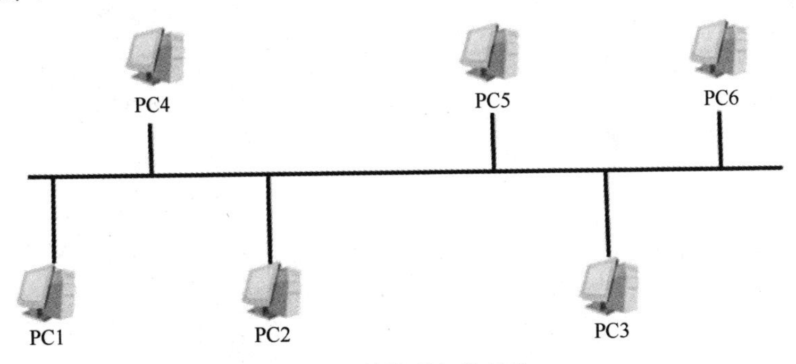

图1-5　总线型拓扑结构

基于总线型拓扑结构的网络很容易实现，且组建成本较低。其缺点是扩展性较差，当网络中的节点数量增加时，总线负载较重，网络的性能下降。另外，这种结构的网络维护较难，分支节点故障查找较复杂。因此，现在很少有网络采用单纯的总线型拓扑结构。

2. 星形拓扑结构

在星形拓扑结构中，网络中的各个节点通过一个中央设备（如集线器或交换机）连接在一起。星形拓扑结构如图1-6所示，中心节点是主节点，网络中的各节点通过点到点的方式连接到中心节点，再由中心节点向目的节点传输信息。在网络中，每个节点都将数据发送到中央设备，由中央设备将数据信号进行简单的再生，再发送给目的节点。

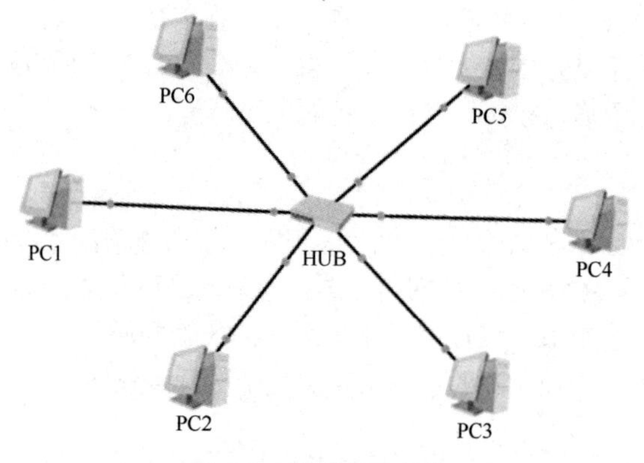

图 1-6　星形拓扑结构

星形拓扑结构的优点是结构简单、便于管理；控制简单，便于建网；工作站出现故障时，不会影响整个网络。因此，星形拓扑是目前局域网中最常用的网络拓扑结构。其缺点是中央设备的失效将会造成整个网络瘫痪。

3. 环形拓扑结构

在环形拓扑结构中，每个节点都与两个最近的节点相连接使整个网络形成一个环，数据在环路中沿着一个方向逐点传输。环中的每个节点都如同一个能再生和发送信号的中继器，它们接收环中传输的数据，再将其转发到下一个节点。环形拓扑结构如图 1-7 所示。

与总线型拓扑结构相同，当环中的节点不断增加时，响应时间也就变长。因此，单纯的环形拓扑结构非常不灵活或不易扩展。此外，在一个简单环形拓扑结构中，单个节点或一处线缆发生故障将会造成整个网络的瘫痪。因此，一些网络采用双环结构以提供容错。

4. 树状拓扑结构

树状拓扑结构实际上是星形拓扑结构的一种变形，它将原来用单独链路直接连接的节点通过多级处理主机进行分级连接。这种结构与星形拓扑结构相比，降低了通信线路的成本，但增加了网络复杂性。网络中除了最低层节点及其连线，任意节点或连线的故障均影响其所在支路网络的正常工作。树状拓扑结构如图 1-8 所示。

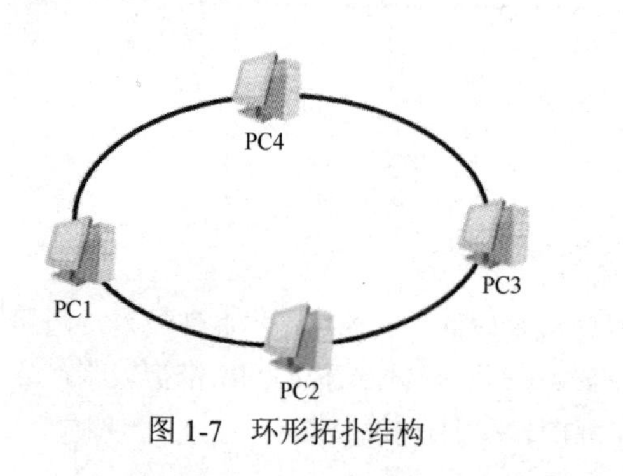

图 1-7　环形拓扑结构

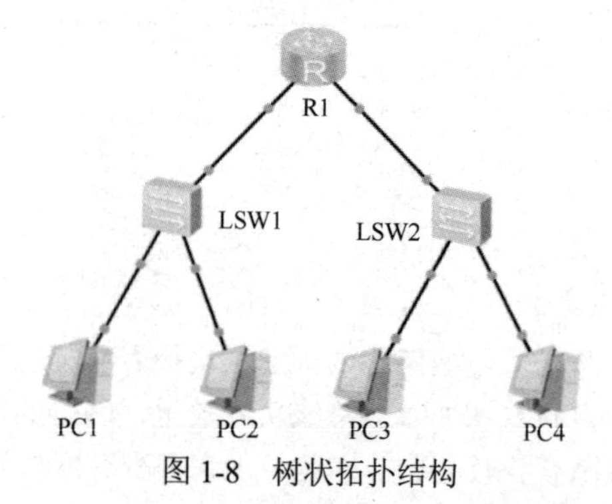

图 1-8　树状拓扑结构

5. 全网状网络

全网状网络的结构特点为所有节点都通过线缆两两互连。其优点是具有高可靠性和高通信效率；缺点是每个节点都需要大量的物理端口，同时还需要大量的互连线缆，成本高，不易扩展。

6. 部分网状网络

部分网状网络拓扑结构如图 1-9 所示。其结构特点为只有重点节点才两两互连。其优点是成本低于全网状网络；缺点是可靠性比全网状网络有所降低。

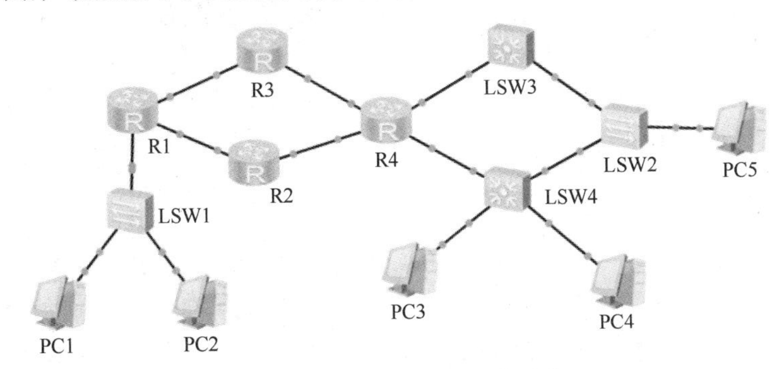

图 1-9　部分网状网络拓扑结构

不同的网络拓扑结构适用于不同的网络规模。在实际组网中，通常会根据成本、通信效率、可靠性等具体需求而采用多种拓扑结构相结合的方法。

1.4　计算机网络的常用设备

计算机网络的常用设备主要包括网卡、集线器、交换机、路由器等。

1.4.1　网卡

网卡又叫网络适配器（Network Adapter），是计算机连入网络的物理接口。对于每一台接入网络的计算机，包括工作站和服务器，都必须在它的扩展槽中插入一个网卡，通过网卡上的电缆接头接入网络的电缆系统。

网卡一方面要完成计算机与电缆系统的物理连接；另一方面要根据所采用的 MAC（Media Access Control，介质访问控制）协议实现数据帧的封装和拆封，以及差错校验和相应的数据通信管理。网卡是与通信介质和拓扑结构直接相关的硬件接口。

1.4.2　中继器和集线器

中继器和集线器属于物理层设备。中继器也称转发器或收发器，集线器从功能上说也是一种中继器。物理层的互连设备可以将一个传输介质传输过来的二进制信号位进行复制、整形、再生和转发。物理层的互连设备是网络互连中最简单的设备，用来连接具有相同物理层协议的局域网，使得它们组成同一个网络，网络上的节点共享带宽。

1. 中继器

中继器属于网络物理层互连设备，由于信号在网络传输介质中有衰减和噪声，使有用的数据信号变得越来越弱，因此为了保证有用数据的完整性，并在一定范围内传送，要用中继器把接收到的所有弱信号分离，然后再生放大以保持与原数据相同。中继器外观如图 1-10 所示。

图 1-10　中继器外观

2. 集线器

集线器（HUB）是指一种基于星形拓扑结构的共享式网络互连设备，其作用与中继器类似，执行相同的功能，遵循相同的中继规则。HUB 是一种多端口的中继器，每个端口都具有发送和接收数据的能力，也用于对使用不同传输介质和接口的局域网进行互连。当某个端口收到连在该端口上的主机发来的数据时，HUB 将该信号进行整形、放大，使被衰减的信号恢复到发送时的状态，然后转发至其他所有处于工作状态的端口上，所以说 HUB 是一种多端口的信号放大设备。近年来，随着功能更强的交换机价格不断下调，集线器在性能、价格和安全性等方面没有了优势，已经逐渐被市场淘汰。

1.4.3 网桥和交换机

网桥（Bridge）和交换机（Switch）同属于数据链路层互连设备。数据链路层互连设备作用于物理层和数据链路层，用于对网络中节点的物理地址进行过滤、网络分段，以及跨网段数据帧的转发。它既可以延伸局域网的距离、扩充节点数，又可以将负荷过重的网络划分为较小的网络，缩小冲突域，达到改善网络性能和提高网络安全性的目的。

1. 网桥

网桥是一个存储转发设备。网桥可以根据网卡的物理地址对数据帧进行过滤和存储转发，通过对数据帧筛选实现网络分段。当一个数据帧通过网桥时，网桥检查数据帧的源和目的物理地址。如果这两个地址属于不同的网段，则网桥将该数据帧转发到另一个网段，否则不转发。因此，网桥能起到隔离网段的作用，对共享式网络而言，网络的隔离就意味着缩小了冲突域，提高了网络的有效带宽。现在由于交换机的广泛使用，网桥已经逐渐淡出市场。

2. 交换机

交换机属于数据链路层互连设备，可看作多端口的桥（Multi-Port Bridge）。交换机外观如图 1-11 所示。

图 1-11　交换机外观

虽然集线器和交换机都起着局域网的数据传送枢纽的作用，但是两者有着根本的不同。传统的 HUB 是一种共享设备，它将某个端口传送来的信号经过放大后传输给所有其他端口。HUB 本身不能识别目的地址，当同一局域网中的主机 A 和主机 B 传输数据时，数据包在以 HUB 为架构的网络上以广播方式传输，由每一台和它连接的终端通过验证数据包头的地址信息来确定是否接收。也就是说，在这种工作方式下，同一时刻网络上只能传输一组数据帧，如果发生碰撞，还要重试。这种传输方式就是共享网络带宽。

交换机能够通过检查数据包中的目的物理地址来选择目的端口。交换机拥有一根带宽很高的背部总线和内部交换矩阵。交换机的所有端口都挂接在这根背部总线上。控制电路收到数据包后，处理端口会查找内存中的地址对照表，以确定目的 MAC（网卡的物理地址）的网卡挂接在哪个端口上，通过内部交换矩阵迅速将数据包传送到目的端口。

交换机在同一时刻可以进行多端口对之间的数据传输，并且连接在其上的网络设备独自享有全部带宽，无须同其他设备竞争使用。当节点 A 向节点 D 发送数据时，节点 B 可同时向节点 C 发送数据，并且这两种传输都享有网络的全部带宽，都有着自己的虚拟连接。

因此，由于以太网的数据传输使用带有冲突检测的载波侦听多路访问（CSMA/CD）机制，在同一时刻，一个通过集线器连接的网段只能有一个网络接口设备（如网卡）发送信息，否则就会产生冲突（Collision），导致随机延时重发，而交换机可以在很大程度上减少冲突的发生，因为交换机为通信的双方提供了一条独占的线路。例如，一个 16 端口的交换机理论上在同一时刻允许 8 对网络接口设备交换数据。在网络传输密集的场合，交换机的效率要远远高于集线器。

1.4.4　路由器

路由器是一个连接多个网络或网段的设备，它能把不同网络或网段的信息“翻译”成相互能“读”懂的数据，从而构成更大的网络。所以说，路由器构成了 Internet 的“骨架”。

网桥和交换机工作在数据链路层，它们通过第二层地址——MAC 地址，便可判断出一个数据帧送到什么地方。网络层互连设备作用于物理层、数据链路层和网络层，通过网络层互连设备转发数据包时，需要识别网络的第三层地址，以决定一个数据包如何重新包装及送到哪里。

网络层互连设备主要是路由器，它可以访问物理地址，还包含软件。它广泛应用于局域网和局域网、局域网和广域网、广域网和广域网的互连，也是 Internet、Intranet 和 Extranet 中必不可少的设备之一。

图 1-12　路由器外观

路由器外观如图 1-12 所示。路由器有多个端口，分为 LAN 端口和串行端口（广域网端口）。每个 LAN 端口连接一个局域网，串行端口连接电信部门，将局域网接入广域网。路由器的主要功能是路由选择和数据交换。当一个数据包到达路由器时，路由器根据数据包的目的逻辑地址查找路由表。路由表中存有网络中各节点的地址和到达各节点的路由，其作用是在数据传输时选择合适的路径。如果存在一条到达目标网络的路径，则路由器将数据包转发到相应的端口；如果目标网络不存在，则数据包被丢弃。

1.4.5　网关

大家都知道，从一个房间走到另一个房间必然要经过一扇门。同样，从一个网络向另一个网络发送信息，也必须经过一道“关口”，这道“关口”就是网关。顾名思义，网关（Gateway）就是一个网络连接到另一个网络的“关口”。

概括来说，网关是能够连接不同网络的软件和硬件结合的产品，网关不能完全归为一种网络硬件。它可以使用不同的格式、通信协议或结构连接两个系统，又称网间连接器或协议转换器。实际上，网关通过重新封装信息使这些信息能被另一个系统读取。为了完成这项任务，网关必须能运行在 OSI 参考模型的各层上。网关必须同应用层进行通信、建立和管理会话、传输已经编码的数据，并解析逻辑和物理地址数据。

网关可以设在服务器、微机或大型机上。网关还可以提供过滤和安全功能。由于具有强大的功能，且常常与应用层有关，因此网关比路由器的价格要贵一些。另外，由于网关的传输更复杂，其传输数据的速度要比网桥或路由器慢一些。

1.4.6　防火墙

防火墙属于网络安全设备，用于控制两个网络之间的安全通信。防火墙通过监测、限制、更改跨越其的数据流，尽可能地对外部屏蔽网络内部的信息、结构和运行状况，以此来实现对网络的安全保护。

防火墙是位于两个信任程度不同的网络（如企业内部网络和 Internet）之间的设备，它对两个网络之间的通信进行控制，通过强制实施统一的安全策略，防止对重要信息资源的非法存取和访问，以达到保护系统安全的目的。

防火墙主要是借助硬件和软件的作用，在内部和外部网络环境间产生一种保护的屏障，从而实现对计算机不安全网络因素的阻断。只有在防火墙同意的情况下，用户才能够访问计算机；如果防火墙不同意，用户就会被阻止访问。防火墙技术的报警功能十分强大，在外部用户要访问计算机时，防火墙就会迅速发出相应的警报提醒用户，并进行自我判断来决定是否允许该外部用户访问。只要是在网络环境内的用户，这种防火墙都能够对其进行有效的防护。用户需要按照自身需要对防火墙实施相应设置，对不允许的用户行为进行阻断。

1.5 计算机网络体系结构

所谓网络体系，就是为了完成计算机之间的通信，把计算机互连的功能划分成有明确定义的层次，规定同层次通信的协议及相邻层之间的接口与服务等。这些同层进程通信的协议及相邻层之间的接口统称为网络体系结构。

1.5.1 网络体系结构

1. 网络协议

网络协议就是网络中使计算机能够进行相互交流的通信标准。计算机网络由多台互连的计算机组成，计算机要不断地交换数据和控制信息。要做到有条不紊地交换数据，每台计算机都必须遵守一些事先约定好的规则。这些为网络数据交换而制定的规定、约束与标准被称为网络协议。

2. 网络体系结构分层的原理

网络协议对于计算机网络是不可缺少的。一个功能完备的计算机网络需要制定一套复杂的协议集，对于复杂的计算机网络协议，最好的组织方式就是层次结构模型。将计算机网络层次结构模型和各层协议的集合定义为计算机网络体系结构，表示计算机网络系统应设置多少层，每个层能提供哪些功能的精确定义，以及各层之间的关系，即如何联系在一起。

下面先来看一个例子。假设在济南大学的你要和在北京大学的同学通信，大致过程是这样的：

- 第一步：把信写好，然后投到邮箱中。
- 第二步：济南市邮局的邮递员把信从信箱中取走，送到分拣部门。
- 第三步：分拣部门的工作人员按邮政编码或地址进行分拣、打包。
- 第四步：邮包通过汽车、火车或飞机被送到北京市邮局。
- 第五步：北京市邮局分拣部门的工作人员打开邮包，按单位地址再分类。
- 第六步：邮递员把信送到北京大学的邮箱。
- 第七步：你的同学打开邮箱看到你的信。至此，通信过程完毕。

通过以上过程可以看出：

- 如果把通信过程看成每一步分工的合作，那么这个问题就很好解释了。在这个过程中，每一步的相关人员，包括写信的你和读信的同学，都有自己明确的分工，而且是互不干扰的。我们还会发现一个规律，那就是第 N 步总要在第 N-1 步做好的基础上才能进行，第 N-1 步也总要在第 N-2 步做好的基础上才能进行，依次类推。换句话说，第 N-1 步接受第 N-2 步的服务，同时，第 N-1 步服务于第 N 步。也可以说，第 N 步在接受第 N-1 步服务的同时，也接受了第 N-2 步及再往前几步的服务。

- 你和你的同学只关心信的内容，而不关心传递信的过程，不需要知道是谁把信取走的，也不需要知道是谁把信打包的。
- 真正把信从济南送到北京的是第四步。假设你的同学要给你写回信的话，过程正好相反。

可以把这个过程中的每一步都看成一层，这样可以帮助我们理解计算机网络的层次结构，从而更好地理解计算机网络体系结构。

事实上，作为近代网络发展里程碑的 ARPANET 就是采用分层方式实现的，它确立了通信子网和资源子网及网络层次结构等概念，为网络体系结构的完善和发展提供了实践经验。

3. 网络体系结构分层的意义

在网络体系分层结构中，每一层协议的基本功能都是实现与另一层中对等实体间的通信，称为对等层协议。另外，每一层还要提供与其相邻的上层协议的服务接口。每一层都是其下一层的用户，同时又是其上一层的服务提供者。也就是说，对第 N+1 层来讲，它通过第 N 层提供的服务享用到了 N 层以内的所有层的服务。

网络体系结构分层有以下好处。

1）独立性强

独立性是指每一层都具有相对独立的功能，本层不必知道下一层是如何实现的，只要知道下一层通过层间接口提供的服务是什么，以及本层向上一层提供的服务是什么就可以了。至于如何实现本层的功能、采用什么样的硬件和软件，则不受其他层的限制。

2）功能简单，易于实现和维护

复杂的整个系统经分层后被分解成若干个小范围、功能简单的部分，使每一层的功能都变得比较简单，降低了网络实现的复杂度，有利于促进标准化。

3）适应性强

当任何一层发生变化时，只要层间接口不变，这种变化就不影响其他任何一层，层内设计可以灵活变动。

1.5.2　开放系统互连参考模型

世界上不同年代、不同厂家、不同型号的计算机系统千差万别，将这些系统互连起来就要彼此开放。所谓开放系统就是遵守互连标准协议的系统可以相互通信的原则，即使这些网络的内部结构及设备不尽相同。

国际标准化组织（International Standards Organization，ISO）是世界上著名的标准化组织，主要由美国国家标准研究所（American National Standards Institute，ANSI）和其他国家的国家标准化部门组成。1977 年，国际标准化组织为适应网络向标准化发展的需求，在研究、吸取了各计算机厂商网络体系标准化经验的基础上，制定了开放系统互连参考模型（Open Systems Interconnection Reference Model，OSI-RM），从而形成了网络体系结构的国际标准。

除国际标准化组织提出的开放系统互连体系结构外，比较著名的体系结构还有如下 3 种：

（1）美国国防部提出的，主要用于 Internet 的 TCP/IP 结构。

（2）国际电话电报咨询委员会（Consultative Committee of International Telegraph and Telephone，CCITT）提出的采用分组交换技术的公用数据网 X.25 体系结构。

（3）美国电气与电子工程师协会（Institute of Electrical and Electronics Engineers，IEEE）专门为局域网通信制定的 IEEE 802 标准模型。

OSI 参考模型是层次化的，分层的主要意图是允许不同供应商的网络产品能够实现相互操作。一是通过网络组件的标准化，允许多个供应商进行开发；二是允许各种类型的网络产品（包括软件和硬件）相互通信；三是防止对某一层的产品所做的改动影响其他层。

OSI 参考模型构造了 7 层，即物理层、数据链路层、网络层、传输层、会话层、表示层和应用层，不同系统的对等层按相应协议进行通信，同一系统的不同层通过接口进行通信。OSI 参考模型如图 1-13 所示。7 层中只有最低层物理层完成物理数据传递，其他对等层之间的通信称为逻辑通信，其通信过程为每一层将通信数据交给下一层处理，下一层对数据加上若干控制位后交给它的下一层处理，最终由物理层传递到对方系统的物理层，再逐层向上传递，从而实现对等层之间的逻辑通信。一般用户由最上层的应用层提供服务。

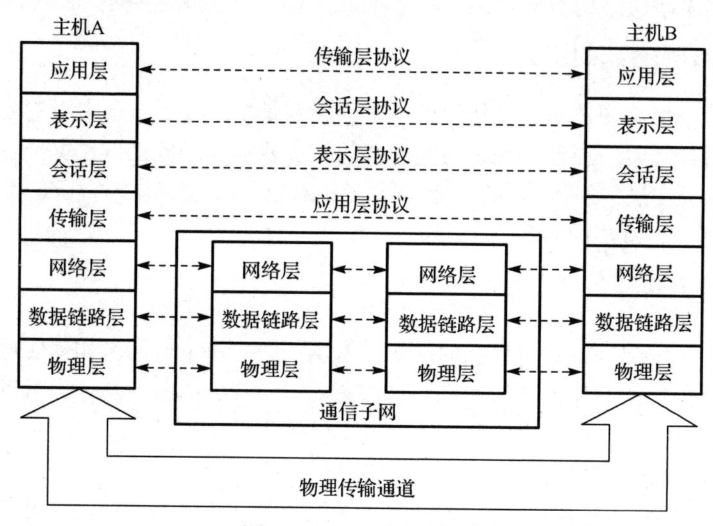

图 1-13　OSI 参考模型

1）应用层

应用层是 OSI 的最高层，是网络与用户应用软件之间的接口。它直接通过给用户和管理者提供各类信息来为用户终端服务，如虚拟终端、文件传送、远程用户登录、电子数据交换及电子邮件等。

2）表示层

表示层是用其用途命名的，它为应用层提供数据，并负责数据转换和代码的格式化。一种成功的传输技术意味着在传输之前要将数据转换为标准的格式。表示层在网络内部实现不同语句格式及编码之间的转换和表示，为应用层提供服务。例如，数据的压缩和解压缩、加密和解密等工作都由表示层负责。表示层要能保证从一个系统的应用层传输过来的数据能够被另一个系统的应用层识别。

3）会话层

会话层负责建立、管理、维护和结束表示层实体之间的会话连接，包括使用权、差错恢复、会话活动管理等。例如，网络用户同时进行传输和接收信息时，会话层能决定何时接收或发送信息，以免发生“碰撞”。会话层在系统之间协调通信过程，并提供 3 种不同的方式来组织这些通信。总之，会话层用来使不同应用程序的数据与其他应用程序的数据保持隔离。

4）传输层

传输层通过通信线路在不同机器之间进行程序和数据的交换。传输层的一个很重要的功能是数据的分段和重组，这里的分段和重组与网络层的分段和重组是两个不同的概念。网络层的分段是指数据帧的减小，而传输层的分段是指把一个上层数据分割成一个个逻辑片或物理片。也就是说，发送方在传输层中将上层交给它的较大的数据进行分段后交给网络层进行独立传输。这样可以实现传输层的流量控制，从而提高网络资源的利用率。

5）网络层

网络层传送的数据单位是分组。网络层的主要任务是在通信子网中选择适当的路由。网络层将传输层生成的数据分段封装成分组，每个分组中都有控制信息，称为报头，其中含有源站点和目的站点的网络逻辑地址信息。根据分组的目的网络地址实现网络路由，确保数据及时传送。

6）数据链路层

由于外界噪声干扰等因素，原始的物理链路在传输比特流时可能发生差错。数据链路层的一个主要功能就是通过校验、确认和反馈重发等手段将原始的物理链接改造成无差错的数据链路。数据链路层传输数据的单位是帧。数据帧的格式中包括地址信息、控制信息、数据、校验信息。数据链路层利用物理层所建立的链路，将数据帧从一个节点传输至另一个节点。

7）物理层

物理层是所有网络的基础。物理层处在 OSI 参考模型的最低层，它建立在物理通信介质的基础上，为信息流提供物理传输通道，以便透明地传输二进制比特流。它不是指连接计算机的具体物理设备或具体传输媒介，而是有关物理设备通过传输介质进行互连的描述和规定。例如，规定使用电缆和接头的类型、传送信号的电压等。在这一层，比特流被转换成媒介易于传输的电、光等信号。

现在我们知道，应用层是用户与计算机之间的接口，负责主机应用程序之间的通信。高三层定义了终端系统中的应用程序如何通信，以及如何与用户通信。高三层并不知道有关互联网或网络地址的任何信息，这是低四层的任务。低四层定义了如何通过物理电缆或交换机和路由器进行端到端的数据传输。

1.5.3　TCP/IP 模型

TCP/IP（Transmission Control Protocol/Internet Protocol）是一组网际互连的通信协议，其主要考虑异种网络的互连问题。它虽然不是国际标准，但基于 TCP/IP 协议的 Internet 目前已经发展成为当今世界上规模最大、拥有用户最多、资源最广泛的通信网络。TCP/IP 协议已被广大用户和厂商所接受，成为事实上的工业标准。TCP/IP 协议支持任意规模的网络，具有很强的灵活性，为连接不同操作系统、不同硬件体系结构的互联网络提供了一种通信手段，其目的是使不同厂家生产的计算机能在各种网络环境中进行通信。TCP/IP 实际上是一个包括很多协议的协议簇，TCP（传输控制协议）和 IP（网间协议）是这个协议簇中的两个核心协议，是保证数据完整传输的两个最基本、最重要的协议。

1. TCP/IP 体系结构

TCP/IP 协议是一个 4 层的体系结构，包括应用层、传输层、网络层（也称网际层或 Internet 层）和网络接口层，但实际上最下面的网络接口层没有具体内容。而在 Internet 中重点要考虑的是能把各种各样的通信子网互连，所以 TCP/IP 专门设置了一个网络层。这个网络层是整个模型中的核心和关键，它运行的协议就是 IP 协议。TCP/IP 模型和 OSI 参考模型层次结构及对应关系如表 1-1 所示。

表 1-1　TCP/IP 模型和 OSI 参考模型层次结构及对应关系

OSI 参考模型	TCP/IP 模型	TCP/IP 协议簇
应用层	应用层	HTTP、FTP、TFTP、SMTP、SNMP、Telnet、RPC、DNS…
表示层		
会话层		

续表

OSI 参考模型	TCP/IP 模型	TCP/IP 协议簇
传输层	传输层	TCP、UDP
网络层	网络层	IP、ARP、RARP、ICMP、IGMP
数据链路层	网络接口层	Ethernet、ATM、FDDI、X.25、PPP、Token-Ring
物理层		

1）网络接口层

TCP/IP 协议与各种物理网络的接口称为网络接口层，它与 OSI 参考模型中的数据链路层和物理层对应。网络接口层负责接收分组，并把分组封装成数据帧，再将数据帧发送到指定的网络上。实际上，TCP/IP 在这一层没有任何特定的协议，而是允许主机连入网络时使用多种现成的、流行的协议，如 Ethernet、ATM、X.25 等。网络接口也可以有多种，它支持各种逻辑链路控制和介质访问控制协议，其目的就是将各种类型的网络（LAN、MAN、WAN）互连，因此 TCP/IP 可运行在任何网络上。

2）网络层

网络层是整个 TCP/IP 体系结构的关键部分，它解决了两个不同 IP 地址计算机之间的通信问题，具体包括形成 IP 分组、寻址、检验分组的有效性、去掉报头和选择路由等功能，将分组转发到目的计算机。网络层包括网际协议（IP）、互联网控制报文协议（ICMP）、地址解析协议（ARP）、反向地址解析协议（RARP）和互联网组管理协议（IGMP）。

其中，IP 协议是 Internet 中的基础协议和重要组成部分。其主要功能是进行寻址和路由选择，并将分组从一个网络转发到另一个网络。IP 协议将分组传输到目的主机后，不管传输正确与否都不进行检查，不回送确认，没有流量控制和差错控制功能，这些功能留给上层协议 TCP 来完成。IP 只是尽力将数据传输到目的地，不提供任何保证。

3）传输层

传输层的作用是负责将源主机的数据信息传送到目的主机，源主机和目的主机可以在一个网上，也可以在不同的网上。传输层有两个端到端的协议：传输控制协议（Transmission Control Protocol，TCP）和用户数据报协议（User Datagram Protocol，UDP）。

① 传输控制协议

TCP 是传输层著名的协议，它定义了两台计算机之间进行可靠的数据传输所交换的数据和确认信息的格式，以及确保数据正确到达而采取的措施。

TCP 是一个面向连接的协议。所谓面向连接，就是当计算机双方通信时必须经历三个阶段，即先建立连接，然后进行数据传输，最后拆除连接。TCP 在建立连接时又要分三步走，也就是通常所说的 TCP 三次握手（Three-way Handshake）。打个比方来说，这三步就好像要去找一个朋友，首先打电话联系，看别人有没有空，如果对方回答说有时间，再去找他。TCP 三次握手的具体过程如下：

- 第一次握手是 A 进程向 B 进程发出连接请求，包含 A 端的初始序号 X。
- 第二次握手是 B 进程收到请求后，发回连接确认，包含 B 端的初始序号 Y 和对 A 端的初始序号 X 的确认。
- 第三次握手是 A 进程收到 B 进程的确认后，向 B 进程发送 X+1 号数据，包括对 B 进程初始序号 Y 的确认。

至此，一个 TCP 连接完成，然后开始通信的第二步——数据传输，最后是第三步——连接释放。TCP 连接释放过程和建立连接过程类似，同样使用三次握手方式。一方发出释放请求后并不立即断开连接，而是等待对方确认，对方收到请求后，发回确认信息，并释放连接，发送方收到确认信息后才拆除连接。

面向连接是保证数据传输可靠性的重要前提。除此之外，TCP 为了保证可靠，还进行确认、超时重传和拥塞控制等。确认是接收端对接收到的最长字节流（TCP 段也是字节流）进行确认，而不是对每个字节都进行确认；超时重传是一个时间片，如果某个字节在发送的时间片内得不到确认，发送端就认为该字节出了故障，会再次发送；拥塞控制限制发送端发送数据的速率，这是通过控制发送窗口的大小（可连续发送的字节数）来实现的。

② 用户数据报协议

UDP 协议是最简单的传输层协议，与 IP 协议不同的是，UDP 提供协议端口号，以保证进程通信。UDP 可以根据端口号对许多应用程序进行多路复用，并检查数据的完整性。UDP 与 TCP 相比，协议更为简单，因为没有了建立、拆除连接过程和确认机制，数据传输速率较高。由于现代通信子网可靠性较高，因此 UDP 具有更高的优越性。UDP 被广泛应用于一次性的交易型应用（一次交易只有一来一回两次信息交换），以及要求效率比可靠性更为重要的应用程序，如 IP 电话、网络会议、可视电话、视频点播等传输语音或影像等多媒体信息的场合。

4）应用层

TCP/IP 的应用层与 OSI 的高三层相对应，相当于将 OSI 的高三层合并为一层。它为用户提供调用和访问网络上各种应用程序的接口，并向用户提供各种标准应用程序及相应的协议。应用层的主要功能是使应用程序、应用进程与协议相互配合，发送或接收数据。该层协议可分为以下三类。

① 依赖于面向连接的 TCP 协议，如远程登录协议（Hyper Text Transfer Protocol，HTTP）、文件传输协议（File Transfer Protocol，FTP）、简单邮件传输协议（Simple Mail Transfer Protocol，SMTP）等。

② 依赖于无连接的 UDP 协议，如简单网络管理协议（Simple Network Management Protocol，SNMP）和动态主机配置协议（Dynamic Host Configuration Protocol，DHCP）。

③ 既依赖于 TCP 协议又依赖于 UDP 协议，如域名解析协议（Domain Name System，DNS）。

2. IP 地址

如同每个人都有一个绝不重复的身份证号一样，网络中的每台计算机也都需要一个专用的“身份证号”。IP 地址就是给每个连接在 Internet 上的主机或路由器分配的一个“身份证号”——唯一的编号。IP 地址有 IPv4 和 IPv6 两个版本，分别采用 32 位和 128 位二进制数表示。目前，网络系统中 IPv4 和 IPv6 并存。

1.6　计算机网络的应用模式

计算机时代到来后，特别是随着互联网的普及，计算机网络和计算机应用得到了很大发展。计算机价格的不断下降和性能的持续上升，逐步将在面向终端的网络时代中处于核心地位的大型主机赶向网络应用的角落。计算机网络的应用模式主要有 C/S 模式、B/S 模式和 P2P 模式。

1.6.1　C/S 模式

在计算机网络中，一些计算机或设备为网络中的用户提供共享资源和由应用软件实现的服务功能，这些计算机或设备称为服务器（Server）。接收服务器或需要访问服务器上共享资源的计算机称为客户机（Client）。网络中的操作系统也相应地分为两部分，即服务器端的操作系统和客户端软件。这种模式称为 C/S（Client/Server，客户机/服务器）模式，如图 1-14 所示。服务器端通常采用高性能的计算机、工作站或小型机，并采用大型数据库系统，如 Oracle、Sybase、Informix

或 SQL Server。客户端要安装专用的客户软件。C/S 模式软件分为客户机和服务器两层。客户机不是毫无运算能力的输入/输出设备，其具有一定数据处理和数据存储能力。通过把应用软件的计算和数据合理地分配给客户机和服务器，可以有效地减小网络通信量和服务器运算量。由于服务器连接个数和数据通信量的限制，这种模式的软件适用于在用户数不多的局域网内使用。

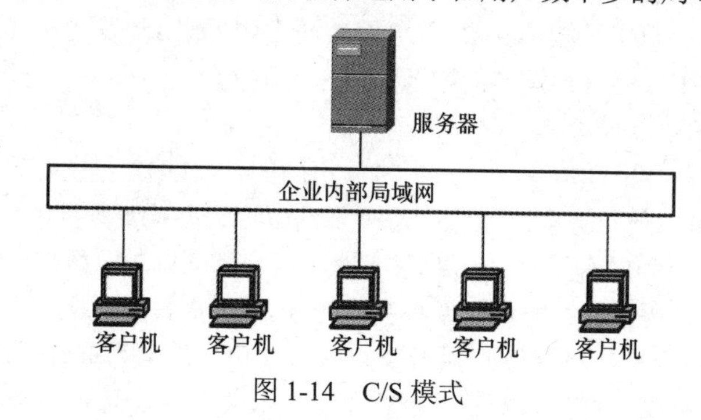

图 1-14 C/S 模式

C/S 模式的优点是能够充分发挥客户端的处理能力，很多工作可以在客户端处理后再提交给服务器，对应的优点就是客户端响应速度快。

缺点主要有以下两方面：

（1）一般只适用于局域网。随着互联网的飞速发展，移动办公和分布式办公越来越普及，需要系统具有可扩展性。采用这种方式进行远程访问需要专门的技术，同时要对系统进行专门的设计来处理分布式数据。

（2）客户端需要安装专用的客户端软件。首先，涉及安装的工作量；其次，任何一台计算机出现问题，如病毒发作、硬件损坏，都需要进行安装和维护；最后，在系统软件升级时，每一台客户机都需要重新安装，其维护和升级成本非常高。

1.6.2 B/S 模式

B/S 模式（Browser/Server，浏览器/服务器模式）是对 C/S 模式的一种改进。在客户机上只要安装一个浏览器（Browser），如 Navigator 或 Internet Explorer，在服务器上安装 Oracle、Sybase、Informix 或 SQL Server 等数据库系统，就可以通过 Web 服务器同数据库系统进行交互。B/S 模式如图 1-15 所示。

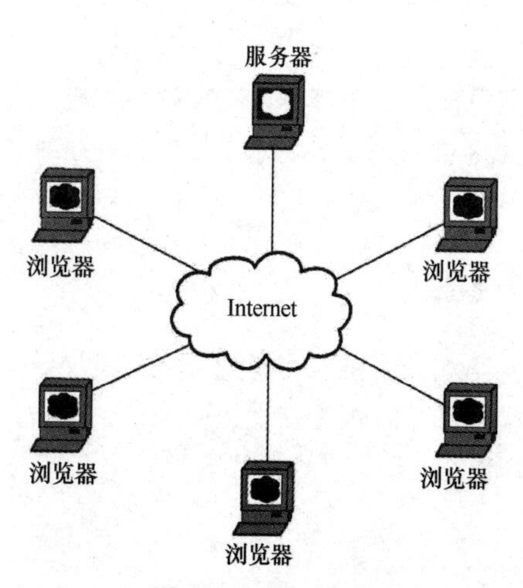

图 1-15 B/S 模式

在 B/S 模式下，用户界面完全通过 WWW 浏览器实现，一部分事务逻辑在前端实现，但是主要事务逻辑在服务器端实现，形成三层（3-Tier）结构。三层结构是指“客户机浏览器—Web 服务器—数据库服务器”。B/S 模式结构如图 1-16 所示，它以 Web 服务器为系统的中心，用户端通过浏览器向 Web 服务器提出查询请求（HTTP 方式），Web 服务器根据需要向数据库服务器发出数据请求。数据库服务器根据查询情况给 Web 服务器返回相应的数据结果，最后 Web 服务器将结果翻译成各种脚本语言格式，传送至客户机上的浏览器。B/S 模式利用不断成熟和普及的浏览技术实现了原来需要复杂的专用软件才能实现的强大功能，并节约了开发成本，是一种全新的软件系统构造技术。这种模式是当今应用软件的首选模式。

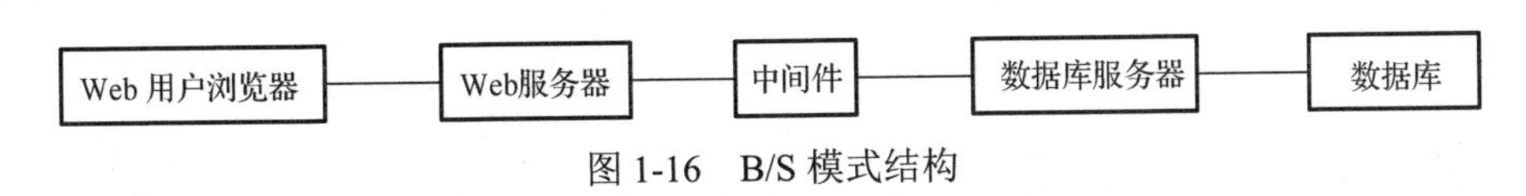

图 1-16　B/S 模式结构

B/S 模式最大的优点就是可以在任何地方进行操作，而不用安装专门的软件，只要有一台能上网的计算机就能使用。客户端在维护方面的工作量非常小，系统的扩展非常容易，只要能上网，再由系统管理员分配一个用户名和密码，就可以使用了。

C/S 模式与 B/S 模式在几个方面的比较如下：

1）开发和维护成本

C/S 模式的开发和维护成本较高。对不同客户端要开发不同的程序，且应用程序的安装、修改和升级均需要在所有的客户机上进行。而 B/S 模式的客户端只需有通用的浏览器，所有的维护与升级工作都在服务器上执行，不需要对客户端进行任何改变，大大降低了开发和维护成本。

2）客户端负载

C/S 模式的客户端具有显示与处理数据的功能，负载较重，应用系统的功能越复杂，其应用程序越庞大。B/S 模式的客户端把事务处理逻辑部分给了功能服务器，客户端只需要显示结果，俗称为“瘦”客户机。

3）可移植性

C/S 模式移植困难，一般来说，不同开发工具开发的应用程序互不兼容，难以移植到其他平台上运行；而 B/S 模式，在客户端安装的是通用浏览器，不存在可移植性问题。

4）用户界面

C/S 的用户界面由客户端所装软件决定，用户界面各不相同，培训的时间与费用较高；而 B/S 模式通过通用浏览器访问应用程序，浏览器的界面统一友好，使用时类似于浏览网页，从而可大大减小培训的时间与费用。

5）安全性

C/S 模式适用于专人使用的系统，可以通过严格的管理派发软件，适用于安全性要求较高的专用应用软件；B/S 模式适用于交互性要求较多、使用人数较多、安全性要求不是很高的应用环境。

1.6.3　P2P 模式

1. P2P 概念

P2P（Peer-to-Peer）是一种客户机以对等方式通过直接交换信息达到共享计算机资源与服务的网络应用模式。

P2P 模式淡化了服务提供者与服务使用者之间的界限，所有的客户机同时身兼服务提供者与服务使用者的双重身份。在 P2P 网络环境中，成千上万台计算机处于一种对等的地位，整个网络不再依赖于专用的服务器，从而消除了单个资源模式带来的网络瓶颈，实现了网络各节点的负载均衡。P2P 模式如图 1-17 所示。

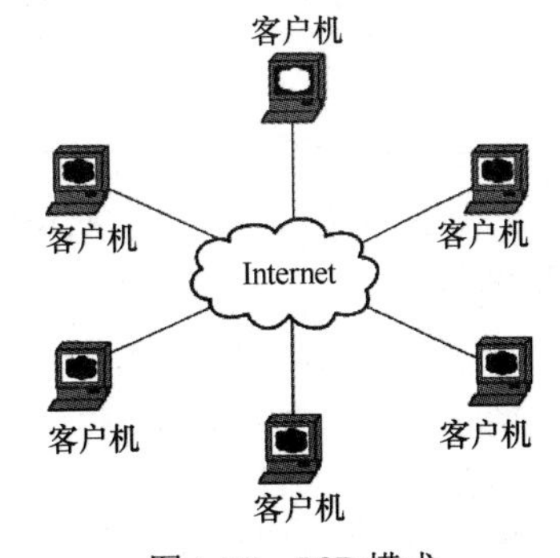

图 1-17　P2P 模式

2. P2P 结构类型

1）集中式

集中式 P2P 网络由一个中心服务器记录共享信息，并反馈对共享信息的查询。每个对等节点都对它所需的共享信息及通信负责，下载其他对等节点提供的信息。集中式结构具有中心化的特点，但是不同于传统的 C/S 网络。在 C/S 网络模式中，客户端只能被动地享受服务器提供的服务，客户端并不具有交互性能；而集中式 P2P 网络中的中心服务器只有索引功能，对等节点具有交互性能。

2）分布式

分布式 P2P 网络中的各个节点的功能是相似的，并不存在中心服务器的管理和控制。对等节点直接通信，通过搜索它们所在的分布网络查询服务、定位其他对等节点。

3）混合式

集中式 P2P 网络结构有利于资源的快速检索，但是容易遭到直接攻击。分布式 P2P 网络结构抗攻击性能较强，但是缺乏快速检索及可扩展性。混合式 P2P 网络集中了二者的优点，依赖中心服务器来完成某些功能。目前，从安全及性能上考虑，使用最广泛的是混合式 P2P 网络结构。

3. P2P 应用

目前，P2P 模式已经广泛应用于实时通信、协同工作、内容分发、分布式计算等领域。不过随着 P2P 规模的扩大，很多 P2P 应用实际上采用了 P2P 与 C/S 的混合模式。

1）即时通信 P2P

QQ 采用的是集中式 P2P 结构。当用户想加入 QQ 网络时，需要在自己的机器上运行 QQ 客户端软件，然后输入自己的账号和密码。登录成功后，用户通过服务器下载自己的好友列表和在线信息，以及一些好友发来的离线信息。在线信息包括好友的 IP 地址等。在获得这些信息后，用户就可以直接进行点对点的即时通信了。

2）流媒体 P2P

流媒体（Streaming Media）指用户通过网络或特定的数字信道边下载边播放多媒体数据。以前主流的流媒体技术提供商提供的流媒体平台都是基于 C/S 模式的。在这种模式中，客户端必须连接到流媒体服务器接收多媒体数据流，服务器需要向每个用户发送多份相同的数据。一般来说，多媒体文件的数据量非常大，由于流媒体服务器带宽和处理能力的限制，在诸如现场直播等大量客户端参与的情况下，流媒体服务器会成为整个系统的瓶颈。一旦流媒体服务器出现故障而停止，那么整个系统的流媒体服务将终止；而 P2P 网络模式对等化、去中心化的特点使其能够很好地解决流媒体服务器负载过重的问题。

将 P2P 网络模式应用到流媒体系统服务的研究中，并构建基于 P2P 的流媒体直播系统。在基于 P2P 技术的流媒体系统中，一个对等节点在接收、回放视频流的同时，能将视频流复制并转发给其他对等节点，可以说兼任了播放器和服务器两个角色。

3）文件共享 P2P

BT 的全称为 BitTorrent，是一种互联网上新兴的 P2P 传输协议。BT 下载通过一个 P2P 下载软件（点对点下载软件）来实现，克服了传统下载方式的局限性，具有下载的人越多，文件下载速度就越快的特点，因此吸引了众多网民使用。其好处是不需要资源发布者拥有高性能服务器就能迅速有效地把发布的资源传向其他 BT 软件使用者，而且大多数 BT 软件都是免费的。

传统下载方式通常是把文件由服务器端传送到客户端。由于是从一台服务器下载，服务器所提供的带宽是一定的，因而下载的人越多，速度越慢。

BT 首先在上传端把一个文件分成 Z 个部分，甲在服务器随机下载了第 N 个部分，乙在服务器随机下载了第 M 个部分，这样甲的 BT 就会根据情况到乙的计算机上去下载乙已经下载的第 M 个部分，乙的 BT 就会根据情况到甲的计算机上去下载甲已经下载的第 N 个部分，从而不但减轻了服务器端的负荷，也加快了用户方（甲和乙等）的下载速度，提高了效率，减少了地域之间的限制。比如说，丙要连到服务器去下载，速度可能才几 KB/s，但是要是到甲和乙的计算机上去下载就快得多。因此，用的人越多，下载的人越多，下载速度也就越快，BT 的优越性就体现在这里。你在下载的同时，你下载的部分资源也在上传（别人从你的计算机上下载那个文件的某个部分），所以说在享受别人提供的下载资源的同时，你也在给另一些人提供资源下载服务。

习　　题

一、选择题

1．计算机网络的基本功能是（　　）。
A．通信和资源共享　　B．存储数据和传递数据
C．登录 Internet　　D．加强文件管理

2．具有中心节点的网络拓扑属于（　　）。
A．总线型拓扑　　B．星形拓扑
C．环形拓扑　　D．以上都不是

3．树状拓扑是（　　）的一种变体。
A．总线型拓扑　　B．星形拓扑
C．环形拓扑　　D．以上都不是

4．在 OSI 参考模型中，第 N 层和其上的第 N+1 层的关系是（　　）。
A．第 N 层为第 N+1 层服务
B．第 N+1 层在从第 N 层接收的信息前增加了一个头
C．第 N 层利用第 N+1 层提供的服务
D．第 N 层对第 N+1 层没有任何作用

5．TCP/IP 协议中的 TCP 对应于 OSI/RM 的（　　）。
A．数据链路层　　B．网络层
C．传输层　　D．会话层

6．OSI 参考模型按照从上到下的顺序有（　　）。
A．应用层、传输层、网络层、物理层
B．应用层、表示层、会话层、网络层、传输层、数据链路层、物理层
C．应用层、表示层、会话层、传输层、网络层、数据链路层、物理层
D．应用层、会话层、传输层、物理层

7．下列操作系统中哪个不是服务器操作系统？（　　）
A．Windows NT Server　　B．Netware
C．Linux　　D．Windows 2000 Professional

8．下列哪项不是 Linux 操作系统的特点？（　　）
A．功能强大　　B．可移植性好
C．易操作性　　D．系统安全可靠

9．在（　　）拓扑结构中，一个电缆故障会终止所有的传输。
A．总线型　　B．星形　　C．环形　　D．以上都不是

10．OSI 参考模型是由（　　）组织提出的。
A．IEEE　　B．ANSI　　C．EIA/TIA　　D．ISO

11．OSI 代表（　　）。
A．Organization for Standards Institute　　B．Organization for Internet Standards
C．Open Standards Institute　　D．Open System Interconnection

12．交换机工作在 OSI 参考模型的（　　）。

A．物理层 B．数据链路层 C．网络层 D．高层

13．以下哪项不是网络应用 C/S 模式的优点？（ ）

A．充分发挥客户端 PC 的处理能力 B．适用于广域网

C．减轻服务器负担 D．客户端响应速度快

二、简答题

1．什么是计算机网络？计算机网络的主要功能是什么？

2．计算机网络的发展经历了哪几个阶段？

3．网络类型按照地理范围划分有哪几种？各自的特点是什么？

4．什么是网络操作系统？网络操作系统的主要功能是什么？

5．叙述网络拓扑结构的概念、典型的网络拓扑结构有哪几种，并简要总结其特点。

6．局域网和广域网中常用的网络拓扑结构有哪几种？

7．TCP/IP 协议中网络层和传输层各有哪些协议？

8．简述交换机和路由器的基本功能。

9．C/S 模式网络结构和 B/S 模式网络结构有什么不同？各适用于什么场合？

第 2 章　数据通信基础

通信是通过某种媒体进行的信息传递。在古代，人们通过驿站、飞鸽传书、烽火等方式进行信息传递。到了今天，随着科学技术水平的飞速发展，相继出现了无线电、固定电话、移动电话、互联网，甚至可视电话等各种通信方式。通信技术拉近了人与人之间的距离，深刻地改变了人类的生活方式和社会面貌。

本章导读：

- 数据通信的基本概念和基础理论
- 数据通信系统的组成
- 数据的编码和调制方法
- 数据的并行和串行传输方式
- 数据交换技术的分类及各自的优缺点
- 常用数据传输介质

2.1　数据通信系统

数据通信是指在两点或多点之间通过通信系统以某种数据形式进行信息交换的过程，它可以把信息从某一处安全可靠地传送到另一处。数据通信是伴随着计算机技术和通信技术，以及两者的相互渗透与结合而发展起来的一种新的通信方式。数据通信是计算机技术与通信技术相结合的产物，同时又是计算机网络的基础。没有数据通信技术的发展，就没有计算机网络的今天。数据通信有着广泛的应用领域及广阔的发展前景。

2.1.1　数据通信系统模型

通过媒介将信息从一地传送到另一地的过程称为通信。通信系统由信源、发信终端、传输媒介、收信终端和信宿组成。通信系统模型框图如图 2-1 所示。

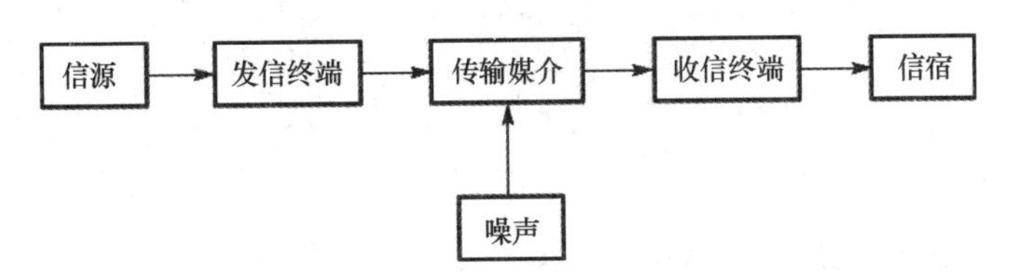

图 2-1　通信系统模型框图

信源提供的待传递信息（如语音、数据、图像等），由发信终端设备变换成适合于在传输媒介上传送的通信信号，发送到传输媒介上进行传输。当该信号经传输媒介进行传输时，被叠加上了各种噪声干扰。收信终端将收到的信号经解调等逆变换，恢复成信宿适用的信息形式。这一过程就是对通信系统工作原理的简单描述。通信系统分为模拟通信和数字通信两类，以模拟信号传送信息的通信方式称为模拟通信，以数字信号传送信息的通信方式称为数字通信。

2.1.2 模拟通信系统和数字通信系统

1. 模拟通信系统

模拟通信系统模型框图如图 2-2 所示。在模拟通信中，信源输出的模拟信号经调制器进行频谱搬移，使其适合传输媒体的特性，再利用传输媒介进行传输。在接收端，解调器对收到的信号进行解调，使其恢复成调制前的信号形式，传送给信宿。模拟通信的传输信号占用的频带较窄，信道的利用率较高，但是模拟通信的缺点也很突出，抗干扰能力差、保密性差、设备不易大规模集成、不适应计算机通信的需要等。

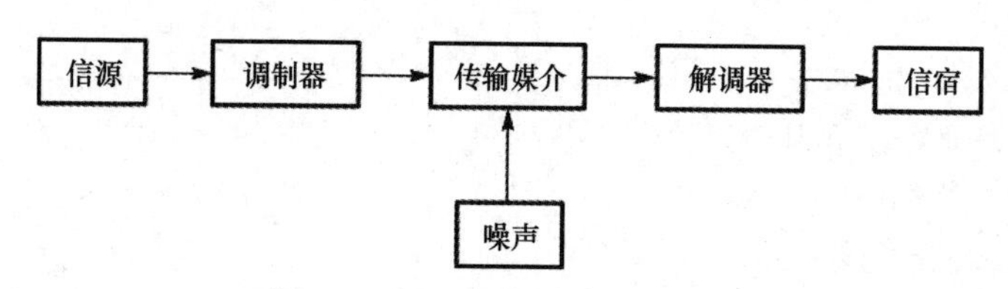

图 2-2 模拟通信系统模型框图

2. 数字通信系统

数字通信系统模型框图如图 2-3 所示。图中信源编码器的作用是将信源发出的模拟信号变换为数字信号，称为模数（A/D）转换；经过 A/D 转换后的数字信号称为信源码。信源编码器的另一个功能是实现压缩编码，使信源码占用的信道带宽尽量小。信源码不适合在信道中直接传输，因此要经过信道编码器进行码型变换，形成信道码，以提高传输的有效性及可靠性。在接收端，信道译码器对收到的信号进行纠错，消除信道编码器插入的多余码元，信源译码器把得到的数字信号还原为原始的模拟信号，称为数模（D/A）转换，提供给信宿使用。当然，数字信号也可以采取频带传输方式，这时需用调制器和解调器对数字信号进行调制，将其频带搬移到光波或微波频段上，利用光纤、微波、卫星等信道进行传输。

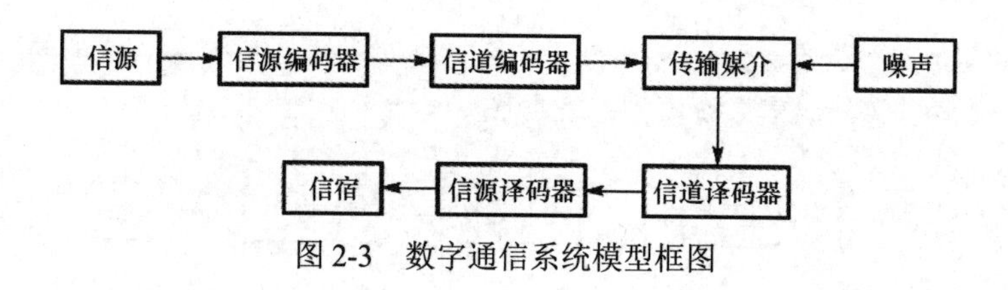

图 2-3 数字通信系统模型框图

2.1.3 数据通信系统构成

数据通信是指依据通信协议，利用数据传输技术（模拟传输或数字传输）在两个功能单元之间传递信息。数据通信离不开计算机技术，从某种意义上说，数据通信可以看成数字通信的特例。研究数据通信系统包括两方面的内容：一方面是研究信道的组成、连接、控制及其使用；另一方面是研究信号如何在信道上传输和控制。数据通信系统由数据终端子系统、数据传输子系统和数据处理子系统三部分组成。数据通信系统的基本构成如图 2-4 所示。

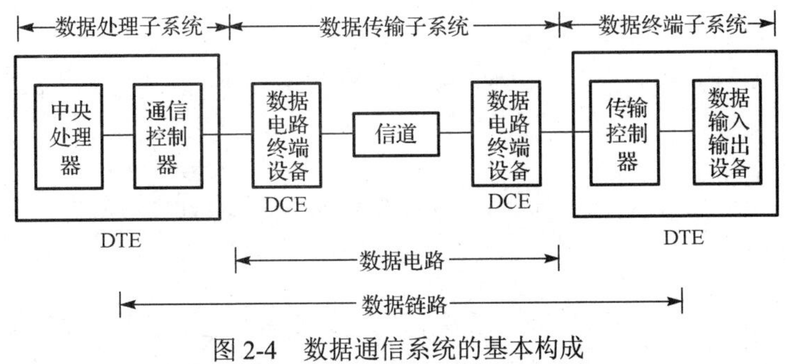

图 2-4　数据通信系统的基本构成

2.2　数据编码技术

模拟物理量（如电流、电压、温度、长度等）及文字、图像、图形、声音等都有自己的表示方式，而各种信号在计算机中存储和传输必须转换为二进制数据。这种转换方法就是数据编码技术，确切地讲是模拟数据数字信号编码技术。二进制数据在线路中传输时，必须使得接收方能够辨别出发送方所传来的数据，这就要求收发双方依据一定的方式将数据表示成某种编码，即数字编码技术。利用数字信号传递数字数据称为数字数据的数字信号编码，利用模拟信号传递数字数据称为数字数据的调制编码。

2.2.1　模拟数据数字信号编码技术

模拟数据数字信号编码技术的典型方法是脉冲编码调制（Pulse Code Modulation，PCM）。模拟数据通过这种方法变成数字数据要经过三个步骤，即采样、量化和编码。信号采样示意图和脉冲编码调制方法示意图分别如图 2-5 和图 2-6 所示。

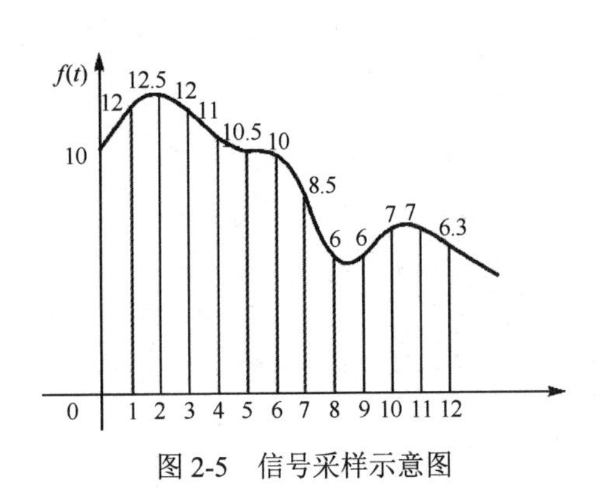

图 2-5　信号采样示意图

幅度		编码	信号波形
0	10	1010	
1	12	1100	
2	13	1101	
3	12	1100	
4	11	1011	
5	11	1011	
6	10	1010	

图 2-6　脉冲编码调制方法示意图

1. 采样

模拟信号在时间上是连续的，而数字信号在时间上是离散的。这就要求系统每经过一个固定的时间间隔（采样周期）就对模拟信号进行测量，这种测量称为采样，这个时间间隔称为采样周期。采样周期的长度可以依据采样定理来确定。

2. 量化

模拟信号不仅在时间上是连续的，而且在幅度上也是连续的，而数字信号要求有离散的值。这就需要对采样得到的测量值进行数字化转换，也就是量化。测量值不一定正好等于某个数值，而要根据测量值的大小选择一个近似的量化数值（取整）。这种不能使量化数值准确表达测量值的情况称为在量化过程中加入了量化噪声。

量化过程通常使用 A/D 转换器（模数转换器）来完成。

3. 编码

取得量化数值以后，要把它们转换成为二进制数据，这个过程称为编码。

4. 采样定理

把一个模拟信号通过采样变成在时间上离散的信号以后，能不能保留原有信号的特征，或者说能不能由它来恢复出原有信号就非常重要了。采样定理指出，对于一个模拟信号，如果能够满足采样频率大于或等于模拟信号中最高频率分量的两倍，那么依据采样后得到的离散序列（系列离散数值）就能够没有失真地恢复出原来的模拟信号。在这些成分中，最高频率分量是采样定理所关注的。

2.2.2 数字数据数字信号编码技术

数字信号序列是离散的，可以编码为不连续的电压或电流的脉冲序列。例如，数字信号 1 可以编码为一种电压值，而数字信号 0 可以编码为另一种电压值。

这里有两个概念需要注意。

1）单极性编码和双极性编码

二进制数 0 和 1 在编码时只使用一种电压值的称为单极性编码，分别使用两个电压值的称为双极性编码。

2）归零码和不（非）归零码

在表示数字信号时，每个表示 0 或 1 的电压值，在表示结束后，信号的电平都变为零电压，称为归零码。如果表示结束后，电压还保持原来的电压状态，就称为不归零码。

下面讨论几种二进制数据的数字信号编码方法。

1. 不归零码

1）单极性不归零码

单极性不归零码（Non-Return to Zero，NRZ）只使用一个电压值。这种方式用恒定正电压表示“1”，无电压表示“0”。单极性不归零编码方式简单直接，实现起来较容易。

2）双极性不归零码

双极性不归零码（Bipolar Non-Return to Zero，BNRZ）用正电压和负电压分别表示二进制数的 1 和 0，正的幅值和负的幅值相等。

2. 归零码

在这种编码方式中，信号电平在一个码元之内都要恢复到零，因此称为归零码。也正因为如此，可以很方便地确定每个码元的界限和信号电平。单极性归零码和双极性归零码的含义与单极性不归零码和双极性不归零码相似。

3. 曼彻斯特编码

在曼彻斯特编码方式中，在一个码元之内既有高电平也有低电平，在一个码元的中间位置发生跳变。可以制定一项标准，确定是以码元的前半部分为信号的值还是以码元的后半部分为信号的值。例如，图 2-7 中的曼彻斯特编码波形，以后半部分为准，即一个正电平到负电平的跳变代表 0，而一个负电平到正电平的跳变代表 1。

4. 差分曼彻斯特编码

差分曼彻斯特编码和曼彻斯特编码相似，只不过是以一个码元开始时是否发生相对于前一个码元的跳变来确定数据的值。其数字数据信号波形如图 2-7 所示，其中的差分曼彻斯特编码，以没有发生跳变表示 1，以发生跳变表示 0。

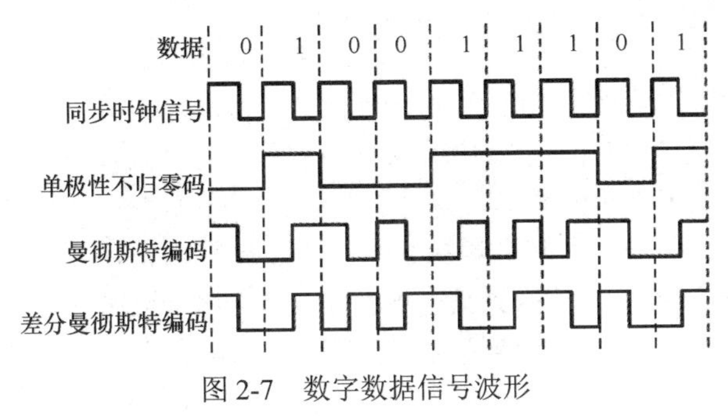

图 2-7　数字数据信号波形

2.2.3　数字数据的调制编码

在计算机网络中，要通过线路传输各种数据，这些数据以二进制数字信号表示。由于在远距离传输中，单纯的正弦波信号只有幅度的变化和相位的移动，且通信线路一旦确定，从一端发往另一端的正弦波信号在这条通信线路上的相位移动值就固定了。如果用正弦波频率的变化或相位的相对移动来传输数据信号，则可以取得不失真的效果（当然使用幅度变化也可以传送信号，不过失真较大）。正是由于远程线路适合使用调频方式或调相（位）方式传输模拟信号（如正弦波信号），所以要把这些二进制数字信号用模拟信号来表达。这种通过改变模拟信号的若干参数来代表二进制数据的方法称为调制，从模拟信号中把二进制数据提取出来的过程称为解调。在线路中传输的模拟数据都是经过调制的正弦波。

正弦波的表达式为：

$$u(t) = U_{\mathrm{m}} \sin(\omega t + \phi_0)$$

式中，$u(t)$为正弦波的瞬时值，即对应于任一确定时刻的正弦波的幅度值；U_{m}是正弦波的最大幅度；ω是正弦波的频率，也称角频率，单位是 rad/s；t 是时间，单位是 s；ϕ_0 是当 $t=0$ 时正弦波所处的相位，叫作起始相位角，也叫初相位角，单位是 rad。正弦波的三个参量如图 2-8 所示。

由正弦波的表达式可以看出，一个正弦波有三个参量是可调的：最大幅度 U_{m}、角频率ω和起始相位角ϕ_0。与之相对应，就有调节最大幅度的振幅键控（Amplitude Shift Keying，ASK）方式、调节角频率的移频键控（Frequency Shift Keying，FSK）方式和调节起始相位角的移相键控（Phase Shift Keying，PSK）方式。数字数据调制的三种基本形式如图 2-9 所示。

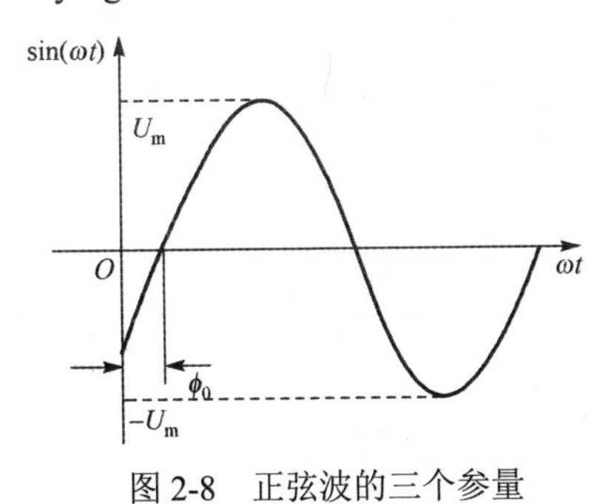

图 2-8　正弦波的三个参量

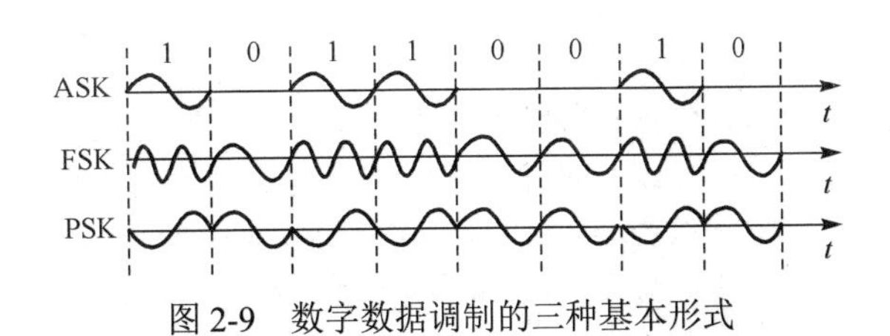

图 2-9　数字数据调制的三种基本形式

1）振幅键控方式

在振幅键控方式下，根据信号的不同调节正弦波的最大幅度。由于只有两种最大幅度，好像由开关控制一样，所以称为键控。利用控制最大幅度来表示信号的控制方式使用极其广泛，如日常的中短波广播、电视的图像信号传播等。只不过信号不止是 0 和 1，而是连续信号（用于模拟信号）或多级信号（如 16 级或更多，用于数字信号）。

2）移频键控方式

在移频键控方式下，信号频率在信源端受调制信号的调制发生移动（移频），产生不同频率的正弦波信号。调制后的某种频率的正弦波形一旦由信源端发出以后，在传输过程中尽管信号幅度会因各种原因发生变化，但是信号频率不会发生变化，只要信宿端能够正确辨别信号的频率就能得到正确的数据，因此所传输的数据不容易发生差错。也就是说，移频键控方式的优点在于信号的抗干扰能力强。移频键控方式因为具有这种优点，也用于可以保证音质的调频广播，同样，这时的信号不止是数字 0 和 1，而是连续信号或多级数字信号。移频键控方式的实现比振幅键控方式要复杂得多。

3）移相键控方式

与移频键控方式相比，移相键控方式具有更多的优点。其中最主要的是，正弦波的相位变化在一个波形周期中就可以测量出来，而移频键控方式要求的周期数则多一些。另外，使用移相键控方式传输数据时，只需要一种频率，所占用的带宽窄，外界干扰对调相的影响也最小，因而在通信中这种方式得到广泛的应用。然而，这种方式在技术实现上更为复杂，目前仅用于通信领域。

在实际应用中，经常把移频键控和移相键控方式结合起来使用，以取得更好的调制效果。

2.3 数据传输方式

将信息编码成可以传输的格式后，就要考虑传输方式了。在数据通信中，数据传输方式有并行传输和串行传输两种。

2.3.1 并行传输

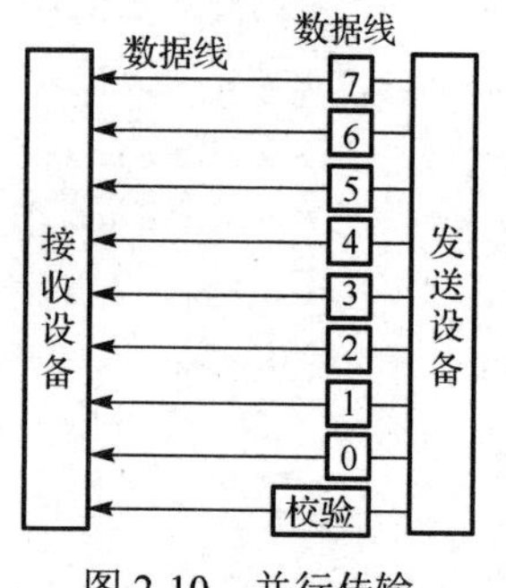

图 2-10 并行传输

并行传输是指数据以成组的方式在多个并行的信道上同时传输，相应地需要若干根传输线。并行传输一般用于计算机内部或近距离设备的数据传输，如计算机和打印机之间的通信一般通过计算机上的并行端口（LPT）进行。其以字符（8 个二进制位）为单位，一次传输 1 字节的信号，所以传输信道需要 8 根数据线，同时还需要其他的控制信号线。并行传输如图 2-10 所示。由于并行传输一次只能传输一个字符，所以收发双方没有字符同步的问题。

并行传输的优点是速度快，缺点是费用高。因为并行传输需要一组传输线，所以并行传输一般用于距离短且传输速度要求高的场合。

2.3.2 串行传输

串行传输是指数据在信道上一位一位地逐个传输，从发送端到接收端只需一根传输线，成本低，易于实现，是计算机网络中普遍采用的传输方式。由于计算机内部操作大多使用并行传输方式，因此当数据通信采用串行传输方式的时候，发送端需要通过并/串转换装置将并行数据位流变为串行数据位流，然后送到信道上传输，在接收端再通过串/并转换装置，还原成 8 位并行数据位流，串行传输如图 2-11 所示。PC 和外界进行串行通信是通过串行端口（COM）完成的。

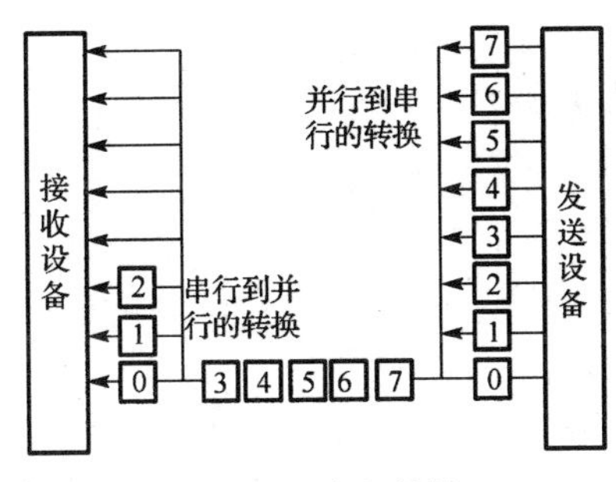

图 2-11　串行传输

串行数据信号在传输线上的传输有以下 3 种方案。

1）单工通信（双线制）

单工通信只允许传输的信息始终向一个方向流动，就像交通道路上的单行道一样。在实际应用中，单工通信的信道采用双线制，一条是用于传输数据的主信道，另一条是用于传输控制信息的监测信道。例如，听广播和看电视时，信息只能从广播电台和电视台发射（传输）到用户，而用户不能将数据传输到广播电台或电视台，BP 机（寻呼机）也是单工通信的例子。单工通信原理图如图 2-12 所示。

2）半双工通信（双线制+开关）

半双工通信允许信息流向两个方向传输，但同一时刻只能朝一个方向传输，不能同时进行双向传输。通信双方都要具备发送和接收装置，每一端都既可以作为发送端，也可以作为接收端。信息流轮流使用发送和接收装置。此方式适用于会话式终端通信，因为通信中要频繁调换信道传输方向，效率较低。无线电对讲机就是半双工通信的例子。半双工通信原理图如图 2-13 所示。

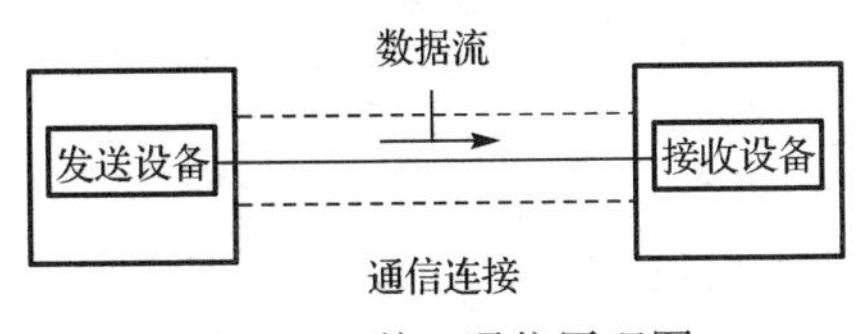

图 2-12　单工通信原理图

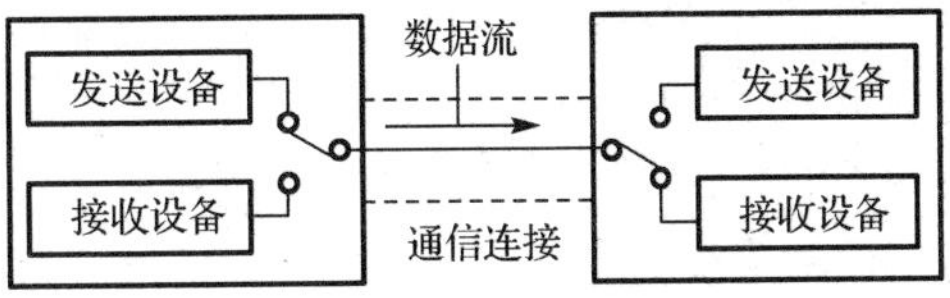

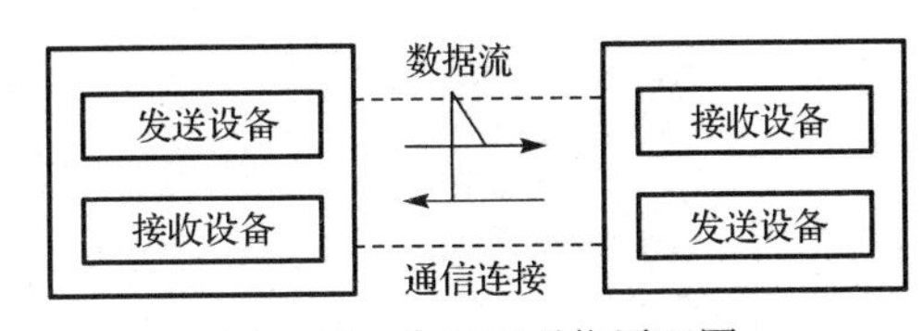

图 2-13　半双工通信原理图

3）全双工通信（四线制）

全双工通信是指在同一时刻，能同时进行双向通信，即通信的双方在发送信息的同时也能接收信息。全双工通信相当于两个方向相反的单工通信组合，通常采用四线制。人们使用的电话采用的就是全双工通信方式。全双工通信原理图如图 2-14 所示。

图 2-14　全双工通信原理图

2.4　数据交换技术

广域网一般采用点到点信道，而点到点信道使用存储转发的方式传送数据。也就是说，从源节点到目的节点的数据通信需要经过若干个中间节点的转接，这就涉及数据交换技术。数据交换技术主要有 3 种类型：电路交换、报文交换和分组交换。

1. 电路交换技术

交换的概念最早来自电话系统。当用户进行拨号时，电话系统中的交换机（Telephone Switch）在呼叫者的电话与接收者的电话之间建立了一条实际的物理线路（这条物理线路可能包括双绞线、同轴电缆、光纤或无线电在内的各种介质，或是经过多路复用得到的带宽），通话便建立起来，此后线路两端的电话拥有该专用线路，直到通话结束。这里所谓的交换体现在电话交换机内部。当交换机从一条输入线上接到呼叫请求时，首先根据被呼叫者的电话号码寻找一条合适的输出线，然后通过硬件开关（如继电器）将二者连通。假如一次电话呼叫要经过若干个交换机，则所有的交换机都要完成同样的工作。电话系统的交换方式称为电路交换（Circuit Switching）技术。在电路交换网中，一旦一次通话建立，在两部电话之间就有一条物理通路存在，直到这次通话结束，再拆除物理通路。

电路交换技术有两大优点：第一，传输延迟小，唯一的延迟是物理信号的传播延迟；第二，一旦线路建立，便不会发生冲突。第一个优点得益于一旦建立物理连接，便不再需要交换开销；第二个优点来自独享物理线路。

电路交换的缺点首先是建立物理线路所需的时间比较长。在数据开始传输之前，呼叫信号必须经过若干个交换机，得到各交换机的认可，并最终传到被呼叫方。这个过程常常需要 10s 甚至更长的时间（呼叫市内电话、国内长途和国际长途，需要的时间是不同的）。对于许多应用（如商店信用卡确认）来说，过长的线路建立时间是不合适的。

在电路交换系统中，物理线路的带宽是预先分配好的。对于已经预先分配好的线路，即使通信双方都没有数据要交换，线路带宽也不能为其他用户使用，从而造成带宽的浪费。当然，这种浪费也有好处，对于占用信道的用户来说，其可靠性和实时响应能力都能得到保证。

2. 报文交换技术

报文交换（Message Switching）事先不建立物理电路，当发送方有数据要发送时，它将把要发送的数据当作一个整体交给中间交换设备，中间交换设备先将报文存储起来，然后选择一条合适的空闲输出线将数据转发给下一个交换设备，如此循环往复，直至将数据发送到目的节点。采用这种技术的网络就是存储转发网络，电报系统使用的是报文交换技术。

在报文交换中，一般不限制报文的大小，这就要求各个中间节点必须使用磁盘等外部设备来缓存较大的数据块。同时，某个数据块可能会长时间占用线路，导致报文在中间节点的延迟非常大（一个报文在每个节点的延迟时间，等于接收整个报文的时间加上报文在节点等待输出线路所需的排队时间），这使得报文交换技术不适合交互式数据通信。为了解决上述问题，产生了分组交换技术。

3. 分组交换技术

分组交换（Packet Switching）技术是报文交换技术的改进，也可以称为包交换技术。在分组交换网中，用户的数据被划分成一个个分组（Packet），并且分组的大小有严格的上限，这使得分组可以被缓存在交换设备的内存中，而不是磁盘中。同时，由于分组交换网能够保证任何用户都不能长时间独占某传输线路，因而非常适合交互式数据通信。

下面对电路交换技术、报文交换技术和分组交换技术做一个简单的比较。

分组交换技术比报文交换技术具有优越性。在具有多个分组的报文中，中间交换机在接收第二个分组之前，就可以转发已经接收到的第一个分组，即各个分组可以同时在各个节点对之间传送，这样减小了传输延迟，提高了网络的吞吐量。

分组交换除吞吐量较高外，还具有一定程度的差错检测和代码转换能力。由于这些原因，计算机网络常常使用分组交换技术，偶尔才使用电路交换技术，但决不会使用报文交换技术。当然，分组交换技术也有许多问题，如拥塞、报文分片和重组等。对这些问题的不同处理方法将导致分组交换的两种不同实现。

电路交换技术和分组交换技术有许多不同之处，关键在于电路交换中信道带宽是静态分配的，而分组交换中信道带宽是动态分配和释放的。在电路交换中，已分配的信道带宽未使用时都被浪费了；而在分组交换中，这些未使用的信道带宽可以被其他分组利用。因为信道不是为某对节点所专用的，所以信道的利用率非常高（相对来说，每个用户信道的费用就可以降低）。但是，正是因为信道不是专用的，突发的输入数据可能会耗尽交换设备的存储空间，造成分组丢失。

另外，电路交换是完全透明的，发送方和接收方可以使用任何速率（当然是在物理线路支持的范围内）、任意帧格式来进行数据通信；而在分组交换中，发送方和接收方必须按一定的数据速率和帧格式进行通信。

电路交换技术和分组交换技术还有一个区别是计费方法不同。在电路交换中，通信费用取决于通话时间和距离，而与通话量无关，原因是在电路交换中，通信双方是独占信道带宽的；而在分组交换中，通信费用主要按通信流量（如字节数）来计算，适当考虑通话时间和距离。因特网电话（Internet Phone）就是使用分组交换技术的一种新型电话，它的通话费远远低于传统电话，原因就在这里。

2.5　数据传输介质

数据传输介质是指在网络中传输信息的载体，常用的传输介质分为有线传输介质和无线传输介质两大类。不同的传输介质，其特性也各不相同，不同的特性对网络中数据通信质量和通信速度有较大影响。

2.5.1　数据传输介质的分类

1. 有线传输介质

有线传输介质是指在两个通信设备之间的物理连接部分，它能将信号从一方传输到另一方，有线传输介质主要有双绞线、同轴电缆和光纤。双绞线和同轴电缆传输电信号，光纤传输光信号。

1）双绞线

双绞线由两条互相绝缘的铜线组成，其典型直径为 1mm。这两条铜线拧在一起，就可以减小邻近线对电气性能的干扰。双绞线既能用于传输模拟信号，也能用于传输数字信号，其带宽取决于铜线的直径和传输距离。在许多情况下，几千米范围内的传输速率可以达到几 Mbps。由于性能较好且价格便宜，双绞线得到广泛应用。双绞线可以分为非屏蔽双绞线和屏蔽双绞线两种，屏蔽双绞线的性能优于非屏蔽双绞线。双绞线共有 6 类，其传输速率为 4Mbps～1000Mbps。

2）同轴电缆

同轴电缆比双绞线的屏蔽性要好，因此在更高速度上可以传输得更远。同轴电缆以硬铜线为芯（导体），外包一层绝缘材料（绝缘层）。这层绝缘材料用密织的网状导体环绕构成屏蔽，其外覆盖一层保护性材料（护套）。同轴电缆的这种结构使它具有更高的带宽和极好的噪声抑制特性。1km 同轴电缆可以实现 1Gbps～2Gbps 的数据传输速率。

3）光纤

光纤是由纯石英玻璃制成的。纤芯外面包围着一层折射率比纤芯低的包层，包层外是一层塑料护套。光纤通常被扎成束，外面有外壳保护。光纤的传输速率可达 100Gbps。

2. 无线传输介质

在计算机网络中，无线传输可以突破有线网的限制，利用空间电磁波实现站点之间的通信，可以为广大用户提供移动通信。最常用的无线传输介质有无线电波、微波和红外线等。无线传输的优点在于安装、移动及变更都较容易，不会受到环境的限制。

1）无线电波

采用无线电波作为无线网的传输介质是目前应用最多的，这主要是因为无线电波的覆盖范围较广，应用较广泛。使用扩频方式通信时，特别是直接序列扩频调制方法，因发射功率低于自然的背景噪声，具有很强的抗干扰抗噪声能力及抗衰落能力。一方面使通信非常安全，基本避免了通信信号的被偷听和被窃取，具有很高的可用性。另一方面无线局域网使用的频段主要是S频段（2.4GHz～2.4835GHz），这个频段也叫ISM（Industry Science Medical），即工业科学医疗频段，不会对人体健康造成伤害。因此，无线电波成为无线网常用的无线传输媒介。

2）微波

微波是无线电波中一个有限频带的简称。由于微波沿直线传播，所以如果微波塔相距太远，地表物体就会挡住微波的去路。因此，隔一段距离就需要一个中继站，微波塔越高，传输距离越远。微波通信被广泛用于长途电话、监察电话、电视转播等方面。

3）卫星

卫星通信具有通信距离远、费用与距离无关、覆盖面积大、不受地理条件限制、通信信道带宽大、可进行多址通信与移动通信等优点。卫星通信在最近的30年中获得迅速发展。

4）红外线

红外线是太阳光线中众多不可见光线中的一种，无导向的红外线被广泛用于近距离通信。电视机、录像机使用的遥控装置都利用了红外线。红外线有一个主要缺点就是信号不能穿透坚实的物体。但正因如此，一间房屋里的红外系统不会对其他房间里的系统产生串扰。红外传输的优点就是不易被人发现和截获，保密性强，而且几乎不会受到电气、天电、人为干扰，抗干扰能力强。

2.5.2 多路复用技术

在同一介质上，同时传输多个有限带宽信号的方法被称为多路复用（Multiplexing）。多路复用可以分为频分多路复用、波分多路复用和时分多路复用。当前采用的多路复用方式主要有两种：频分多路复用（Frequency Division Multiplexing，FDM）和时分多路复用（Time Division Multiplexing，TDM）。

1. 多路复用的概念

数据信息在网络通信线路中传输时，要占用通信信道。提高通信信道的利用率，尤其是在远程传输时提高通信信道的利用率是非常重要的。如果一条通信线路只能被一路信号使用，那么这路信号要支付通信线路的全部费用，成本就比较高，其他用户也因为不能使用这条通信线路而不能得到服务。因此，在一条通信线路上如果能够同时传输若干路信号，则能降低成本，提高服务质量，增加经济收益。这种在一条物理通信线路上建立多条逻辑通信信道，同时传输若干路信号的技术就叫作多路复用技术。

2. 频分多路复用

这里介绍中波无线电广播的例子。一条利用空间无线电波传输信号的物理通信线路。中波广播频率的带宽是535kHz～1605kHz。这个通信信道按照不同的频率划分为若干个子信道，每个子信道的带宽是9kHz，每个子信道供广播电台的一个频道使用。例如，济南人民广播电台交通频道的中心频率是1512kHz，济南经济广播的中心频率是846kHz。各个广播电台在这些子信道上同时进行信号传输而互不干扰，这就是一个由频率进行划分的多路复用技术的具体例子。

频分多路复用技术就是实现载波频率取得，信号对载波的调制，调制信号的接收、滤波和解调的技术。人们所用的收音机就是一个频分多路复用接收器，广播电台则是频分多路复用发射器。

3. 波分多路复用

波分多路复用技术主要应用在光纤通道上。

波分多路复用技术实质上也是一种频分多路复用技术。由于在光纤通道上传输的是光波，光波在光纤上的传输速度是固定的，所以光波的波长和频率有固定的换算关系。由于光波的频率较高，用频率来表示就很不方便，所以改用波长来表示。在一条光纤通道上，按照光波的波长不同，可以划分出若干个子信道，每个子信道传输一路信号，这种方式就称为波分多路复用技术。在实际使用中，不同波长的光从不同方向发射进入光纤，在接收端根据不同波长的光的折射角度不同，分解为不同路的光信号，由各个接收端分别接收。

4. 时分多路复用

与频分多路复用技术和波分多路复用技术不同，时分多路复用技术不是将一个物理信道划分为若干个子信道，而是不同的信号在不同的时间轮流使用这个物理信道。通信时把通信时间划分为若干个时间片，每个时间片占用信道的时间都很短。将这些时间片分配给各路信号，一路信号使用一个时间片。在这个时间片内，该路信号占用信道的全部带宽。

1）同步时分多路复用技术

同步时分多路复用技术按照信号的路数划分时间片，每路信号都具有相同大小的时间片。时间片轮流分配给每路信号，一路信号在时间片使用完毕以后停止通信，并把物理信道让给下一路信号使用。当其他各路信号把分配到的时间片都使用完以后，该路信号再次取得时间片进行数据传输。这种方法叫作同步时分多路复用技术。

同步时分多路复用技术的优点是控制简单，容易实现；其缺点是如果某路信号没有足够多的数据，不能有效地使用它的时间片，则造成资源浪费；如果有大量数据要发送的信道没有足够多的时间片可利用，则要拖很长一段时间。这样就降低了设备的利用效率。

2）异步时分多路复用技术

为了提高设备的利用效率，可以设想使有大量数据要发送的用户占有较多的时间片，数据量小的用户占用较少的时间片，没有数据的用户就不再分配时间片。这时，为了区分哪个时间片是哪个用户的，必须在时间片上加上用户的标识。由于每个用户的数据并不按照固定的时间间隔发送，所以称为异步。这种方法称为异步时分多路复用，也称统计时分多路复用。这种方法提高了设备利用率，但是技术复杂性也比较高，主要应用于高速远程通信过程，如异步传输模式（ATM）。

习　　题

一、选择题

1．信号可以分为（　　）两种。

A．比特和波特　　B．数字和模拟

C．数据和信息　　D．码元和码字

2．下列使用全双工通信方式传输信息的是（　　）。

A．收音机　　B．对讲机　　C．电视机　　D．电话机

3．控制载波相位的调制技术是（　　）。

A．PSK　　B．ASK　　C．FSK　　D．FTM

4．（　　）适合应用于距离短且传输速度要求较高的场合。

A．并行传输　　B．串行传输　　C．并串行传输　　D．分时传输

5．电路利用率最低的交换方式是（　　）。

A．报文交换方式　　B．分组交换方式

C．信息交换方式　　D．电路交换方式

6．在常用传输介质中，（　　）的带宽最大、信号传输衰减最小、抗干扰能力最强。

A．双绞线　　B．光缆　　C．同轴电缆　　D．微波

7．双绞线由两根绝缘导线相互扭在一起制成，其目的是（　　）。

A．减小信号衰减　　B．减小电缆的阻抗

C．消除串扰和减小外部电磁干扰　　D．减小电磁干扰

二、简答题

1. 模拟通信系统和数字通信系统各有什么特点？它们在通信原理方面有哪些区别？数字通信系统有哪些优点？

2．设一个字符的 ASCII 码为 1011001，请画出该字符的曼彻斯特编码和差分曼彻斯特编码。

3．数字数据调制有哪几种基本形式？各有什么特点？

4．什么是并行传输和串行传输？各有什么特点？请举例说明。

5．什么是单工通信、半双工通信和全双工通信？试举例说明。

6．试比较同轴电缆、双绞线、光缆 3 种传输介质的优缺点。

7．什么是多路复用？有哪几种常用的多路复用技术？计算机网络中通常采用什么多路复用技术？

8．数据交换技术主要有哪几种？各自的特点是什么？

第 3 章　局域网

局域网是计算机网络的一个分类，是将局限于一定地理范围内的计算机、服务器或打印机直接连接起来的网络。局域网的出现使计算机网络为大多数人所认识，并逐渐被广泛地应用在学校、企业、机关、商店等机构中，并借助这个桥梁传输数据和共享资源。共享资源包括信息资源、传输线路资源及设备资源，如文件服务器和打印机等。组建局域网能够使得连接在局域网上的计算机及局域网提供的共享资源与外界隔离，对外部计算机访问内部资源设置一定的访问权限。

本章导读：

- 局域网的基本概念和原理
- 以太网
- 交换式局域网

3.1　局域网概述

3.1.1　局域网的组成

局域网包括硬件部分和软件部分。局域网资源硬件主要是指服务器、工作站及各种共享的外围设备，如打印机、传真机等，通信硬件主要是指通信线路和网卡、集线器、交换机、路由器、无线 AP 等。办公室局域网示意图如图 3-1 所示。

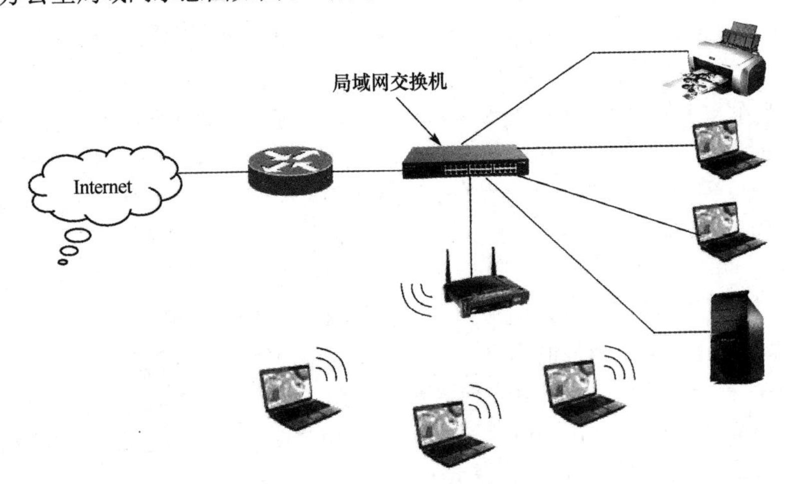

图 3-1　办公室局域网示意图

局域网的软件部分主要包括网络操作系统和通信协议。

网络操作系统是用于管理用户对不同资源进行访问、实现系统资源共享的应用程序，是最主要的网络软件。目前市场上的网络操作系统有很多，它们有许多共同点，同时又各具特色，建设局域网时应根据实际应用目的、具体的应用情况及网络使用者的水平，并结合网络操作系统的特征及优缺点来选择。

通信协议是计算机相互通信的“共同语言”，如果没有协议，任何网络通信都不会发生。对两台计算机而言，类似于两个人必须使用相同的语言沟通，必须使用相同的协议。目前，局域网中较常使用的协议有 TCP/IP、NetBEUI 和 IPX/SPX 三种。

3.1.2 局域网的分类

按照网络中计算机之间的关系，局域网可划分为对等网和客户机-服务器网络；从应用角度，局域网可划分为家庭网、企业网等；按照技术规范，局域网可划分的种类较多，其中占主导地位的有 4 种类型，分别是以太网（Ethernet）、令牌环网（Token Ring）、令牌总线（Token Bus）和光纤分布式数据接口（Fiber Distributed Data Interface，FDDI）。以太网、令牌环网及令牌总线采用 IEEE 的标准，而 FDDI 采用美国国家标准研究所（American National Standards Institute，ANSI）的标准。从介质访问控制方法的角度，局域网又可划分为共享式局域网与交换式局域网两类。

1. 对等网和客户机-服务器网络

1）对等网

在对等网中，没有专门的计算机充当服务器，也没有管理员负责维护网络，每台计算机的用户自己决定该计算机上的哪些数据在网络上共享，安全性也由每台计算机上的本地目录数据库提供。在这种网络中，各台计算机间是一种平等的关系。

2）客户机-服务器网络

随着网络规模的扩大，对等网已不能满足日益增长的资源需求，而客户机-服务器网络会配置专用的、经过优化的计算机充当服务器，以便处理来自客户机的请求。有时为了确保每个任务都能及时有效地完成，可配置多台服务器以降低单个服务器所承受的负载。客户机-服务器网络已成为组网的标准模型，这种网络也方便对客户机进行统一管理和控制。

2. 家庭网和企业网

1）家庭网

家庭网，一般指的是在一个家庭或学生宿舍内部组建的微型局域网，其一般是对等网，组网的目的仅是为了共享、传递数据或共享网络。

目前，家庭网络中业务的提供还处于萌发期，尚未形成统一规范与业务模型。家庭网络中的业务已经从单纯提供互联网接入向提供基于宽带的综合业务转型，由家庭网关、IPTV 机顶盒、一体化宽带智能终端、Wi-Fi 手机、可视电话等宽带网络终端设备组成的家庭网络，为用户提供合适、易用、方便、快捷的综合业务。

2）企业网

企业网，也叫校园网或园区网，通常指一个企业或一所学校将机构内不同部门在不同楼群或园区中建立的局域网连接起来形成的网络。一方面实现覆盖整个园区范围内的通信资源、计算资源、存储资源和信息资源共享，如可以实现语音、视频、监控、电子商务、WWW 浏览、FTP 下载和 Internet 连接等多种业务；另一方面用来限定外部用户对这个网络特定资源的访问和使用，同时也可以限定内部用户对外界的访问。

3.2 以太网

美国 IEEE 的 802 委员会制定了局域网的一系列标准，具体定义了常用的局域网网络规范。例如，遵循 IEEE 802.3 标准的局域网称为以太网，遵循 IEEE 802.5 标准的局域网称为令牌环网；FDDI 遵循 802.8 标准，是双环结构的光纤介质的 100Mbps 高速局域网。

目前，以太网已成为应用最普遍的局域网技术，它在很大程度上取代了其他局域网标准，如令牌环网、令牌总线等。最终导致以太网技术能够在市场上占有绝对优势地位的原因主要有两个：

一是以太网的连接结构简单方便，任何节点进入或离开网络都不会对网络中其他节点的正常工作产生任何影响。二是以太网交换机的成功问世。以太网交换机通过将计算机终端连接在交换机不同的端口上，使得这些计算机能够拥有独立的通信线路，而不必与其他计算机共享通信线路，从而解决了以太网中不同数据终端的数据冲突问题，大大提高了以太网的数据传输效率。

3.2.1 以太网的特点

以太网的标准拓扑结构为总线型拓扑，但目前的快速以太网（100BASE-T、1000BASE-T 标准）为了减少冲突，最大程度地提高网络速度和使用效率，使用交换机（Switch）来进行网络连接和组织。这样，以太网的拓扑结构就成了星形拓扑，但在逻辑上，以太网仍然使用总线型拓扑和 CSMA/CD（Carrier Sense Multiple Access with Collision Detection，带冲突检测的载波监听多路访问）的总线争用技术。

以太网结构简单，易于实现，技术相对成熟，网络连接设备的成本越来越低。以太网的类型较多，可互相兼容，不同类型的以太网可以很好地集成在一个局域网中，其扩展性也很好。因此，当前组建局域网、校园网和企业网时都把以太网作为首选。

3.2.2 以太网的发展

IEEE 制定的 802.3 标准给出了以太网的技术标准，其规定了包括物理层的连线、电信号和介质访问层协议的内容。从 10Mbps、100Mbps、千兆位到万兆位以太网，以太网技术的发展在速率上呈数量级增长的同时，其应用领域也在不断拓宽。而不同应用领域各自的应用需求，又促进了在这些领域内以太网技术的个性化发展。与此同时，以太网的网络处理器芯片技术和测试手段也在发展和成熟之中。

很多以太网卡和交换设备都支持多种速率，设备之间通过自动协商设置最佳的连接速率和双工方式。如果协商失败，设备就会探测另一方使用的速率，默认为半双工方式。10/100Mbps 以太网端口支持 10Base-T 和 100Base-TX，10/100/1000Mbps 支持 10Base-T、100Base-TX 和 1000Base-T。

1. 10Mbps 以太网

常用的 10Mbps 以太网标准有 10Base-2、10Base-5、10 Base-T 和 10Base-F 等。

- 10Base-2 网络采用 50Ω细同轴电缆，并使用网卡内部收发器。其网络拓扑结构为总线型，连接处采用工业标准的 BNC 连接器组成 T 形插座，使用灵活、可靠性高。
- 10Base-5 网络采用 50Ω粗同轴电缆，并使用网卡外部收发器。其网络拓扑结构为总线型，连接处通常采用插入式分接头，将其触针插入同轴电缆的内芯。
- 10Base-T 是采用无屏蔽双绞线（UTP）实现 10Mbps 传输速率的以太网。10Base-T 网络的特点是通过集线器与双绞线连接，这种结构使增添和移除站点都十分简单，并且很容易检测到电缆故障，符合结构化布线标准。
- 10Base-F 网络采用光纤作为传输介质，这种方式具有良好的抗干扰性，但费用昂贵。

各种类型 10Mbps 以太网标准的比较如表 3-1 所示。

表 3-1 各种类型 10Mbps 以太网标准的比较

类　型	10Base-5	10Base-2	10Base-T	10Base-F
数据传输速率/Mbps	10	10	10	10
传输介质	基带同轴电缆	基带同轴电缆	非屏蔽双绞线	光纤
拓扑结构	总线型	总线型	星形	星形
最大段长/m	500	185	100	1000 以上

2. 100Mbps 以太网

1993 年 10 月以前，对于要求 10Mbps 以上数据流量的应用，只有光纤分布式数据接口（FDDI）可供选择，它是一种基于 100Mbps 光缆的 LAN。因为其站点管理过于复杂，价格非常昂贵，因此除了主干网市场，很少被使用。

1995 年 6 月，IEEE 宣布了 IEEE802.3u 规范，其设计思想非常简单，保留所有旧的分组格式、接口及程序规则，只是将数据传输速率由 10Mbps 提高为 100Mbps。从技术角度上讲，IEEE802.3u 只是对现存 IEEE802.3 标准的升级，习惯上称为快速以太网。所有的快速以太网系统均使用集线器或交换机，不允许使用插入式分接头或 BNC 连接头。

通过 10/100Mbps 自适应集线器连接，10 Mbps 以太网可以方便地升级为快速以太网。快速以太网技术可以有效地保障用户在布线基础设施上的投资，它支持 3、4、5 类双绞线及光纤的连接，能有效利用现有的设施，可同时支持交换和共享方式，使用双绞线的端口可以自动识别 10Mbps 和 100Mbps 的传输速率。

快速以太网可分为以下 3 种类型。

1）100Base-T4

想要在速率有限的基础设施上获得快速以太网的性能而又不想升级网络电缆，100 Base-T4 是一种选择。其使用 3 类 UTP，采用的信号频率为 25MHz，需要 4 对双绞线，不使用曼彻斯特编码，而使用三元信号，这样就获得了所要求的 100Mbps 的传输速率。

2）100Base-TX

100Base-TX 的性能类似于 100Base-T4，但是其使用 5 类 UTP，设计比较简单，因为 100Base-TX 可以处理速率高达 125MHz 以上的时钟信号。每个站点只需使用两对双绞线，一对连接集线器，另一对从集线器引出。100Base-TX 是全双工的系统，与 100Base-T4 相比，100Base-TX 使用更加可靠的网络结构来传递数据。100Base-T4 和 100Base-TX 可使用两种类型（共享式、交换式）的集线器，二者统称为 100Base-T。

3）100Base-FX

100Base-FX 同样拥有 100Mbps 的传输速率，并有更优的性能，但费用昂贵。其使用两束多模光纤，每束光纤一个方向，因此 100Base-FX 也是全双工的，并且站点与集线器之间的最长距离达 2km。

3. 千兆位以太网

为了适应网络应用对网络更大带宽的需求，3Com 公司和其他一些厂商成立了千兆位以太网联盟，研制和开发了千兆位以太网技术。1998 年 6 月，IEEE 正式通过千兆位以太网标准 IEEE 802.3z。

千兆位以太网标准规定，允许以 1Gbps 的速率进行半双工、全双工传输。这样，带宽将增加到原来的 10 倍，从而以高达 1Gbps 的速率传输。使用 IEEE 802.3 以太网帧格式，由于其与 10Mbps 的以太网和 100Mbps 的快速以太网使用同样的帧格式，因此现在使用以太网技术的用户可以很容易地升级到千兆位以太网。使用 CSMA/CD 访问方式，为了使千兆位以太网在保持 Gbps 数量级速率的条件下仍能维持 200m 的网络访问距离，千兆位以太网增强了 CSMA/CD 功能，采用包突发机制。千兆位以太网的物理层支持多种传输介质，可以使用光纤、同轴电缆及 UTP 等。

4. 万兆位以太网

与以往代表最高适用度的千兆位以太网相比，万兆位以太网拥有绝对的优势和特点。其技术特色首先表现在物理层面上。万兆位以太网是一种只采用全双工传输与光纤的技术，其物理层（PHY）和 OSI 参考模型的第一层（物理层）一致，负责建立传输介质（光纤或铜线）和 MAC 层的连接，MAC 层相当于 OSI 参考模型的第二层（数据链路层）。在网络的结构模型中，把 PHY 进一步划分为物理介质关联层（PMD）和物理代码子层（PCS）。光学转换器属于 PMD 层。PCS 层由信息的编码方式（如 64B/66B）、串行传输或多路复用等功能模块组成。

万兆位标准意味着以太网将具有更大的带宽（10Gbps）和更远的传输距离（可达 40km）。企业网采用万兆位以太网，可以更好地连接企业网骨干路由器，大大简化网络拓扑结构，提高网络性能，能更好地满足网络安全、服务质量、链路保护等多个方面的需求。

技术在飞快地进步，在这个信息化水平已成为衡量一个国家和地区综合实力重要标志的新经济时代。越来越多的社会机构内部复杂而庞大信息系统的整合，ERP 和 CRM 的运转，语音、视频等新应用需求的提出，大大提高了对网络带宽和 IP 智能应用的要求，这种现象呼唤着万兆位网络。从目前的市场状况及技术发展的趋势来看，万兆位网络将逐渐成为网络交换市场的主流。

3.2.3　CSMA/CD

传统以太网采用“共享介质”的工作方式。为了实现对多节点使用共享介质发送和接收数据的控制，以太网技术中采用带冲突检测的载波监听多路访问（CSMA/CD）方法来进行介质访问控制。CSMA/CD 方法的工作过程如下。

在以太网中，如果一个节点要发送数据，则它以“广播”方式把数据通过作为公共传输介质的总线发送出去，连在总线上的所有节点都能“收听”到这个数据信号。由于网中所有节点都可以利用总线发送数据，并且网中没有控制中心，因此冲突的发生将是不可避免的。为了有效地实现分布式多节点访问公共传输介质的控制策略，CSMA/CD 的发送流程可以简单地概括为 4 步：先听后发、边听边发、冲突停止和随机延迟后重发。

在采用 CSMA/CD 方法的局域网中，节点利用总线发送数据时，首先要监听总线的忙闲状态。如果总线上已经有数据信号传输，则为总线忙；如果总线上没有数据传输，则为总线空闲。如果一个节点准备好发送的数据帧，并且此时总线处于空闲状态，就可以开始发送。同时，还存在着一种可能，那就是在几乎相同的时刻，有两个或两个以上节点发送了数据，那么就会产生冲突，因此节点在发送数据时应该进行冲突检测。采用 CSMA/CD 方法的总线型局域网的拓扑如图 3-2 所示。

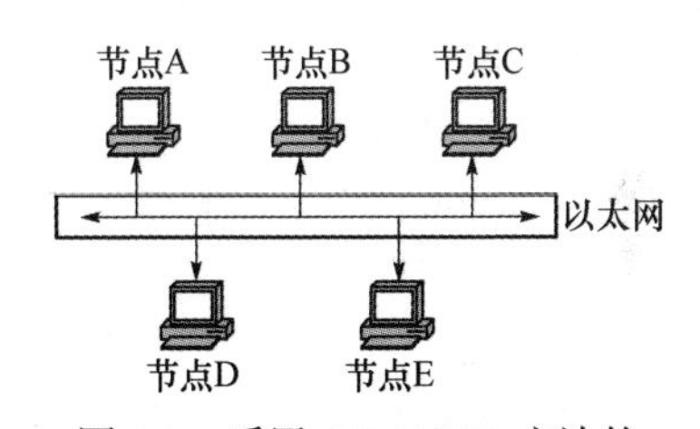

图 3-2　采用 CSMA/CD 方法的总线型局域网的拓扑

所谓冲突检测，就是节点在发送数据的同时，将它发送的信号波形与从总线上接收到的信号波形进行比较。如果总线上同时出现两个或两个以上发送信号，则它们叠加后的信号波形将不等于任何节点发送的信号波形。若节点发现自己发送的信号波形与从总线上接收到的信号波形不一致，则表示总线上有多个节点在同时发送数据，已经产生冲突。如果在发送数据的过程中没有检测出冲突，则节点在发送结束后进入正常结束状态；如果在发送数据过程中检测出冲突，则为了解决信道争用冲突，节点停止发送数据，随机延迟后重发。

在以太网中，任何节点想发送数据都要首先争取总线使用权。因此，节点从准备发送数据到成功发送数据，发送等待延迟时间是不确定的。CSMA/CD 方法可以有效地控制多节点对共享总线的访问，方法简单，并且容易实现。

3.2.4　MAC 地址

1. 什么是 MAC 地址

MAC（Media Access Control）地址在网络中标识网卡，每块网卡都需要并拥有唯一的 MAC 地址。一块网卡的 MAC 地址是具有全球唯一性的，类似于每个公民都会拥有唯一的身份证号。

MAC 地址是在 IEEE 802 标准中定义并规范的，凡是符合 IEEE 802 标准的以太网卡，都必须拥有一个 MAC 地址，用 MAC 地址来定义网络设备的位置。

2. MAC 地址的组成和表示方法

MAC 地址的组成如图 3-3 所示，MAC 地址长度为 48bit（6 字节），由 12 位十六进制数组成。

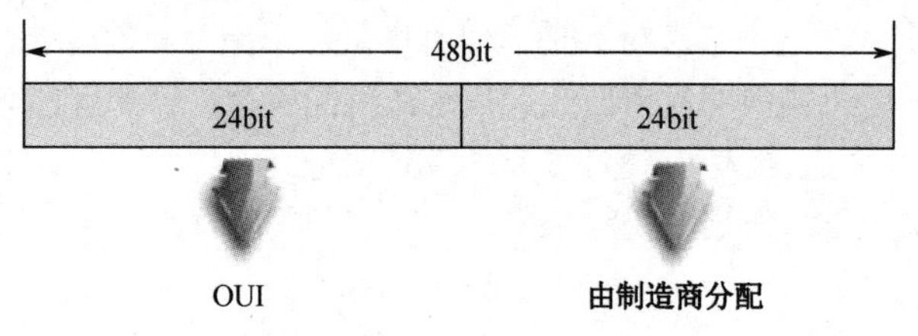

图 3-3 MAC 地址的组成

一个制造商在生产网卡之前，必须先向 IEEE 注册，以获取一个长度为 24bit（3 字节）的代码，也称 OUI。MAC 地址后 24bit 由制造商自行分配，是各个制造商所制造网卡的唯一编号。

3. MAC 地址的分类

MAC 地址可以分为以下 3 种类型：

（1）单播 MAC 地址，也称物理 MAC 地址。这种类型的 MAC 地址唯一地标识了以太网上的一个终端，该地址为全球唯一的硬件地址。单播 MAC 地址具有全球唯一性，当一个二层网络中接入两台具有相同 MAC 地址的终端（如误操作等）时，将会引发通信故障，且其他设备与它们之间的通信也会存在问题。

（2）广播 MAC 地址，即全 1 的 MAC 地址（FF-FF-FF-FF-FF-FF），用来表示局域网上的所有终端设备。可以将广播 MAC 地址理解为一种特殊的组播 MAC 地址。目的 MAC 地址为广播 MAC 地址的帧发往链路上的所有节点。

（3）组播 MAC 地址：除广播 MAC 地址外，第 7bit 为 1 的 MAC 地址为组播 MAC 地址（如 01-00-00-00-00-00），用来代表局域网上的一组终端。组播 MAC 地址用于标识链路上的一组节点。

MAC 地址和数据帧之间的关系如下：

目的 MAC 地址为单播 MAC 地址的数据帧，称为单播帧；目的 MAC 地址为组播 MAC 地址的数据帧，称为组播帧；目的 MAC 地址为广播 MAC 地址的数据帧，称为广播帧。

局域网上的帧可以通过以下 3 种方式发送：

（1）单播：指从单一的源端发送到单一的目的端。每个主机接口都由一个 MAC 地址唯一标识，MAC 地址的 OUI 中，第一字节第 8bit 表示地址类型。对于主机 MAC 地址，这个 bit 固定为 0，表示目的 MAC 地址为此 MAC 地址的帧都发送到某个唯一的目的端。

（2）广播：表示帧从单一的源发送到共享以太网上的所有主机。广播帧的目的 MAC 地址为十六进制数 FF-FF-FF-FF-FF-FF，所有收到该广播帧的主机都要接收并处理这个帧。

（3）组播：组播比广播更加高效。组播转发可以理解为选择性的广播，主机侦听特定组播地址，接收并处理目的 MAC 地址为该组播 MAC 地址的帧。需要网络上的一组主机（而不是全部主机）接收相同信息，并且在其他主机不受影响的情况下，通常使用组播方式。

3.2.5 以太网帧结构

以太网技术所使用的帧称为以太网帧（Ethernet Frame），或简称以太帧。

以太帧的格式有两个标准：Ethernet_II 格式和 IEEE 802.3 格式，其中，最常用的是 Ethernet_II 格式。以太帧的格式如图 3-4 所示。

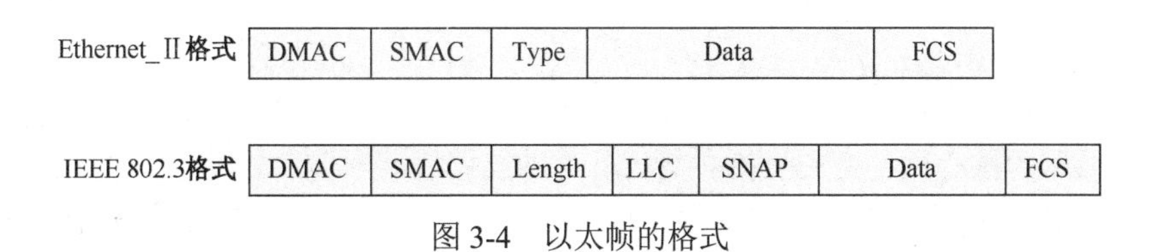

图 3-4　以太帧的格式

1. Ethernet_II 以太帧

（1）DMAC：6 字节，目的 MAC 地址，该字段标识帧的接收者。

（2）SMAC：6 字节，源 MAC 地址，该字段标识帧的发送者。

（3）Type：2 字节，协议类型。

常见值有 0x0800：Internet Protocol Version 4 (IPv4)；0x0806：Address Resolution Protocol (ARP)。

2. IEEE 802.3 LLC 以太帧

逻辑链路控制（Logical Link Control，LLC）由目的服务访问点（Destination Service Access Point，DSAP）、源服务访问点（Source Service Access Point，SSAP）和 Control 字段组成。

（1）DSAP：1 字节，目的服务访问点，若上层协议为 IP 协议，则值设为 0x06。服务访问点的功能类似于 Ethernet II 帧中的 Type 字段或 TCP/UDP 传输协议中的端口号。

（2）SSAP：1 字节，源服务访问点，若上层协议为 IP 协议，则值设为 0x06。

（3）Control：1 字节，该字段值通常设为 0x03，表示无连接服务的 IEEE 802.2 无编号数据格式。

（4）SNAP（Sub-network Access Protocol）由机构代码（Org Code）和类型（Type）字段组成。Org Code 字段的 3 个字节都为 0。Type 字段的含义与 Ethernet_II 以太帧中的 Type 字段相同。

3. 最小帧长

以太网口的最大传输单元是 1500 字节，即 MTU=1500B。在以太网中，最小帧长为 64 字节，这是由最远传输距离和 CSMA/CD 机制共同决定的。

规定最小帧长是为了避免这种情况的发生：假设存在 A 和 B 两个站点，其中，A 站点已经将一个数据包的最后一个 bit 发送完毕了，但这个报文的第一个 bit 还没有传送到距离较远的 B 站点。B 站点认为线路空闲继续发送数据，导致冲突。高层协议必须保证 Data 域至少包含 46 字节，这样加上以太网帧头的 14 字节和帧尾的 4 字节校验码正好满足 64 字节的最小帧长，如果实际数据不足 46 字节，则高层协议必须填充一些数据单元。

而出于对传输效率和传输可靠性的折中考虑，使得以太网帧的最大长度为 1518 字节，对应 IP 数据包就是 1500 字节。帧长度加长，数据的有效传输效率会更高，但是数据帧过长，传输时会占用共享链路过多的时间，对时延敏感应用造成极大的影响。因此，最终选择了一个折中的长度——1518 字节，对应 1500 字节的 IP 数据包长度，这就是最大传输单元（MTU）的由来。

3.3　交换式局域网

在传统的共享介质局域网中，如果用细缆或粗缆作为传输介质，那么采用总线型结构连接所有节点；如果用双绞线作为传输介质，那么采用星形结构连接所有节点。这两种结构中的所有节点都共享一条公共通信传输介质，这就不可避免地会发生冲突。随着局域网规模的扩大及节点数的不断增加，每个节点能平均分配到的带宽越来越小。因此，当网络通信负荷加重时，冲突与重发现象大量发生，网络效率急剧下降。为了解决网络规模与网络性能之间的矛盾，人们提出将共享介质方式改为交换方式，这就促进了交换式局域网的发展。

3.3.1 交换式局域网的基本结构

交换式局域网的核心设备是交换机，交换机可以在它的多个端口之间建立多个并发连接。

典型的交换式局域网是交换式以太网（Switched Ethernet），它的核心部件是以太网交换机（Ethernet Switch）。以太网交换机可以有多个端口，每个端口既可以单独与一个节点连接，也可以与一个共享介质的以太网集线器（HUB）连接。

如果一个端口连接一个节点，那么这个节点就可以独占10Mbps的带宽，这类端口通常被称为专用10Mbps的端口；如果一个端口连接一个10Mbps的以太网，那么这个端口将被以太网中的多个节点共享，这类端口就被称为共享10Mbps的端口。典型的交换式以太网的结构如图3-5所示。

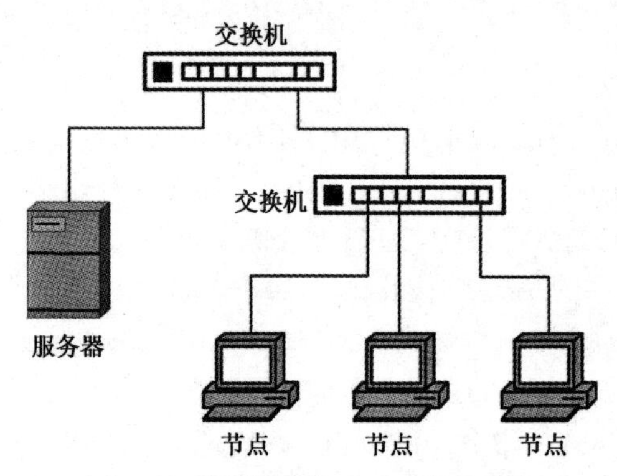

图3-5 典型的交换式以太网的结构

对于传统的共享介质以太网来说，当连接在HUB中的一个节点发送数据时，它将用广播方式将数据传送到HUB的每个端口。因此，共享介质以太网的每个时间片内只允许有一个节点占用共享信道传送数据。交换式局域网从根本上改变了共享介质的工作方式，它可以通过以太网交换机支持交换机端口节点之间的多个并发连接，实现多节点之间数据的并发传输。因此，交换式局域网可以增大网络带宽，改善局域网的性能与服务质量。共享式网络与交换式网络的区别如图3-6所示。

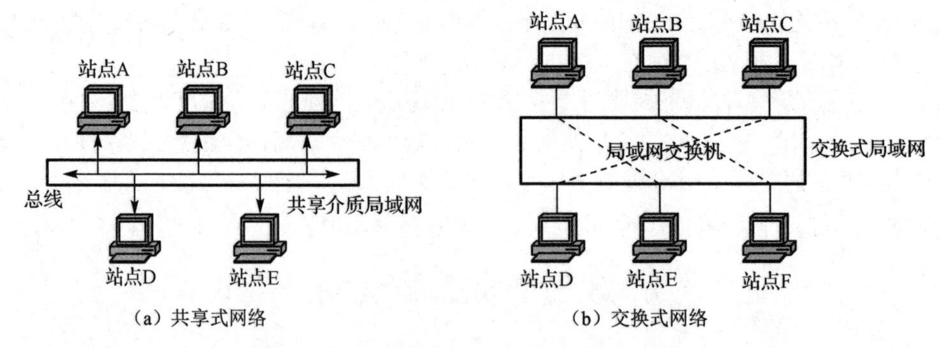

图3-6 共享式网络与交换式网络的区别

3.3.2 局域网交换机的工作原理

典型的局域网交换机的结构与工作原理如图3-7所示。图中的交换机有6个端口，其中，端口1、4、5、6分别连接了节点A、节点B、节点C与节点D，那么交换机的端口号/MAC地址映射表就可以根据以上端口号与节点MAC地址的对应关系建立起来。如果节点A与节点D同时要发送数据，那么它们可以分别在以太网帧的目的地址字段（DA）中填上该帧的目的地址。

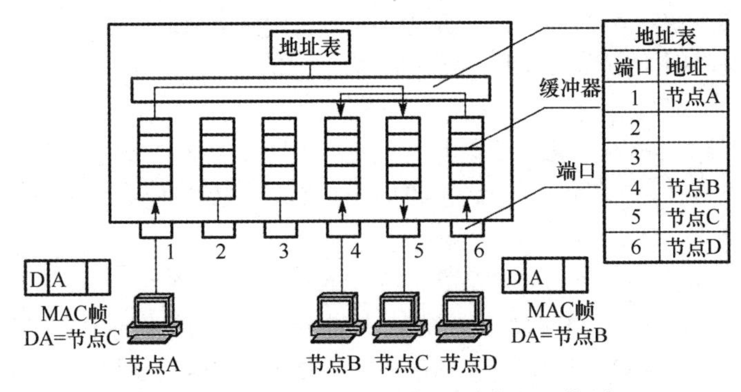

图 3-7　典型的局域网交换机的结构与工作原理

例如，节点 A 要向节点 C 发送帧，那么该帧的目的地址 DA 等于节点 C 的 MAC 地址，节点 D 要向节点 B 发送帧，那么该帧的目的地址 DA 等于节点 B 的 MAC 地址。当节点 A、节点 D 同时通过交换机传送以太网帧时，交换机的交换控制中心根据端口号/MAC 地址映射表的对应关系找出对应帧目的地址的输出端口号，那么它就可以为节点 A 到节点 C 建立端口 1 到端口 5 的连接，同时为节点 D 到节点 B 建立端口 6 到端口 4 的连接。这种端口之间的连接可以根据需要同时建立多条，也就是说，可以在多个端口之间建立多个并发连接。

3.3.3　交换机的帧转发方式

交换机对帧的处理动作有 3 种：泛洪（Flooding）、转发（Forwarding）和丢弃（Discarding）。

（1）泛洪：交换机从某一端口接收数据帧，然后将该数据帧从除接收端口外的其他所有端口转发出去。

（2）转发：交换机从某一端口接收数据帧，然后将该数据帧通过另一个端口转发出去。

（3）丢弃：交换机从某一端口接收数据帧，当这个数据帧的接收端口和转发端口相同时，直接丢弃。

以太网交换机的帧转发方式可以分为以下 3 类。

1）直接交换方式

在直接交换方式中，交换机只要接收并检测到目的地址字段，就立即将该帧转发出去，而不管该帧数据是否出错。帧出错检测任务由节点主机完成。这种交换方式的优点是交换延迟时间短；缺点是缺乏差错检测能力，不支持不同输入/输出速率端口之间的帧转发。

2）存储转发交换方式

在存储转发交换方式中，交换机首先完整地接收发送帧，并进行差错检测。如果接收帧是正确的，则根据帧目的地址确定输出端口号，再转发出去。这种交换方式的优点是具有帧差错检测能力，并能支持不同输入/输出速率端口之间的帧转发；缺点是交换延迟时间将会增长。

3）改进直接交换方式

改进直接交换方式则将上述二者结合起来，其在接收到帧的前 64 字节后，判断以太网帧头字段是否正确，如果正确，则转发出去。对于较短的以太网帧来说，这种方式的交换延迟时间与直接交换方式比较接近；对于较长的以太网帧来说，由于这种方式只对帧的地址字段与控制字段进行差错检测，因此交换延迟时间将会减少。

3.3.4　交换式局域网的技术特点

目前，局域网交换机主要是针对以太网来设计的。交换式局域网主要有以下技术特点。

1）交换传输延迟小

交换式局域网的主要特点是其交换传输延迟小。从传输延迟时间的数量级来看，局域网交换机为几十微秒，传统的网桥为几百微秒，路由器为几千微秒。

2）传输带宽高

对于10Mbps的端口，半双工端口带宽为10Mbps，而全双工端口带宽为20Mbps；对于100Mbps的端口，半双工端口带宽为100Mbps，而全双工端口带宽为200Mbps。

3）允许10Mbps与100Mbps共存

典型的局域网交换机允许一部分端口支持10Base-T（速率为10Mbps），另一部分端口支持100Base-T（速率为100Mbps），交换机可以完成不同端口速率的转换，使得10Mbps与100Mbps两种网卡共存。在采用10/100Mbps自动侦测技术时，交换机的端口支持10Mbps和100Mbps两种速率，以及全双工/半双工两种工作方式。端口能自动测试出所连接的网卡的速率是10Mbps还是100Mbps，是全双工工作方式还是半双工工作方式，端口也能自动识别并做相应调整，从而大大减轻网络管理的负担。

4）支持虚拟局域网服务

交换式局域网是虚拟局域网的基础，目前的以太网交换机大多可以支持虚拟局域网服务。

习　　题

一、选择题

1．以太网采用了（　　）协议，以支持总线型的结构。

A．Ethernet　　B．Token Ring

C．CSMA/CA　　D．CSMA/CD

2．以太网根据（　　）区分不同的设备。

A．IP地址　　B．IPX地址

C．端口地址　　D．MAC地址

3．快速以太网是由（　　）标准定义的。

A．IEEE 802.1Q　　B．IEEE 802.3u

C．IEEE 802.4　　D．IEEE 802.3i

4．以太网的标准是（　　）。

A．IEEE 802.3　　B．IEEE 802.4

C．IEEE 802.5　　D．IEEE 802.z

5．10 Base-T网络的电缆标准的最大有效传输距离是（　　）。

A．500m　　B．100m

C．185m　　D．200m

6．在以太网中，双绞线使用（　　）与其他设备连接起来。

A．BNC接口　　B．AUI接口

C．RJ-45接口　　D．RJ-11接口

7．关于共享式以太网，下列说法不正确的是（　　）。

A．需要进行冲突检测　　B．仅能实现半双工流量控制

C．利用CSMA/CD介质访问机制　　D．可以缩小冲突域

8．10Mbps以太网有3种接口标准，其中，10 Base-T采用（　　）。

A．双绞线　　B．粗同轴电缆　　C．细同轴电缆　　D．光纤

二、简答题

1. 简述以太网与令牌环网的异同。
2. 如何将 10/100Mbps 以太网升级到千兆位以太网？
3. 为了解决共享式网络的带宽问题，通常采用哪些做法？
4. 怎样选择一款合适的网卡？
5. 选择 HUB 时，应注意哪些问题？怎样完成对 HUB 的堆叠与级联？

第4章 IP基础

网络层经常被称为IP层，但网络层协议并不只是IP协议，还包括ICMP协议、IPX（Internet Packet Exchange）协议等。

本章导读：

- IP地址
- 子网划分
- 变长子网掩码划分（VLSM）
- ARP协议
- IP协议
- ICMP协议
- 邻居发现协议

4.1 IP地址

网络以传输数据为目的，其中，最重要的参数是信源和信宿，即网络中的节点。网络是基于TCP/IP协议进行通信和连接的，每一台主机都有一个唯一的标识固定的IP地址，以区别在网络上的成千上万个用户和计算机。网络在区分所有与之相连的服务器和主机时，均采用了一种唯一、通用的地址格式，即每一个与网络相连接的主机和服务器都被指派了一个独一无二的地址。为了保证网络上每台计算机的IP地址的唯一性，用户必须向特定机构申请注册，并分配IP地址。

4.1.1 IPv4地址

IP地址是指互联网协议地址（Internet Protocol Address，又译为网际协议地址）。IP地址是IP协议提供的一种统一的地址格式，它为互联网上的每一个网络和每一台主机分配一个逻辑地址，以此来屏蔽物理地址的差异。

1. IP地址

众所周知，在电话通信中，用户是靠电话号码来识别的。同样，在Internet中为了区别不同的计算机，也需要给计算机指定一个号码，这就是“IP 地址”。IP 协议使用这个地址在主机或网络设备之间传递信息，这是Internet能够运行的基础。

目前，IP地址有IPv4和IPv6两个版本，分别采用32位和128位二进制数表示。目前两种IP地址版本共存。

按照TCP/IP协议规定，IPv4地址用32位二进制数表示，即4字节。为了方便人们使用，IP地址经常被写成十进制数的形式，中间使用“.”分开不同的字节，这样 32 位二进制数被点号划分为4部分。IPv4地址范围为0.0.0.0～255.255.255.255。

IPv4地址由网络标识和主机标识两部分组成，网络标识用于区分不同的网络，主机标识用于区分同一网络中不同的主机。IP协议要求同一网段中的各节点的IP地址必须具有相同的前缀，即网络号。

网络号的二进制位数直接决定了可以分配的网络数；主机号的位数则决定了该网络中能够容

纳的主机数。然而，由于整个互联网所包含的网络规模可能有的比较大，也可能有的比较小，设计者最后聪明地选择了一种灵活的方案：将 IP 地址空间划分成不同的类，每一类具有不同的网络号位数和主机号位数。

IPv4 地址结构如图 4-1 所示，网络标识相同的计算机处于同一个网络之中。为了让不同规模的网络具有必要的灵活性，IP 地址一般划分为 5 类：A、B、C、D、E。目前常用的是前 3 类。

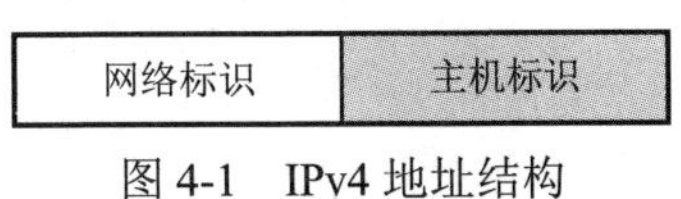

图 4-1　IPv4 地址结构

在 A、B、C 三类 IP 地址中，使用了不同长度的网络部分和主机部分来表示地址，每个 IP 地址的网络部分的数字决定了它默认的子网掩码，所以清楚地知道网络部分和主机部分的数字范围是十分必要的。

1）A 类 IP 地址

A 类 IP 地址的最高位为 0，其前 8 位为网络地址，后 24 位为主机地址，主机地址范围为 1.0.0.0～127.255.255.255，此类地址一般分配给具有大量主机的网络用户。A 类 IP 地址的格式如图 4-2 所示。

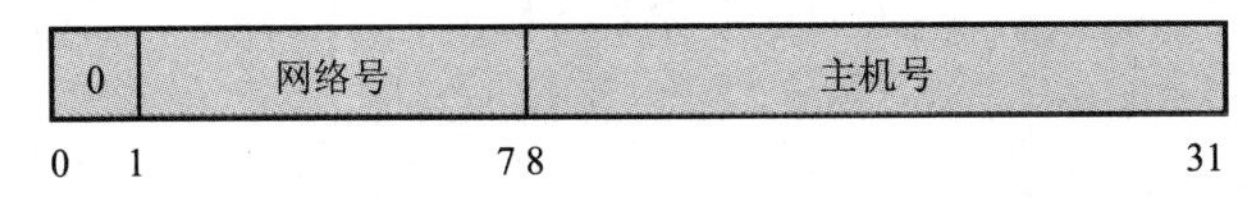

图 4-2　A 类 IP 地址的格式

2）B 类 IP 地址

B 类 IP 地址的前两位为 10，前 16 位为网络地址，后 16 位为主机地址，此类地址一般分配给具有中等规模主机数的网络用户，如一些规模较大的大学等。B 类 IP 地址的格式如图 4-3 所示。

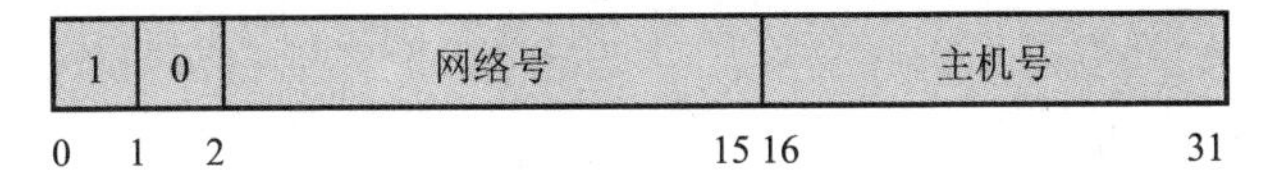

图 4-3　B 类 IP 地址的格式

3）C 类 IP 地址

C 类 IP 地址的前 3 位为 110，前 24 位为网络地址，最后 8 位为主机地址，此类地址一般分配给小型的局域网用户。C 类 IP 地址的格式如图 4-4 所示。

图 4-4　C 类 IP 地址的格式

例如，济南大学校园网的 WWW 服务器的 IP 地址为 202.194.64.1，用二进制数表示为：

11001010.11000010.01000000.00000001

该 IP 地址的前三位为 110，由此可以看出，这是一个 C 类地址。

2. 公有地址和私有地址

IPv4 地址空间中的 2^{32} 个地址被划分为公有地址和私有地址两大类。

公有地址（也称为公网地址）由 Internet 地址管理机构统一管理并分配给注册用户，是广域网范畴内的主机标识，持有公有地址的主机接入 Internet 后能够直接与其他用户进行数据通信。

私有地址（也称为专网地址）属于非注册地址，是局域网范畴内的主机标识，专门为组织机构内部使用，持有私有地址的主机不能直接通过 Internet 与机构外的用户主机进行通信。这些地址是不会被 Internet 分配的，它们在 Internet 上也不会被路由，虽然它们不能直接和 Internet 连接，但通过技术手段仍旧可以和 Internet 通信。可以根据需要在内部局域网中将这些地址像公有 IP 地址一样使用。网络中有些不需要与 Internet 通信的设备，如打印机、可管理集线器等也可以使用这些地址，以节省 IP 地址资源。

Internet 定义的 IPv4 私有地址如表 4-1 所示。

表 4-1 Internet 定义的 IPv4 私有地址

类　别	网　络　号	地 址 范 围
A 类	10.0.0.0/8	10.0.0.0～10.255.255.255
B 类	172.16.0.0/12	172.16.0.0～172.31.255.255
C 类	192.168.0.0/16	192.168.0.0～192.168.255.255

任何机构内部都可以使用表 4-1 中所列的私有地址，并将这些私有地址分配给内部网络上的主机，只需要在网络内部保证其唯一性。将 IP 地址的一部分留出来作为私有地址，使得这部分地址能够在不同的机构内部重复使用，这在一定程度上缓解了 IP 地址的紧张现状。为了能够实现与其他外部网络的数据通信，持私有地址的主机需要首先将其私有地址转换成公有地址，这将通过网络地址转换（Network Address Translation，NAT）协议实现。

3. 子网掩码

与 IP 地址相同，子网掩码也占用 32 位，其左边是网络标识部分，全部用二进制数字 1 表示；右边是主机标识部分，全部用二进制数字 0 表示。例如，IP 地址为 192.168.1.1 和子网掩码为 255.255.255.0 的主机，由于子网掩码中的“1”有 24 个，代表与此相对应的 IP 地址左边 24 位是网络 ID，0 有 8 个，代表与此相对应的 IP 地址右边 8 位是主机 ID。

子网掩码主要有两大功能：一是用来区分 IP 地址中的网络部分和主机部分；二是将网络分割为若干个子网。

当网络中的主机进行通信时，它们利用子网掩码获得双方 IP 地址的网络部分，进而得知彼此是否在同一个网段内，如是，则可以直接通信，否则需要转发。如果单独地看一个 IP 地址，是无法区分它的网络号的，因此，需要与子网掩码一起使用才能区分某个主机的网络号。子网掩码的作用就是分出 IP 地址中哪几位是网络号，哪几位是主机号。

那么如何判断两台机器是否在同一个网络中呢？可以通过下面的运算得到。

当一个主机与目的主机通信时，它首先将子网掩码同目的主机的 IP 地址和自身的 IP 地址分别进行逻辑与运算，屏蔽掉主机 ID，得到对应的网络 ID。然后将目的主机的网络 ID 与自身的网络 ID 进行比较，看它们是否相同，若相同，则属于同一个网络，可以直接“互通”；否则不属于同一个网络，需要通过网关（Gateway）才能通信。由于 A、B、C 三类网络的网络 ID 和主机 ID 有确定的划分，所以同类网络的子网掩码相同，默认的子网掩码如表 4-2 所示。

表 4-2 默认的子网掩码

网 络 类 别	子网掩码（二进制数）	子网掩码（十进制数）
A	11111111.00000000.00000000.00000000	255.0.0.0
B	11111111.11111111.00000000.00000000	255.255.0.0
C	11111111.11111111． 11111111.00000000	255.255.255.0

例如，A 类地址 11.25.68.36 与默认的子网掩码 255.0.0.0 按位相与，结果为 11.0.0.0，那么它的网络 ID 为 11。对于两个 C 类地址 211.70.248.3 和 211.70.249.6 与默认的子网掩码 255.255.255.0 分别按位相与，结果分别为 211.70.248.0 和 211.70.249.0，那么它们不属于同一个网络。而 IP 地址为 211.70.248.3 和 211.70.248.6，分别和 255.255.255.0 相与，得到的网络地址都是 211.70.248.0，

那么它们属于同一个网络，可以直接通信。

另外，32 位 IP 地址中的网络地址是有限的，要想扩充网络地址可采用划分子网（Subnet）的技术。“划分子网”就是把单个网络分为若干较小的网络，将主机地址部分划分出一定位数作为网络地址，剩余的位数作为主机地址。划分子网后的 IP 地址结构如图 4-5 所示。

图 4-5　划分子网后的 IP 地址结构

例如，166.111.0.0 是一个 B 类网络，将主机标识的第 1 个字节用于子网标识，则可构成 2^8＝256（0、255 在某些情况下有特殊用途，但是现在多数产品已经默认 0 和 255 可用）个子网，即一个 B 类地址分成 256 个相当于 C 类的子网，但是其中每个子网都要占一个子网地址和子网广播地址，所以每个子网有 $2^8-2=254$ 台主机。

4. 默认网关

一个较大规模的网络往往是由许多小型局域网组成的，如同每个房间要有一扇门一样，每个局域网要有一个进出口，这就是网关。如果一台主机要访问本地网络以外的另一台主机或设备，则需要为其设置一个默认网关。默认网关是一台主机向不在其本地网络的 IP 地址发送请求的地方。主机通过子网掩码来了解要通信的对方是否在本地网络中，如果这个地址不在本地网络中，则数据包就会被发送到默认网关中。

网关又称网间连接器、协议转换器，既可以用于广域网相连，也可用于局域网相连。只有通过网关，运行不同协议或运行于 OSI 参考参考模型不同层上的局域网网段间才可以相互通信。路由器或一台服务器都可以充当局域网网关。

4.1.2　域名

由于 IP 地址是数字标识，使用时难以记忆和书写，因此在 IP 地址的基础上又发展出一种符号化的地址，来代替数字型的 IP 地址。每一个符号化的地址都与特定的 IP 地址对应，这样网络上的资源访问起来就容易得多。这个与网络上的数字型 IP 地址相对应的字符型地址，就被称为域名。

域名是上网单位和个人在网络上的重要标识，起着识别作用，便于他人识别和检索某一企业、组织或个人的信息资源，从而更好地实现网络上的资源共享。除识别功能外，在虚拟环境下，域名还可以起到引导、宣传和代表等作用。

1. 命名机制

域名（Domain Name）是由一串用点分隔的名字组成的 Internet 上某一台计算机或计算机组的名称，用于在数据传输时标识计算机的电子方位。域名的目的是便于记忆和沟通一组服务器的地址，如网站、电子邮件、FTP 等。

DNS 规定，域名中的标号都由英文字母和数字组成，每一个标号不超过 63 个字符，不区分大小写字母。标号中除连字符（-）外不能使用其他标点符号。域名系统采用层次结构，按地理域或机构域进行分层，级别最低的域名写在最左边，级别最高的域名写在最右边。由多个标号组成的完整域名不超过 255 个字符。近年来，一些国家也纷纷开发采用本民族语言构成的域名，如德语、法语等，中国也开始使用中文域名。

域名分为不同级别，包括顶级域名、二级域名、三级域名和注册域名，各级域名之间用“.”连接。

常用组织域名及其意义和常用国家或地区域名及其意义分别如表 4-3 和表 4-4 所示。

表4-3 常用组织域名及其意义

域名代码	意　义	域名代码	意　义
COM	商业组织	NET	网络服务机构
EDU	教育机构	ORG	非营利性组织
GOV	政府部门	INT	国际性组织
MIL	军事部门	国家代码	国家

表4-4 常用国家或地区域名及其意义

地区代码	国家或地区	地区代码	国家或地区	地区代码	国家或地区
AR	阿根廷	HK	中国香港	UK	英国
AU	澳大利亚	ID	印度尼西亚	US	美国
CA	加拿大	IN	印度		
CN	中国	IT	意大利		
JP	日本	MO	中国澳门		
KR	韩国	RU	俄罗斯		
FR	法国	SG	新加坡		
DE	德国	TW	中国台湾		

二级域名是指顶级域名之下的域名。在国际顶级域名下，二级域名是指域名注册人的网上名称，如ibm、yahoo等，在国家顶级域名下，二级域名是表示注册企业类别的符号，如com、edu、gov、net等。

以百度域名www.baidu.com为例，“baidu”是这个域名的主体，是注册域名，“com”则代表这是一个com国际域名，是顶级域名。前面的www是网络名。

注册域名需要遵循先申请先注册原则，域名是一种有价值的资源，逐渐成为企业参与市场竞争的重要手段，它不仅代表企业在网络上的独有位置，也是企业产品、服务范围、形象、商誉等的综合体现。

2. 域名服务器

域名和网址并不是一回事，注册好域名之后，只说明你对这个域名拥有了使用权，如果不进行域名解析，那么这个域名就不能发挥它的作用，经过解析的域名可以用来作为电子邮箱的后缀，也可以用来作为网址访问自己的网站，因此域名投入使用的必备环节是“域名解析”。

要访问一台互联网上的服务器，最终必须通过IP地址来实现，域名解析就是将域名重新转换为IP地址的过程。一个域名只能对应一个IP地址，而多个域名可以同时被解析到一个IP地址。域名解析需要由专门的域名服务器（Domain Name Server，DNS）来完成。

DNS在互联网中的作用是：把输入的容易记忆的网站域名转换成网络中可以识别的IP地址。

当一台计算机根据域名向DNS查找某台主机的IP地址时，DNS会在其数据库中搜索，如果没有找到，它就会向其同级或上级服务器查询这个IP地址记录，找到后，将结果逐级返回。例如，在浏览器地址栏中输入济南大学的网站域名www.ujn.edu.cn，DNS会自动解析为202.194.64.1。

4.1.3 IPv6地址

当前Internet上使用的IP地址依据的是在1978年确立的协议，即IPv4。尽管这个协议在理论上大约有43亿（2^{32}）个IP地址，但并不是所有的IP地址都得到充分利用。由于历史形成的原因，美国的一些机构往往被划分成A类地址，但这些机构并没有充分利用其中的地址资源，而其他国家的Internet系统常被划分为C类地址，却不够用。

随着Internet的发展，原IP协议的不足之处逐渐体现出来，如IP地址不够用、难以支持实时多媒体信息及QoS（Quality of Service，服务质量），以及难以满足移动站点上网的需求等。

1992年7月，互联网工程任务组（Internet Engineering Task Force，IETF）发布了征求下一代IP协议的计划，1994年7月选定IPv6作为下一代IP标准。

IPv6是Internet的新一代通信协议，地址长度为128位。其基本表示形式为：128位地址被划分为8部分，每个部分分别用十六进制数表示，中间用冒号隔开。例如，2001:035B:4356:ABCD:0001:53AB:3E60:322A。其中，每个数都是一个十六进制数，所以每个冒号之间，都是4个十六进制数，也就是16 bit，一共8个段，即128 bit。

IPv6地址尽管有很多优点，但是写起来比较麻烦，所以IPv6是有地址缩写方法的，遵循以下原则：每组前导0可以省略，一个或多个连续为0的组可以简写为“::”，“::”只能出现一次。例如，“2001:0123:0000:0000:0000:3100:ABCD:1234”，最终可以简写为“2001:123::3100:ABCD:1234”。通过以上简写方法，可以大大简化IPv6地址的书写，当然，一些不能简写的地址依旧只能正常书写。

IPv6地址有3种类型：单播地址、组播地址和任播地址。

一个IPv6单播地址可以分为如下两部分：

（1）网络前缀：*n* bit，相当于IPv4地址中的网络ID。

（2）接口标识：（128-*n*）bit，相当于IPv4地址中的主机ID。

IPv6中没有广播地址。组播地址替代广播地址可以确保报文只发送给特定的组播而不是IPv6网络中的任意终端。任播地址标识一组网络接口（通常属于不同的节点）。目的地址是任播地址的数据包将发送给其中路由意义上最近的一个网络接口。任播过程涉及一个任播报文发起方和一个或多个响应方。任播报文的发起方通常为请求某一服务（DNS查找）的主机或请求返还特定数据（如HTTP网页信息）的主机。任播地址与单播地址在格式上无任何差异，唯一的区别是一台设备可以给多台具有相同地址的设备发送报文。

IPv6并非简单的IPv4升级版本。作为互联网领域迫切需要的技术体系和网络体系，IPv6比任何一个局部技术都更为迫切和急需。这是因为它不仅能够解决互联网IP地址的短缺问题，还能够降低互联网的使用成本，带来更大经济效益，更有利于社会进步。

第一，明显地扩大了地址空间。IPv6采用128位地址长度，几乎可以不受限制地提供IP地址，从而确保了端到端连接的可能性。

第二，提高了网络的整体吞吐量。由于IPv6的数据包可以远远超过64KB，应用程序可以利用最大传输单元（MTU），获得更快、更可靠的数据传输，同时在设计上改进了选路结构，采用简化的报头定长结构和更合理的分段方法，使路由器加快数据包处理速度，既提高了转发效率，也提高了网络的整体吞吐量。

第三，使得整个服务质量得到很大提高。报头中的业务级别和流标记通过路由器的配置可以实现优先级控制和QoS保障，从而极大地提高了IPv6的服务质量。

第四，安全性有了更好的保证。采用IPSec可以为上层协议和应用提供有效的端到端安全保证，能提高在路由器水平上的安全性。

第五，支持即插即用和移动性。设备接入网络时通过自动配置可获取IP地址和必要的参数，实现即插即用，简化了网络管理，易于支持移动节点。另外，IPv6不仅从IPv4中借鉴了许多概念和术语，还定义了许多移动IPv6所需的新功能。

第六，更好地实现了多播功能。在IPv6的多播功能中增加了“范围”和“标志”，限定了路由范围，并且可以区分永久性与临时性地址，更有利于多播功能的实现。

IPv6也为除计算机外的设备连入互联网在数量限制上扫清了障碍，这为物联网产业发展提供了巨大空间。如果说，IPv4实现的只是人机对话，IPv6则扩展到任意事物之间的对话，它将服务于众多硬件设备，如家用电器、传感器、远程照相机、汽车等，它将无时不在、无处不在地深入社会的每个角落。IPv6使得每个互联网终端都可以拥有一个独立的IP地址，保证了终端设备在互联网上具备唯一真实的“身份”，消除了使用NAT技术对安全性和网络速度的影响，其所能带来的社会效益将无法估量。

总之，IPv6技术丰富的地址资源、高速带宽和方便快捷的数据交换成为互联网发展的趋势，并将在网格计算、点到点视频语音综合通信、大规模虚拟现实环境、智能交通、智能家电、环境地震监测、远程医疗、远程教育等方面进行广泛研究与应用。

4.2　子网划分

“有类编址”的地址划分过于死板，划分的颗粒度太大，大量的主机号不能被充分利用，从而造成大量IP地址资源的浪费。因此可以利用子网划分来减少地址浪费，将一个大的有类网络，划分成若干个小的子网，使得IP地址的使用更为科学。

4.2.1　定长子网划分

假设有一个C类网络地址192.168.10.0，默认情况下，网络掩码为24位，包括24位网络位，8位主机位。通过计算可知，这样的网络中，有256个IP地址。现在，将原有的24位网络位向主机位去“借”1位，这样网络位就扩充到了25位，相对地主机位就减少到了7位，而借过来的这1位就是子网位，此时网络掩码就变成25位，即255.255.255.128，或/25。对于子网位可取值0或取值1，不同的取值可以得到两个新的子网。

此例中，通过计算可知，现在的网络中有128个IP地址。计算网络地址，主机位全为0：如果子网位取值0，则网络地址为192.168.10.0/25；如果子网位取值1，则网络地址为192.168.10.128/25。计算广播地址，主机位全为1：如果子网位取值0，则网络地址为192.168.10.127/25；如果子网位取值1，则网络地址为192.168.10.255/25。

4.2.2　变长子网划分

定长子网是所划分网段下的所有IP地址的子网掩码相同，而变长子网是所划分网段下的IP地址的子网掩码不同，当然，不是全部不同，只要有不同的就是变长子网。

现有一个C类网络地址段192.168.1.0/24，请使用变长子网掩码给三个子网分别分配IP地址。变长子网掩码举例如图4-6所示。

从所要分配主机数目最多的开始分配，依次是30台主机、20台主机、10台主机。

求解可用主机数量的公式为2^n-2，这里首先需要让2^n-2大于等于所要分配的主机数量。

（1）令$2^n-2>=30$，求解n的最小取值为5，那么主机位为5，则网络位为32−5=27，可以得出所要分配30台主机的网段，即192.168.1.0/27。

先将其转换为二进制形式：

IP地址：11000000.10101000.00000001.00000000

子网掩码：11111111.11111111.11111111.11100000

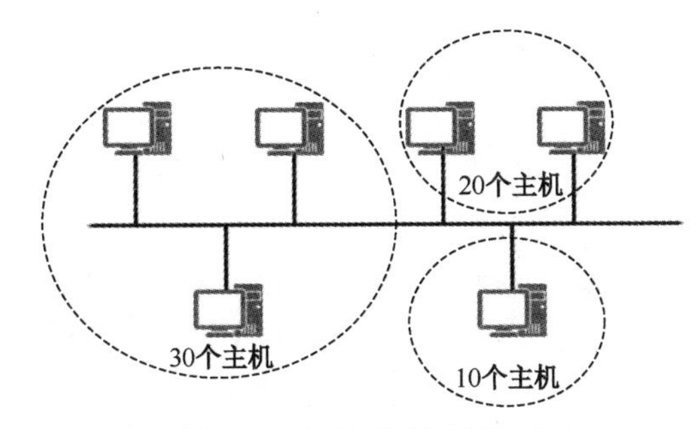

图 4-6　变长子网掩码举例

由此得知，最后 5 位为主机位，由于主机位可变，所以主机的取值范围为 00000～11111，也就是 11000000.10101000.00000001.00000000～11000000.10101000.00000001.00011111，转换为十进制形式为 192.168.1.0～192.168.1.31。

由于网络地址和广播地址不可用，所以真正的主机数量的取值范围为 192.168.1.1/27～192.168.1.30/27。

继续以此方法类推，求出 20 台主机 IP 地址的可用范围。

（2）令 $2^n-2>=20$，求解 n 的最小取值为 5，那么主机位为 5，则网络位为 32−5=27，可以得出要分配 20 台主机的网段，即 192.168.1.32/27。

先将其转换为二进制形式：

IP 地址：11000000.10101000.00000001.00100000

子网掩码：11111111.11111111.11111111.11100000

由此得知，最后 5 位为主机位，由于主机位可变，所以主机的取值范围为 00000～11111，也就是 11000000.10101000.00000001.00100000～11000000.10101000.00000001.00111111，转换为十进制形式为 192.168.1.32～192.168.1.63。

由于网络地址和广播地址不可用，所以真正的主机数量的取值范围为 192.168.1.33/27～192.168.1.62/27。

继续以此方法类推，求出 10 台主机 IP 地址的可用范围。

（3）令 $2^n-2>=10$，求解 n 的最小取值为 4，那么主机位为 4，则网络位为 32−4=28，可以得出要分配 10 台主机的网段，即 192.168.1.64/28。

先将其转换为二进制形式：

IP 地址：11000000.10101000.00000001.01000000

子网掩码：11111111.11111111.11111111.11110000

由此得知，最后 4 位为主机位，由于主机位可变，所以主机的取值范围为 0000～1111，也就是 11000000.10101000.00000001.01000000～11000000.10101000.00000001.01001111，转换为十进制形式为 192.168.1.64～192.168.1.79。

由于网络地址和广播地址不可用，所以真正的主机数量的取值范围为 192.168.1.65/28～192.168.1.78/28。

以上就是利用变长子网划分的过程。

4.3　ARP 协议

ARP（Address Resolution Protocol，地址解析协议）是根据已知的目的 IP 地址获取目的 MAC 地址的一个 TCP/IP 协议。ARP 是 IPv4 中必不可少的一种协议，它的主要功能有：将 IP 地址解析为 MAC 地址；维护 IP 地址与 MAC 地址映射关系的缓存，即 ARP 表项；实现网段内重复 IP 地址的检测。

4.3.1 ARP 协议概述

一个网络设备要发送数据给另一个网络设备时，必须要知道对方的 IP 地址。但是仅知道目的主机的 IP 地址是远远不够的，因为 IP 数据报文必须封装成数据帧才能通过数据链路进行传递，而数据帧必须要包含目的 MAC 地址，因此发送端还必须获取到目的 MAC 地址。每一个网络设备在数据封装前都需要获取下一跳的 MAC 地址。IP 地址由网络层来提供，MAC 地址通过 ARP 协议来获取，由数据链路层进行封装。ARP 协议是 TCP/IP 协议簇中的重要组成部分，它能够通过目的 IP 地址获取目的设备的 MAC 地址，从而实现数据链路层的可达性。

1. ARP 数据包格式

网络设备通过 ARP 报文来发现目的 MAC 地址。ARP 报文格式如图 4-7 所示。

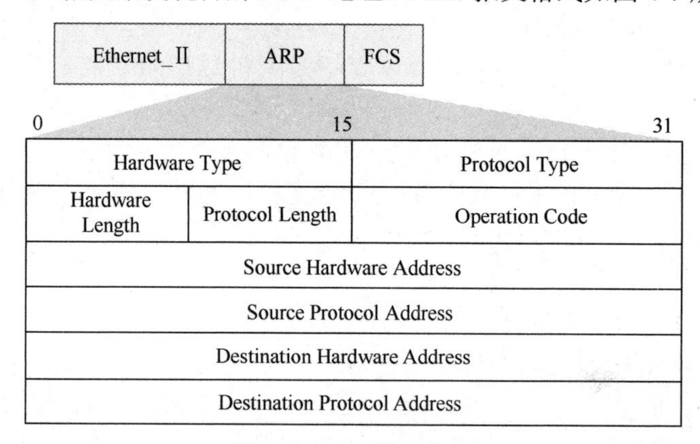

图 4-7 ARP 报文格式

ARP 报文格式介绍如下：

（1）Hardware Type 表示硬件地址类型，一般为以太网；

（2）Protocol Type 表示三层协议类型，一般为 IP；

（3）Hardware Length 和 Protocol Length 为 MAC 地址和 IP 地址的长度，单位是字节；

（4）Operation Code 指定了 ARP 报文的类型，包括 ARP Request 和 ARP Reply；

（5）Source Hardware Address 指的是发送 ARP 报文的设备 MAC 地址；

（6）Source Protocol Address 指的是发送 ARP 报文的设备 IP 地址；

（7）Destination Hardware Address 指的是接收者的 MAC 地址，在 ARP Request 报文中，该字段值为 0；

（8）Destination Protocol Address 指的是接收者的 IP 地址。

2. 工作原理

ARP 工作拓扑如图 4-8 所示，通过 ARP 协议，主机 A、主机 B 和主机 C 可以建立目的主机的 IP 地址和 MAC 地址之间的映射，并记录在 ARP 缓存表中。主机通过网络层获取到目的 IP 地址之后，还要判断目的 MAC 地址是否已知。

每个主机都有一个 ARP 缓存表，ARP 缓存表用来存放 IP 地址和 MAC 地址的映射关系。以图中主机 A 和主机 C 通信为例，主机 A 在发送数据之前，设备会先查找 ARP 缓存表。如果缓存表中存在目的主机 C 的 MAC 地址，则直接采用该 MAC 地址来封装数据帧，然后将数据帧发送出去。如果 ARP 缓存表中不存在目的 MAC 地址，假设主机 A 的 ARP 缓存表为空，缓存表中不存在主机 C 的 MAC 地址，则主机 A 会发送 ARP Request 来获取目的 MAC 地址。ARP Request 报文封装在以太帧里。帧头中的源 MAC 地址为发送端主机 A 的 MAC 地址。此时，由于主机 A 不知

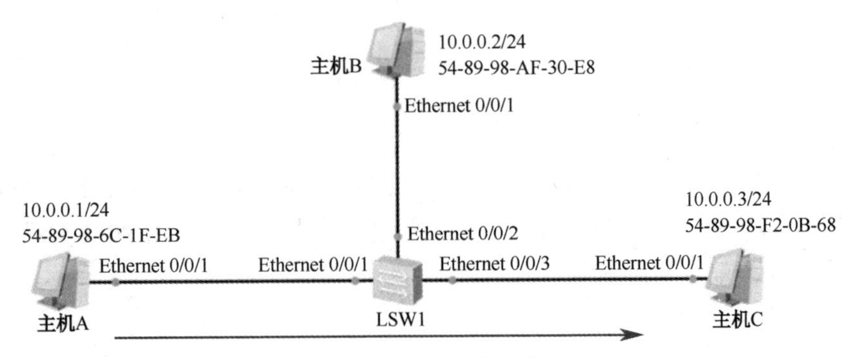

图 4-8 ARP 工作拓扑

道主机 C 的 MAC 地址，所以目的 MAC 地址为广播地址 FF-FF-FF-FF-FF-FF。ARP Request 报文数据中包含源 IP 地址、目的 IP 地址、源 MAC 地址、目的 MAC 地址，其中，目的 MAC 地址的值为 0。ARP Request 报文会在整个网络上传播，该网络中所有主机包括网关都会接收到此 ARP Request 报文。网关将会阻止该报文发送到其他网络上。所有的主机接收到该 ARP Request 报文后，都会检查它的目的协议地址字段与自身的 IP 地址是否匹配。如果不匹配，则该主机将不会响应该 ARP Request 报文。如果匹配，则该主机会将 ARP 报文中的源 MAC 地址和源 IP 地址信息记录到自己的 ARP 缓存表中，然后通过 ARP Reply 报文进行响应。主机 C 会向主机 A 回应 ARP Reply 报文。ARP Reply 报文数据中的源协议地址是主机 C 自己的 IP 地址，目的协议地址是主机 A 的 IP 地址，目的 MAC 地址是主机 A 的 MAC 地址，源 MAC 地址是自己的 MAC 地址，同时 Operation Code 被设置为 Reply。ARP Reply 报文通过单播传送。

主机 A 收到 ARP Reply 以后，会检查 ARP 报文中目的 MAC 地址是否与自己的 MAC 匹配。如果匹配，主机 A 收到主机 C 回复的报文后，会学习报文的 IP 地址和 MAC 地址的映射关系，并将学习到的 IP 地址和 MAC 地址的映射关系加入到 ARP 缓存表中存放一段时间。在有效期内，设备可以直接从这个表中查找目的 MAC 地址来进行数据封装，而无须进行 ARP 查询。过了这段有效期，ARP 表项会被自动删除。如果目的设备位于其他网络，则源设备会在 ARP 缓存表中查找网关的 MAC 地址，然后将数据发送给网关，网关再把数据转发给目的设备。

4.3.2 ARP 代理

ARP 代理拓扑如图 4-9 所示。主机 A 需要与主机 B 通信时，目的 IP 地址与本机的 IP 地址处于同一个网段 10.0.0.0/8，所以主机 A 将会以广播形式发送 ARP Request 报文，请求主机 B 的 MAC 地址。但是广播报文只能在同一个广播域内传播，无法被路由器转发，所以主机 B 无法收到主机 A 的 ARP 请求报文，当然也就无法给主机 A 回应。

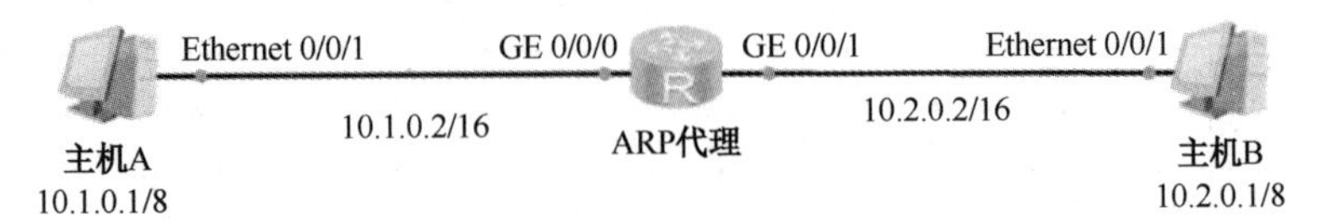

图 4-9 ARP 代理拓扑

在路由器上启用代理 ARP 功能，就可以解决这个问题。启用代理 ARP 后，路由器收到这样的请求会查找路由表，如果存在主机 B 的路由表项，最终路由器将会使用自己的 GE 0/0/0 接口的 MAC 地址来回应该 ARP Request。主机 A 收到 ARP Reply 后，将以路由器的 GE 0/0/0 接口 MAC 地址作为目的 MAC 地址进行数据转发。

4.4 IP 协议

IP 本身是一个协议文件的名称，该协议文件的内容非常少，主要定义并阐述了 IP 报文的格式。经常被提及的 IP，一般不是特指 Internet Protocol 这个协议文件本身，而是泛指直接或间接与 IP 协议相关的任何内容。IP 协议有版本之分，分别是 IPv4 和 IPv6。目前，Internet 上的 IP 报文都是 IPv4 报文，但是逐步在向 IPv6 过渡。

4.4.1 IPv4 协议

IPv4 报文头部字段如图 4-10 所示。

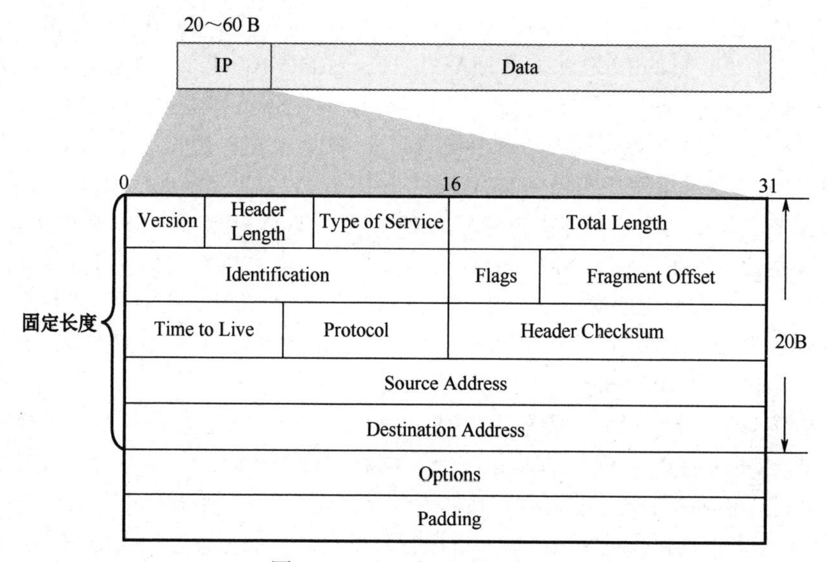

图 4-10 IPv4 报文头部字段

IPv4（Internet Protocol Version 4）协议族是 TCP/IP 协议族中最为核心的协议族。它工作在 TCP/IP 协议栈的网络层，该层与 OSI 参考模型的网络层相对应。

IPv6（Internet Protocol Version 6）是网络层协议的第二代标准协议，也被称为 IPng（IP Next Generation）。它是互联网工程任务组（Internet Engineering Task Force，IETF）设计的一套规范，是 IPv4 的升级版本。

IP 头部字段的含义如表 4-5 所示。

表 4-5 IP 头部字段的含义

头部字段	长　度	备　注
Version	4 bit	4：表示为 IPv4；6：表示为 IPv6
Header Length	4 bit	首部长度，如果不带 Option 字段，则为 20，最长为 60
Type of Service	8 bit	服务类型。只有在有 QoS 差分服务要求时，这个字段才起作用
Total Length	16 bit	总长度，整个 IP 数据包的长度
Identification	16 bit	发送主机赋予的标识
Flags	3 bit	标志位： 保留段位：0，保留。 不分段位：1，表示“不能分片”；0，表示“能分片”。 更多段位：1，表示“后面还有分片”；0，表示“最后一个数据片”

续表

头部字段	长　度	备　注
Fragment Offset	12 bit	片偏移，分片重组时会用到该字段。指出较长的分组在分片后，该片在原分组中的相对位置，与更多段位组合，帮助接收方组合分段的报文
Time to Live	8 bit	生存时间：可经过的最多路由数，即数据包在网络中可通过的路由器数的最大值
Protocol	8 bit	下一层协议。指出此数据包携带的数据使用何种协议，以便目的主机的 IP 层将数据部分上交给哪个进程处理
Header Checksum	16 bit	首部检验和
Source Address	32 bit	源 IP 地址
Destination Address	32 bit	目的 IP 地址
Options	可变	选项字段
Padding	可变	填充字段，全填 0

4.4.2 IPv6 协议

IPv6 的报文头部类型有两大种，分别是基本报文头部和扩展报文头部。其中，基本报文头部一定会放在数据包中进行传递，而扩展报文头部不一定放在数据包中进行传递。除报文头部之外，还存在上层协议数据单元，一般由上层协议和它的有效载荷构成，如 TCP 或 UDP 头部加上数据部分。

基本报文头部的作用是提供报文的转发信息，当路由器或其他设备进行三层转发时，一般通过解析基本报文头部就能够完成转发任务。

IPv6 基本报文头部结构如图 4-11 所示。

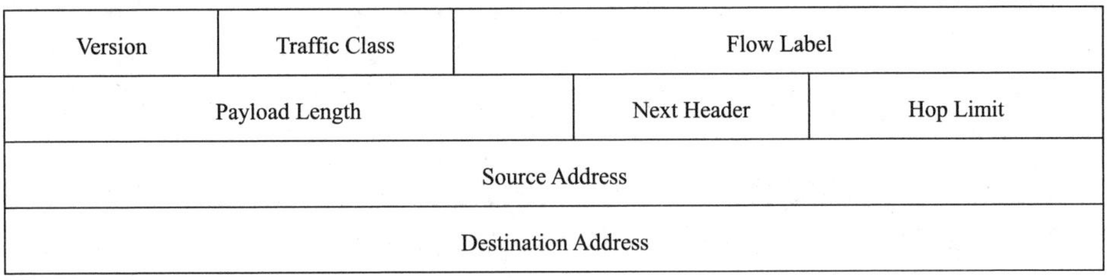

<table>
<tr><td>Version</td><td colspan="2">Traffic Class</td><td colspan="2">Flow Label</td></tr>
<tr><td colspan="2">Payload Length</td><td colspan="2">Next Header</td><td>Hop Limit</td></tr>
<tr><td colspan="5">Source Address</td></tr>
<tr><td colspan="5">Destination Address</td></tr>
</table>

图 4-11　IPv6 基本报文头部结构

IPv6 基本报文头部字段解释如下：

（1）Version：版本号，长度为 4 bit。对于 IPv6，该值为 6。

（2）Traffic Class：流类别，长度为 8 bit。等同于 IPv4 中的 Type of Service 字段，表示 IPv6 数据包的类或优先级，主要应用于 QoS。

（3）Flow Label：流标签，长度为 20 bit。这个为 IPv6 中的新增字段，用于区分实时流量，不同的流标签+源地址可以唯一确定一条数据流，中间网络设备可以根据这些信息更加高效地区分数据流。

（4）Payload Length：有效载荷长度，长度为 16 bit。有效载荷是指紧跟 IPv6 报头的数据包的其他部分（扩展报头和上层协议数据单元）。

（5）Next Header：下一个报头，长度为 8 bit。该字段定义紧跟在 IPv6 报头后面的第一个扩展报头（如果存在）的类型，或者上层协议数据单元中的协议类型（类似 IPv4 的 Protocol 字段）。

（6）Hop Limit：跳数限制，长度为 8 bit。该字段类似 IPv4 中的 Time to Live 字段，它定义了 IP 数据包所能经过的最大跳数。每经过一个路由器，该数值减 1，当该字段的值为 0 时，数据包将被丢弃。

（7）Source Address：源地址，长度为 128 bit，表示发送方的地址。

（8）Destination Address：目的地址，长度为 128 bit，表示接收方的地址。

通过以上对比，我们可以清楚地发现，IPv6 报文头部更加简洁，取消了一些字段，并增加了相应的字段。其中：

取消三层校验。协议栈中的二层和四层已提供校验，因此 IPv6 直接取消了 IP 的三层校验，节省路由器的处理资源。

取消中间节点的分片功能。中间路由器不再处理分片，而只在产生数据的源节点处理，省去中间路由器为处理分片而耗费的大量 CPU 资源。

定义定长的 IPv6 报头。设置定长之后，有利于硬件的快速处理，从而提高了路由器的转发效率。

IPv6 提供了对 IPSec 的完美支持，因此上层协议可以省去许多安全选项。

最后在头部中增加流标签，提高了 QoS 效率。

在 IPv6 中增加了扩展报文头部选项，可以在一些特定的情况下，通过添加不同的扩展报文头部，实现可选模块化处理，这样可以不受 40 字节的限制。扩展报文头部放在基本报文头部和上层协议数据单元之间，也就是说，当数据包解封装到基本报文头部，通过“Next Header”字段，就可以知道把基本报文头部去掉之后是否是扩展报文头部，再继续进行解封装。

IPv6 扩展报文头部字段解释如下：

（1）逐跳选项报头：主要用于为在传送路径上的每跳转发指定发送参数，传送路径上的每个中间节点都要读取并处理该字段。

（2）目的选项报头：携带了一些只有目的节点才会处理的信息。

（3）路由报头：IPv6 源节点用来强制数据包经过特定的设备。

（4）分段报头：当报文长度超过 MTU（Maximum Transmission Unit，最大传输单元）时就需要将报文分段发送，而在 IPv6 中，分段发送使用的是分段报头。

（5）认证报头（AH）：该报头由 IPsec 使用，提供认证、数据完整性及重放保护。

（6）封装安全净载报头（ESP）：该报头由 IPsec 使用，提供认证、数据完整性、重放保护和 IPv6 数据包的保密。

综上所述，当路由器收到数据包之后，先解封装数据链路层头部，然后根据 IPv6 的基本报文头部中的“Next Header”字段，找到 IPv6 的扩展报文头部，如果还有其他的扩展报文头部，就会根据每个头部中的下个头部字段，来一级一级解封装，最终解析数据内容。

4.5 ICMP 协议

4.5.1 ICMP 协议概述

ICMP 协议是 IP 协议的辅助协议，主要用来在网络设备间传递各种差错和控制信息，对收集各种网络信息、诊断和排除各种网络故障等起着至关重要的作用。

ICMP 消息的格式取决于 Type 和 Code 字段，其中，Type 字段为消息类型；Code 字段包含该消息类型的具体参数。

ICMP 的一个典型应用是 Ping。Ping 是检测网络连通性的常用工具，同时也能够收集其他相关信息。用户可以在 Ping 命令中指定不同参数，如 ICMP 报文长度、发送的 ICMP 报文个数、等待回复响应的超时时间等，设备根据配置的参数来构造并发送 ICMP 报文，进行 Ping 测试。

ICMP 定义了各种错误消息，用于诊断网络连接性问题；根据这些错误消息，源设备可以判断出数据传输失败的原因：

（1）如果网络中发生了环路，导致报文在网络中循环，且最终 TTL 超时，这时网络设备会发送 TTL 超时消息给发送端设备。

（2）如果目的地不可达，则中间的网络设备会发送目的不可达消息给发送端设备。目的不可达的情况有多种，如果是网络设备无法找到目的网络，则发送目的网络不可达消息；如果是网络设备无法找到目的网络中的目的主机，则发送目的主机不可达消息。

ICMP 的另一个典型应用是 Tracert。Tracert 基于报文头中的 TTL 值来逐跳跟踪报文的转发路径。为了跟踪到达某特定目的地址的路径，源端首先将报文的 TTL 值设置为 1，该报文到达第一个节点后，TTL 超时，于是该节点向源端发送 TTL 超时消息，消息中携带时间戳。然后源端将报文的 TTL 值设置为 2，该报文到达第二个节点后，TTL 超时，该节点同样返回 TTL 超时消息，以此类推，直到报文到达目的地。这样，源端根据返回的报文中的消息可以跟踪到报文经过的每一个节点，并根据时间戳消息计算往返时间。

4.5.2 ICMPv6 协议

ICMPv6（Internet Control Message Protocol for the Internet Protocol Version 6，互联网控制信息协议版本 6）是 IPv6 的基础协议之一，IPv6 也同样需要 ICMP 协议，所以使用了 ICMPv6。该协议有差错报文和消息报文两种，用于 IPv6 节点报告报文处理过程中的错误和信息。

ICMPv6 基于 IPv6 头部封装，协议号为 58。ICMPv6 除提供 ICMPv4 的对应功能之外，还有其他一些功能，如邻居发现、无状态地址配置、重复地址检测、PMTU 发现等。

ICMPv6 的报文格式如图 4-12 所示。

Type	Code	Checksum
ICMPv6 Data		

图 4-12　ICMPv6 的报文格式

其中，Type 字段为标识消息的类型，有对应的取值，如 0～127 表示差错报文类型，128～255 表示消息报文类型；Code 字段是针对消息类型的细分；Checksum 字段之前经常遇到，表示对 ICMPv6 报文的校验和。

我们列举的 ICMPv6 报文类型如表 4-6 所示。

表 4-6　ICMPv6 报文类型

报 文 类 型	TYPE	名　称	CODE
差错报文	1	目的不可达	0：没有到达目的地的路由信息
			1：去往目的地的通信被管理策略禁止
			2：未指定
			3：地址不可达
			4：端口不可达
	2	数据包过长	0：当发出的数据包大小大于接口 MTU 时
	3	超时	0：在传输中超越了跳数限制
			1：分片重组超时
	4	参数错误	0：错误的包头字段（错误导致数据包无法正常处理）
			1：无法识别下一包头类型
			2：无法识别 IPv6 选项
消息报文	128	Echo request	0 请求报文
	129	Echo reply	0 应答报文

可以利用 ICMPv6 报文实现网络故障诊断、PMTU 发现和邻居发现等功能。在两节点的互通性检测中，收到 Echo Request 报文的节点向源节点回应 Echo Reply 报文，实现两节点间报文的收发。

4.6 NDP协议

4.6.1 NDP协议概述

1. NDP基本介绍

NDP（Neighbor Discovery Protocol，邻居发现协议）实现了IPv6中的众多机制，包括路由器发现（Router Discovery，RD）、无状态自动配置、DAD（重复地址检测）、地址解析、邻居状态跟踪、前缀重编址和路由器重定向。

简单解释一下这几个机制的作用。

（1）路由器发现：可以帮助设备发现链路上存在的路由器，并且获得路由器通告的信息。

（2）无状态自动配置：无状态自动配置机制使用了ICMPv6中的路由器请求报文（Router Solicitation，RS）及路由器通告报文（Router Advertisement，RA），可以实现IPv6主机无须配置IP地址，也无须从DHCP服务器获取地址，通过RS和RA就可以获取地址，实现接上主机就可以使用的效果。

（3）DAD（重复地址检测）：用于发现链路上是否存在IPv6地址冲突，也就是说，可以检测地址冲突问题，如果想使用IPv6地址，必须先要经过重复地址检测并通过后才能使用。

（4）地址解析：使用邻居请求报文（Neighbor Solicitation，NS）及邻居通告报文（Neighbor Advertisement，NA）来实现地址解析功能，不进行IPv4的ARP功能。

（5）邻居状态跟踪：IPv6的设备之间加重了邻居的概念，同时为邻居之间的关系设置了状态机。在设备中有IPv6的邻居表，用来存放邻居IPv6地址和二层地址（如MAC地址）的映射关系。

（6）前缀重编址：IPv6路由器能够通过RA报文向链路上通告IPv6前缀信息。通过这种方式，主机能够从RA中所包含的前缀信息自动构建自己的IPv6单播地址，但是这个地址有生存时间。当然，通过在RA中通告IPv6地址前缀，并且灵活地设定地址的生存时间，能够实现网络中IPv6新、旧前缀的平滑过渡，而无须在主机终端上消耗大量的时间手工重新配置地址。

（7）路由器重定向：路由器向一个IPv6节点发送ICMPv6的重定向消息，通知它在相同的本地链路上有一个更好的、到达目的地的下一跳。IPv6中的路由器重定向功能与IPv4中的是一样的。

2. RS和RA

主机启动后，通过RS向路由设备发出请求，路由设备会以RA响应。

路由设备周期性地发布RA，其中包括前缀和一些标志位的信息。RA可以通过RS触发发送，也可以周期性发送。

路由器发现是指主机发现本地链路上路由器和确定其配置信息的过程。当然，路由器发现不仅可以实现路由器发现的功能，同时还能实现别的功能，如前缀发现和参数发现。

（1）路由器发现：主机通过邻居发现协议找到对应的路由器，并且可以通过找到的路由器确认哪个是自己的默认网关。

（2）前缀发现（Prefix Discovery）：主机可以发现本地链路上的一组IPv6前缀，进行主机的地址自动配置。

（3）参数发现（Parameter Discovery）：主机可以发现输出报文的默认跳数限制、地址配置方式等相关参数信息。

第一种情况：当主机启动时，主机会向本地链路范围内所有的路由器发送RS，触发路由器响应RA。其中包括以下参数：

（1）是否使用地址自动配置。

（2）标记支持的自动配置类型（无状态或有状态自动配置）。

（3）一个或多个本地链路前缀（本地链路上的节点可以使用这些前缀完成地址自动配置）。

（4）通告的本地链路前缀的生存期。

（5）发送路由器通告的路由设备是否可作为默认路由设备，如果可以，还包括此路由设备可作为默认路由设备的时间（用秒表示）。

（6）和主机相关的其他信息，如跳数限制、主机发起的报文可以使用的最大 MTU。

主机发现本地链路上的路由器后，自动配置默认路由器，建立默认路由表、前缀列表和设置其他的配置参数。

第二种情况：路由器周期性地发送 RA，RA 发送间隔是一个有范围的随机值，默认的最大时间间隔是 600 s，最小时间间隔是 200 s。

对于无状态地址自动配置而言，当主机收到路由器通告报文后，使用其中的前缀信息和本地接口 ID 自动形成 IPv6 地址，同时还可以根据其中的默认路由设备信息设置默认路由设备。

3. NS 和 NA

IPv6 节点通过 NS 可以得到邻居的链路层地址，检查邻居是否可达，也可以进行重复地址检测。

NA 是 IPv6 节点对 NS 的响应，同时 IPv6 节点在链路层变化时也可以主动发送 NA。

NS 和 NA 属于 ICMPv6，其中，NS 的 Type=135，Code=0。NS 结构如图 4-13 所示。

<table>
<tr><td>Type</td><td>Code</td><td>Checksum</td></tr>
<tr><td colspan="3">Reserved</td></tr>
<tr><td colspan="3">Target Address</td></tr>
<tr><td colspan="3">Options…</td></tr>
</table>

图 4-13　NS 结构

图 4-13 中的 Target Address 是需要解析的 IPv6 地址，因此这里不会出现组播地址。

NA 的 Type=136，Code=0。NA 结构如图 4-14 所示。

<table>
<tr><td colspan="3">Type</td><td>Code</td><td>Checksum</td></tr>
<tr><td>R</td><td>S</td><td>O</td><td colspan="2">Reserved</td></tr>
<tr><td colspan="5">Target Address</td></tr>
<tr><td colspan="5">Options…</td></tr>
</table>

图 4-14　NA 结构

我们可以发现，NS 和 NA 的结构比较类似，但是，NA 增加了三个字段：R、S、O。

（1）R（router flag）表示发送方是否为路由器，为 1 表示是，为 0 表示否。

（2）S（solicited flag）表示发送 NA 是否是响应某个 NS 请求，为 1 表示是，为 0 表示否。

（3）O（overide flag）表示 NA 中的信息是否覆盖已有的条目信息，为 1 表示是，为 0 表示否。

图 4-14 中的 Target Address 表示所携带的链路层地址对应的 IPv6 地址。

NS 和 NA 可以实现地址解析。地址解析过程如图 4-15 所示。

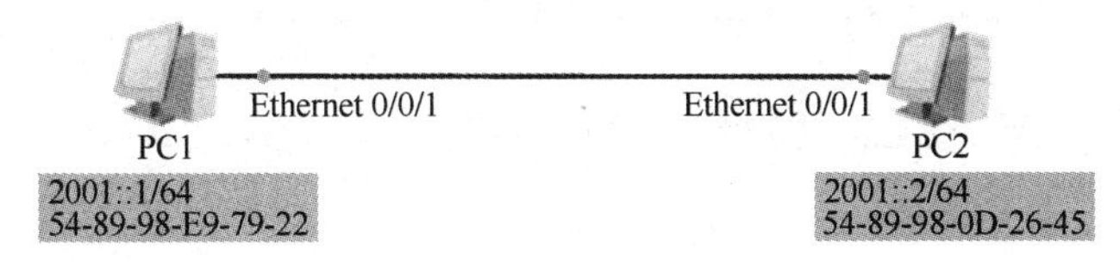

图 4-15　地址解析过程

第一步：PC1发送NS，内容为：

“SMAC=54-89-98-E9-79-22,DMAC=3333-FF00-0002|SIP=2001::1,DIP=FF02::1:FF00:2|ICMPv6 DATA PC1MAC=54-89-98-E9-79-22”；

第二步：PC2收到PC1发来的NS后，进行解封装，发现对方想要请求自己的MAC地址，所以回复NA，内容为：

“SMAC=54-89-98-0D-26-45，DMAC=54-89-98-E9-79-22|SIP=2001::2，

DIP=2001::1|ICMPv6 DATA PC2MAC=54-89-98-0D-26-45，PC2IP=2001::2”。以此来完成地址解析过程。我们发现该过程类似于ARP过程，但是增加了三层报文头部。

DAD（重复地址检测），用来确定IP地址是否冲突。原理如下：

路由器R1配置完IP地址后，假设地址为“2001::FFFF/64”，会向链路上以组播的方式发送一个NS，该NS的源IPv6地址为“::”，目的IPv6地址为要进行DAD检测的接口的IP地址对应的被请求节点组播地址，也就是FF02::1:FF00:FFFF。这个NS里包含要做DAD的目的地址2001::FFFF。

链路上的节点都会收到这个组播的NS，没有配置2001::FFFF的节点接口由于没有加入该地址对应的被请求节点组播组，因此在收到这个NS的时候默默丢弃。假设路由器R2在收到这个NS后，由于它的接口配置了2001::FFFF，因此接口会加入组播组FF02::1:FF00:FFFF，而此刻所收到的报文又是以该地址为目的地址，因此它会解析该报文。它发现对方进行DAD的目的地址与自己本地接口地址相同，于是立即回送一个NA，该报文的目的地址是FF02::1，也就是所有节点组播地址，同时在报文内写入目的地址2001::FFFF，以及自己接口的MAC地址。

当路由器R1收到这个NA后，它就知道2001::FFFF在链路上已经有人在用了，因此将该地址标记为Duplicate（重复的），该地址将不能用于通信。

通过DAD，可以实现地址冲突检测。

4.6.2 邻居状态的种类

在IPv6中，加深了对邻居的概念，在设备之间不仅要进行地址解析等，还会维护一张邻居表，邻居之间有相应的状态机制。IPv6邻居状态表中缓存了IPv6地址与MAC地址的映射。

邻居状态表中的邻居状态共有5种，分别是：未完成（Incomplete）、可达（Reachable）、陈旧（Stale）、延迟（Delay）和探查（Probe）。邻居状态如表4-7所示。

表4-7 邻居状态

状态	描述
Incomplete	未完成。正在进行地址解析，邻居的链路层地址未探测到，如果解析成功，则进入Reachable状态
Reachable	可达。表示在规定时间（邻居可达时间，默认情况下是30 s）内邻居可达。如果超过规定时间该表项没有被使用，则进入Stale状态
Stale	是否可达未知。表明该表项在规定时间（邻居可达时间，默认情况下是30 s）内没有被使用。此时除非有发送到邻居的报文，否则不对邻居是否可达进行探测
Delay	是否可达未知。已向邻居发送报文，如果在指定时间内没有收到响应，则进入Probe状态
Probe	是否可达未知。已向邻居发送NS，探测邻居是否可达。在规定时间内收到NA回复，则进入Reachable状态，否则进入Incomplete状态

此外，还有邻居状态的变化，假设现在有两台路由器，分别是R1和R2，则邻居状态变化如图4-16所示。

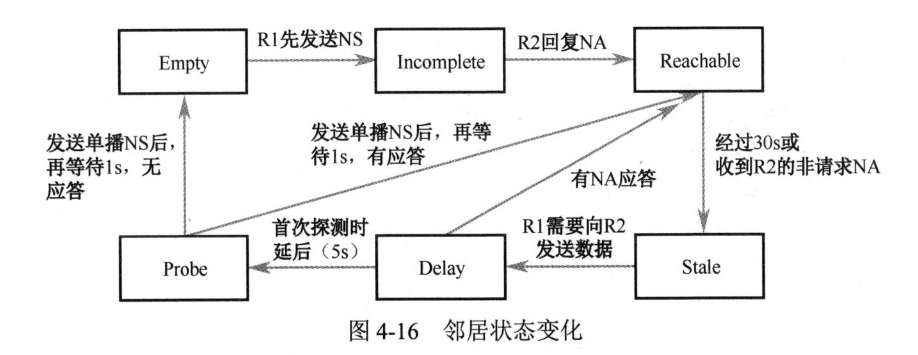

图4-16 邻居状态变化

习 题

一、选择题

1．IP 地址具有固定规范的格式，它由（　　）位二进制数组成。

A．16　　B．32　　C．18　　D．2

2．Internet 使用的 IP 地址是由小数点隔开的 4 个十进制数组成的，下列属于 IP 地址的是（　　）。

A．302.123.234.0　　B．10.123.456.11　　C．12.123.1.168　　D．256.255.20.31

3．在不划分子网的情况下，IP 地址 129.66.51.37 的（　　）表示网络 ID。

A．129.66　　B．129　　C．192.66.51　　D．37

4．IP 地址和它的子网掩码相与后，所得的是此 IP 地址的（　　）。

A．A 类地址　　B．主机 ID　　C．网络 ID　　D．解析地址

5．在不划分子网的情况下，IP 地址 205.140.36.88 的（　　）表示主机 ID。

A．205　　B．205.140　　C．88　　D．36.88

6．IPv6 中地址是用（　　）二进制位数表示的。

A．32　　B．64　　C．128　　D．256

7．下列（　　）地址不能作为主机的 IPv4 地址。

A．A 类地址　　B．B 类地址　　C．C 类地址　　D．D 类地址

8．某公司申请到一个 C 类 IP 地址段，但要分配给 6 个子公司，最大的一个子公司有 26 台计算机，不同的子公司必须在不同的网段中，则该最大子公司的子网掩码应设为（　　）。

A．255.255.255.224　　B．255.255.255.128

C．255.255.255.0　　D．255.255.255.192

9．下列（　　）不可能是 IPv4 数据包的首部长度。

A．20B　　B．64B　　C．60B　　D．32B

10．IPv4 首部中，DSCP 字段取值为（　　）。

A．0～15　　B．0～63　　C．0～31　　D．0～7

11．关于 IP 报文头部中的 TTL 字段的说法正确的是（　　）。

A．TTL 定义了源主机可以发送数据包的数量

B．IP 报文每经过一台路由器时，其 TTL 值减 1

C．TTL 定义源主机可以发送数据包的时间间隔

D．IP 报文每经过一台路由器时，其 TTL 值加 1

二、简答题

1．IP 地址有几种编码方案？各是如何编码的？

2．常用的 IP 地址有几种？各有何特征？

3．什么是子网掩码？有什么作用？

4．IPv6 协议有什么特点？

5．描述 IP 报文头部的字段有哪些？分别有什么含义？

6．ICMP 报文有哪些？

7．交换机工作在 TCP/IP 模型的哪一层？路由器工作在哪一层？

8．路由器的工作原理是什么？

第 5 章　路由基础

互联网通过网间互连设备——路由器实现各网络间的互连。路由是指分组从源到目的地时，决定端到端路径的网络范围的进程。路由工作在 OSI 参考模型第三层——网络层的数据包转发设备。路由器通过转发数据包来实现网络互连。

本章导读：

- 路由器的工作原理
- 路由条目生成方式
- 最优路由
- 路由高级特性
- 华为通用路由平台
- 静态路由配置

5.1　路由概述

5.1.1　路由的基本概念

路由器是不同网络互连的核心设备，负责网络中数据包的存储和转发，同时还具备路由选择功能。路由是指导报文转发的路径信息，通过路由可以确认转发 IP 报文的路径。

网关及中间节点（路由器）根据收到的 IP 报文的目的地址选择一条合适的路径，并将报文转发到下一个路由器。在路径中的最后一跳路由器二层寻址将报文转发给目的主机，这个过程被称为路由转发。路由条目包含明确的出接口及下一跳，这两项信息指导 IP 报文转发到相应的下一跳设备上。

路由中主要包含以下信息：

（1）目的地址：标识目的网段。

（2）掩码：与目的地址共同标识一个网段。

（3）出接口：数据包被路由后离开本路由器的接口。

（4）下一跳：路由器转发到达目的网段的数据包所使用的下一跳地址。

目的地址、掩码用于识别 IP 报文目的地址，路由设备将 IP 报文匹配到相应的路由之后，根据路由的出接口、下一跳确认转发的路径。只有出接口并不能够确认转发 IP 报文的下一跳设备，还需要明确下一跳设备地址。

5.1.2　路由器的工作原理

路由器的工作原理就是路由器接收到数据包后查找路由表进行数据包转发的整个过程。路由器是三层设备，具有路由功能，每一台路由器都至少维护着一张路由表，路由器收到数据链路层的帧后，首先解封装，去掉帧头帧尾，然后根据网络层数据包的目的 IP 地址查找路由表，若路由表中不存在目的网络的路由信息，则会导致丢包；若路由表中存在目的网络的路由信息，路由器则重新封装数据包，并根据路由信息中的出接口和下一跳转发数据包。

5.1.3 路由表

路由表是由一条条详细的路由条目组成的，路由表中不会保存所有的路由信息，路由器选择最优的路由条目放入路由表中，路由表中只会保存“最优的”路由。路由器通过对路由表的管理实现对路径信息的管理，路由表作为路由器对 IP 报文的转发依据，对路由表中的路由条目的管理实际上就是路由器维护、管理路由信息的具体实现。路由表如图 5-1 所示。

```
[R3]display ip routing-table
Route Flags: R - relay, D - download to fib
------------------------------------------------------------------------------
Routing Tables: Public
         Destinations : 7        Routes : 7

Destination/Mask    Proto   Pre  Cost      Flags NextHop         Interface

       34.1.1.0/24  Direct  0    0           D   34.1.1.3        GigabitEthernet
0/0/1
       34.1.1.3/32  Direct  0    0           D   127.0.0.1       GigabitEthernet
0/0/1
      127.0.0.0/8   Direct  0    0           D   127.0.0.1       InLoopBack0
      127.0.0.1/32  Direct  0    0           D   127.0.0.1       InLoopBack0
    192.168.1.0/24  Direct  0    0           D   192.168.1.254   GigabitEthernet
0/0/0
  192.168.1.254/32  Direct  0    0           D   127.0.0.1       GigabitEthernet
0/0/0
    192.168.6.0/24  Static  60   0           D   34.1.1.4        GigabitEthernet
0/0/1
```

图 5-1 路由表

路由表的表项及含义如表 5-1 所示。

表 5-1 路由表的表项及含义

表　项	对应的含义
Destination/Mask	表示此路由的目的地址与子网掩码。将目的地址和子网掩码“逻辑与”后可得到目的主机或路由器所在网段的地址
Protocol	该路由的协议类型，表示路由的生成方式
Preference	表示此路由的路由协议优先级。针对同一目的地址，可能存在不同下一跳、出接口等多条路由，这些不同的路由可能是由不同的路由协议发现的，也可以是手工配置的静态路由。优先级最高（数值最小）者将成为当前的最优路由
Cost	当到达同一目的地的多条路由具有相同的路由优先级时，路由开销最小的将成为当前的最优路由
NextHop	表示对于本路由器而言，到达该路由指向的目的网络的下一跳地址。该字段指明了数据转发的下一个设备
Interface	表示此路由的出接口。指明数据将从本路由器的哪个接口转发出去

5.1.4 路由条目生成方式

1. 直连路由

直连路由是指向本地直连网络的路由，由设备自动生成。当路由器为路由转发的最后一跳时，IP 报文匹配直连路由，路由器转发 IP 报文到目的主机。使用直连路由进行路由转发时，必须保证报文的目的 IP 和路由器接口 IP 在一个网段之中。

直连路由的下一跳地址并不是其他设备上的接口地址，因为该路由的目的网段为接口所在网段，本接口就是最后一跳，不需要再转发给下一跳，所以在路由表中的下一跳地址就是接口自身地址。

并不是所有接口生成的直连路由都会出现在路由表中，直连路由出现在路由表中的前提是该接口的物理状态、协议状态都为 UP。

2. 静态路由

静态路由由网络管理员手动配置，配置方便，对系统要求低，适用于拓扑结构简单，并且稳定的小型网络。局限性是静态路由不能自动适应网络拓扑的变化，需要人工干预。

3. 动态路由

动态路由协议有自己的路由算法，能够自动适应网络拓扑的变化，适用于具有一定数量三层设备的网络。

（1）根据路由信息传递的内容、计算路由的算法，可以将动态路由协议分为两大类：

① 距离矢量协议（Distance-Vector Protocol），如 RIP。

② 链路状态协议（Link-State Protocol），如 OSPF、IS-IS。

（2）根据工作范围不同，又可以将动态路由协议分为以下两种：

① 内部网关协议：在一个自治系统内部运行。RIP、OSPF、IS-IS 为常见的内部网关协议。

② 外部网关协议：运行于不同自治系统之间。BGP 是目前最常用的外部网关协议。

5.1.5 最优路由

1. 最长掩码匹配原则

当路由器收到一个 IP 数据包时，会将数据包的目的 IP 地址与自己本地路由表中的所有路由表项进行逐位比对，直到找到匹配度最长的条目，这就是最长前缀匹配机制。

2. 比较优先级

当路由器从多种不同的途径获知到达同一个目的网络的路由（这些路由的目的地址及网络掩码均相同）时，路由器会比较这些路由的优先级，优选优先级值最小的路由。

路由来源的优先级值（Preference）越小，代表加入路由表的优先级越高。拥有最高优先级的路由将被添加进路由表。路由来源及所对应优先级值如表 5-2 所示。

表 5-2　路由来源及所对应优先级值

路由生成方式	路 由 来 源	优 先 级 值
直连路由	直连路由	0
静态路由	静态路由	60
动态路由	OSPF 内部路由	10
	OSPF 外部路由	150

3. 比较度量值

当路由器通过某种路由协议发现了多条到达同一个目的网络的路由时（拥有相同的路由优先级），度量值将作为路由优选的依据之一。路由度量值表示到达这条路由所指目的地址的代价。一些常用的度量值有跳数、带宽、时延、代价、负载和可靠性等。度量值越小越优先，度量值最小的路由将会被添加到路由表中。

5.1.6 路由高级特性

1. 路由递归

路由必须有直连的下一跳才能够指导转发，但是路由生成时下一跳可能不是直连的，因此需要计算出一个直连的下一跳和对应的出接口，这个过程就叫作路由递归。

2. 等价路由

来源相同、开销相同的路由都会被加入路由表，所形成的路由为等价路由（两个路由条目指向的目的网段相同，但是具有不同的下一跳地址），路由转发会将流量分布到多条路径上。

路由表中存在等价路由之后，前往该目的网段的 IP 报文路由器会通过所有有效的接口、下一跳转发，这种转发行为被称为负载分担。

3. 浮动路由

静态路由支持配置时手动指定优先级，可以通过配置目的地址/掩码相同、优先级不同、下一跳不同的静态路由，实现转发路径的备份。

浮动路由是主用路由的备份，保证链路故障时提供备份路由。主用路由下一跳可达时该备份路由不会出现在路由表。

4. 路由汇总

CIDR（Classless Inter-Domain Routing，无类别域间路由）采用 IP 地址加掩码长度来标识网络和子网，而不是按照传统 A、B、C 等类型对网络地址进行划分。

CIDR 容许任意长度的掩码长度，将 IP 地址看成连续的地址空间，可以使用任意长度的前缀分配，多个连续的前缀可以聚合成一个网络，该特性可以有效减少路由表条目数量。

对于一个大规模的网络来说，路由器或其他具备路由功能的设备势必需要维护大量的路由表项，这些设备就不得不耗费大量的资源。同时，由于路由表的规模变大，会导致路由器在查表转发时效率降低。因此在保证网络中路由器到各网段都具备 IP 可达性的同时，需要减小设备的路由表规模。一个网络如果具备科学的 IP 编址，并且进行合理的规划，是可以利用多种手段减小设备路由表规模的。一个非常常见而又有效的办法就是使用路由汇总。路由汇总又被称为路由聚合，是将一组有规律的路由汇聚成一条路由，从而达到减小路由表规模及优化设备资源利用率的目的。我们把汇聚之前的这组路由称为精细路由或明细路由，把汇聚之后的这条路由称为汇总路由或聚合路由。

一般来说，一条路由，无论是静态的还是动态的，都需要关联到一个出接口，路由的出接口指的是设备要到达一个目的网络时的出站接口。路由的出接口可以是该设备的物理接口，如百兆、千兆以太网接口，也可以是逻辑接口，如 VLAN 接口（VLAN Interface）或隧道（Tunnel）接口等。在众多类型的出接口中，有一种接口非常特殊，那就是 Null（无效）接口，这种类型的接口只有一个编号，也就是 0。Null 0 是一个系统保留的逻辑接口，当网络设备在转发某些数据包时，如果使用出接口为 Null 0 的路由，那么这些报文将被直接丢弃，就像被扔进了一个黑洞里，因此出接口为 Null 0 的路由又被称为黑洞路由。

5.2 华为通用路由平台

5.2.1 系统概述

1. 什么是 VRP

VRP（Versatile Routing Platform）是华为公司从低端到高端的全系列路由器、交换机等数据通信产品的通用网络操作系统平台。它以 IP 业务为核心，采用组件化的体系结构，在实现丰富功能特性的同时，还提供了基于应用的可裁剪和可扩展功能，使得路由器和交换机的运行效率大大提高。如同运行在 PC 上的微软公司的 Windows 操作系统，以及运行在 iPhone 上的苹果公司的 iOS 操作系统，VRP 可以运行在多种硬件平台上，并拥有一致的网络界面、用户界面和管理界面，可为用户提供灵活而丰富的应用解决方案。VRP 就是华为设备的操作系统。

VRP 提供以下功能：

（1）实现统一的用户界面和管理界面。

（2）实现控制平面功能，并定义转发平面接口规范。

（3）实现各产品转发平面与 VRP 控制平面之间的交互。

（4）屏蔽各产品链路层对于网络层的差异。

2. 文件系统

文件系统是指对存储器中文件、目录的管理，功能包括查看、创建、重命名和删除目录，复制、移动、重命名和删除文件等。

掌握文件系统的基本操作，对于网络工程师高效管理设备的配置文件和 VRP 系统文件至关重要。

配置文件是命令行的集合。用户将当前配置保存到配置文件中，以便设备重启后，这些配置能够继续生效。另外，通过配置文件，用户可以非常方便地查阅配置信息，也可以将配置文件上传到别的设备，来实现设备的批量配置。

补丁是一种与设备系统软件兼容的软件，用于解决设备系统软件少量且急需解决的问题。在设备的运行过程中，有时需要对设备系统软件进行一些适应性和排错性的修改，如改正系统中存在的缺陷、优化某功能以适应业务需求等。

文件的管理方式包括以下两种：

（1）通过 Console 或 telnet 等直接登录系统管理。

（2）通过 FTP、TFTP 或 SFTP 登录设备进行管理。

3. VRP 命令行

命令行界面分成若干种命令行视图，使用某个命令行时，需要先进入该命令行所在的视图。最常用的命令行视图有用户视图、系统视图和接口视图，三者之间既有联系，又有一定的区别。

1）用户视图

进入命令行界面后，首先进入的就是用户视图。提示符“<Huawei>”中，“< >”表示用户视图，“Huawei”是设备默认的主机名，当然也有别的主机名。在用户视图下，用户可以了解设备的基础信息、查询设备状态，但不能进行与业务功能相关的配置。如果需要对设备进行业务功能配置，则需要进入系统视图。

2）系统视图

在用户视图下使用 system-view 命令，便可以进入系统视图，此时的提示符中使用了方括号“[]”。系统视图下可以使用绝大部分基础功能配置命令。另外，系统视图还提供了进入其他视图的入口；若希望进入其他视图，必须先进入系统视图。

3）接口视图

如果要对设备的具体接口进行业务或参数配置，则需要进入接口视图。进入接口视图后，主机名后追加了接口类型和接口编号的信息。

5.2.2 CLI 界面的使用方法

1. 设备初始化

设备上电后，首先运行 BootROM 软件，初始化硬件并显示设备的硬件参数，然后运行系统软件，最后从默认存储路径中读取配置文件进行设备的初始化操作。开机界面提供了系统启动的运行程序和正在运行的 VRP 版本及其加载路径等信息。

2. 设备管理

用户对设备的常见管理方式主要有命令行方式和 Web 网管方式两种。用户需要通过相应的方式登录设备后才能对设备进行管理。

Web 网管方式通过图形化的操作界面，实现对设备直观方便的管理与维护，但是此方式仅可实现对设备部分功能的管理与维护。Web 网管方式可以通过 HTTP 和 HTTPS 方式登录设备。

命令行方式需要用户使用设备提供的命令行对设备进行管理与维护，此方式可实现对设备的精细化管理，但是要求用户熟悉命令行。命令行方式可以通过 Console 口、Telnet 或 SSH 方式登录设备。

3. 用户界面

用户通过命令行方式登录设备时，系统会分配一个用户界面用来管理、监控设备和用户间的当前会话。设备系统支持的用户界面有 Console 用户界面和虚拟类型终端（Virtual Type Terminal，VTY）用户界面。

Console 用户界面用来管理和监控通过 Console 口登录的用户。用户终端的串行口可以与设备 Console 口直接连接，实现对设备的本地访问。

VTY 用户界面用来管理和监控通过 VTY 方式登录的用户。用户通过终端与设备建立 Telnet 或 STelnet 连接后，即建立了一条 VTY 通道，通过 VTY 通道实现对设备的远程访问。

4. 用户级别

VRP 提供基本的权限控制，可以实现不同级别的用户能够执行不同级别的命令，用于限制不同用户对设备的操作。

为了限制不同用户对设备的访问权限，系统对用户也进行了分级管理。用户级别与命令级别对应，不同级别的用户登录后，只能使用等于或低于自己级别的命令。默认情况下，命令级别按 0～3 级进行注册，用户级别按 0～15 级进行注册。用户权限级别与命令级别的对应关系如表 5-3 所示。

表 5-3　用户权限级别与命令级别的对应关系

用户等级	命令等级	名　称	说　明
0	0	参观级	可使用网络诊断工具命令（ping、tracert），从本设备出发访问外部设备的命令、部分 display 命令
1	0 and 1	监控级	用于系统维护，可使用 display 等命令
2	0,1 and 2	配置级	可使用业务配置命令，包括路由、各个网络层次的命令。向用户提供直接网络服务
3～15	0,1,2 and 3	管理级	可使用用于系统基本运行的命令，对业务提供支撑作用，包括文件系统、FTP/TFTP 下载，命令级别设置命令及用于业务故障诊断的 debugging 命令等

5. 命令行的使用

1）进入命令视图

用户进入 VRP 后，如果出现<Huawei>，并有光标在“>”右边闪动，则表明用户已成功进入用户视图。用户视图如图 5-2 所示。

图 5-2　用户视图

进入用户视图后，可以通过命令了解设备的基础信息、查询设备状态等。如果需要对 GigabitEthernet 0/0/0 接口进行配置，则需先使用 system-view 命令进入系统视图，切换系统视图、修改设备名称，如图 5-3 所示，再使用 interface interface-type interface-number 命令进入相应的接口视图。进入接口配置如图 5-4 所示（支持 Tab 键补签）。

```
<Huawei>system-view
Enter system view, return user view with Ctrl+Z.
[Huawei]sys
[Huawei]sysname R2
```

图 5-3　切换系统视图、修改设备名称

```
[R2]interface g0/0/0
[R2-GigabitEthernet0/0/0]
```

图 5-4　进入接口配置

2）退出命令视图

quit 命令的功能是从任何一个视图退出到上一层视图。退出命令视图如图 5-5 所示。例如，接口视图是从系统视图进入的，所以系统视图是接口视图的上一层视图。

```
[R2]interface GigabitEthernet0/0/0
[R2-GigabitEthernet0/0/0]quit
[R2]quit
<R2>
```

图 5-5　退出命令视图

3）保存命令配置

save 命令的功能是保存命令配置，如图 5-6 所示。

```
<R2>save
The current configuration will be written to the device.
Are you sure to continue?[Y/N]y
Info: Please input the file name ( *.cfg, *.zip ) [vrpcfg.zip]:
Dec  9 2021 15:26:55-08:00 R2 %%01CFM/4/SAVE(1)[0]:The user chose Y when decid
g whether to save the configuration to the device.
Now saving the current configuration to the slot 17.
Save the configuration successfully.
```

图 5-6　保存命令配置

5.2.3　常见的基本命令

1. 常见文件系统操作命令

VRP 基于文件系统来管理设备上的文件和目录。

（1）在管理文件和目录时，经常会使用一些基本命令来查询文件或目录的信息，常用的命令包括 pwd，dir [/all] [filename | directory]和 more [/binary] filename [offset] [all]。命令格式及其对应用法如表 5-4 所示。

表5-4 命令格式及其对应用法

命令格式	对应用法
pwd	用来显示当前工作目录
dir [/all] [filename | directory]	用来查看当前目录下的文件信息
more [/binary] filename [offset] [all]	用来查看文本文件的具体内容

（2）目录操作常用的命令包括 cd directory，mkdir directory 和 rmdir directory 等，命令格式及其对应用法见表5-5。

表5-5 命令格式及其对应用法

命令格式	对应用法
cd directory	用于修改用户当前的工作目录
mkdir directory	用于创建一个新的目录。目录名称可以包含1～64个字符
rmdir directory	用于删除文件系统中的目录，此处需要注意的是，只有空目录才能被删除
copy source-filename destination-filename	用于复制文件，如果目标文件已存在，系统会提示此文件将被替换。目标文件名不能与系统启动文件同名，否则系统将会出现错误提示
move source-filename destination-filename	用于将文件移动到其他目录下。move 命令只适用于在同一存储设备中移动文件
rename old-name new-name	用于对目录或文件进行重命名
delete [/unreserved][/force] {filename|devicename}	用于删除文件，不带 unreserved 参数的情况下，被删除的文件将直接被移动到回收站。回收站中的文件也可以通过执行 undelete 命令进行恢复，如果执行 delete 命令时指定了 unreserved 参数，则文件将被永久删除。在删除文件时，系统会提示“是否确定删除文件”，如果命令中指定了/force 参数，系统将不会给出任何提示信息。filename 参数指的是需要删除的文件名称，devicename 参数指定了存储设备的名称
reset recycle-bin [filename|devicename]	用于永久删除回收站中的文件，filename 参数指定了需要永久删除的文件名称，devicename 参数指定了存储设备的名称

2. 基本配置命令

1）配置设备系统时钟

华为设备出厂时默认采用了协调世界时（UTC），但没有配置时区，所以在配置设备系统时钟前，需要了解设备所在的时区。设置时区的命令行为 clock timezone time-zone-name {add|minus} offset。其中，time-zone-name 为用户定义的时区名，用于标识配置的时区；根据偏移方向选择 add 和 minus，正向偏移（UTC 时间加上偏移量为当地时间）选择 add，负向偏移（UTC 时间减去偏移量为当地时间）选择 minus；offset 为偏移时间。假设设备位于北京时区，则相应的配置应该是：

```
clock timezone BJ add 08:00
```

设置好时区后，就可以设置设备当前的日期和时间了。华为设备仅支持24小时制，使用的命令行为 clock datetime HH：MM：SS YYYY-MM-DD。其中，HH：MM：SS 为设置的时间；YYYY-MM-DD 为设置的日期。假设当前的日期为2022年1月8日，时间是凌晨02：06：00，则相应的配置应该是：

```
clock datetime 02:06:00 2022-1-8
```

2）配置设备 IP 地址

用户可以通过不同的方式登录设备命令行界面，包括 Console 口登录、MiniUSB 口登录及 Telnet 登录。首次登录新设备时，由于新设备为空配置设备，所以只能通过 Console 口或 MiniUSB 口登录。首次登录新设备后，可以给设备配置一个 IP 地址，然后开启 Telnet 功能。

要想在接口运行 IP 服务，必须为接口配置一个 IP 地址。一个接口一般只需要一个 IP 地址，如果接口配置了新的主 IP 地址，那么新的主 IP 地址就替代了原来的主 IP 地址。

用户可以利用 ip address ip-address { mask | mask-length }命令为接口配置 IP 地址，配置 IP 地址命令示例如图 5-7 所示。这个命令格式中，mask 代表子网掩码，如 255.255.255.0；mask-length 代表掩码长度，如 24。这两者任取其一即可。

```
[R2]int g0/0/0
[R2-GigabitEthernet0/0/0]ip address 192.168.1.1 24
[R2-GigabitEthernet0/0/0]
```

图 5-7　配置 IP 地址命令示例

LoopBack 口是一个逻辑接口，可用来虚拟一个网络或一个 IP 主机，配置 LoopBack 口地址如图 5-8 所示，在运行多种协议时，由于 LoopBack 口稳定可靠，所以也可以用来做管理接口。

图 5-8　配置 LoopBack 口地址

在给物理接口配置 IP 地址时，需要关注该接口的物理状态。默认情况下，华为路由器和交换机的接口状态为 UP；如果该接口曾被手动关闭，则在配置完 IP 地址后，应使用 undo shutdown 命令打开该接口。

① reset saved-configuration 命令用来清除配置文件或配置文件中的内容。执行该命令后，如果不使用 startup saved-configuration 命令重新指定设备下次启动时使用的配置文件，也不使用 save 命令保存当前配置，则设备下次启动时会采用默认的配置参数进行初始化。

② display startup 命令用来查看设备本次及下次启动时相关的系统软件、备份系统软件、配置文件、License 文件、补丁文件及语音文件。

③ startup saved-configuration configuration-file 命令用来指定系统下次启动时使用的配置文件，configuration-file 参数为系统启动配置文件的名称。

④ reboot 命令用来重启设备，重启前提示用户是否保存配置。

3. 举例

（1）查看路由器 RTA 当前目录下的文件和目录信息，创建一个新目录 test，然后删除该目录。

```
<Huawei>pwd
flash:
<Huawei>dir
Directory of flash:/
  Idx  Attr     Size(Byte)  Date         Time(LMT)  FileName
    0  drw-         -     Dec 27 2019  02:54:09   dhcp
    1  -rw-       121,802  May 26 2014 09:20:58   portalpage.zip
    2  -rw-       2,263    Dec 27 2019  02:53:59   statemach.efs
    3  -rw-       828,482  May 26 2014 09:20:58   sslvpn.zip
1,090,732 KB total (784,464 KB free)
<Huawei>mkdir test
<Huawei>dir
Directory of flash:/
  Idx  Attr     Size(Byte)  Date         Time(LMT)  FileName
    0  drw-     -  Dec 27 2019 02:54:39     test
    1  drw-     -  Dec 27 2019 02:54:09     dhcp
    2  -rw-     121,802   May 26 2014 09:20:58   portalpage.zip
    3  -rw-     2,263 Dec 27 2019 02:53:59     statemach.efs
```

```
    4  -rw-       828,482   May 26 2014 09:20:58    sslvpn.zip
1,090,732 KB total (784,460 KB free)
<Huawei>rmdir tes
```

（2）需求说明。

① 将文件 huawei.txt 重命名为 save.zip。

```
<Huawei>rename huawei.txt save.zip
<Huawei>dir
Directory of flash:/
Idx  Attr     Size(Byte)    Date         Time(LMT)     FileName
    0  drw-              -     Mar 04 2020 04:39:52    dhcp
    1  -rw-        121,802  May 26 2014 09:20:58   portalpage.zip
    2  -rw-        828,482  Mar 04 2020 04:51:45   save.zip
    3  -rw-          2,263   Mar 04 2020 04:39:45   statemach.efs
    4  -rw-        828,482  May 26 2014 09:20:58   sslvpn.zip
1,090,732 KB total (784,464 KB free)
```

② 将文件 save.zip 复制并命名为 file.txt。

```
<Huawei>copy save.zip file.txt
<Huawei>dir
Directory of flash:/
Idx  Attr     Size(Byte)     Date         Time(LMT)    FileName
    0  drw-              -      Mar 04 2020 04:39:52   dhcp
    1  -rw-        121,802  May 26 2014 09:20:58   portalpage.zip
    2  -rw-        828,482  Mar 04 2020 04:51:45   save.zip
    3  -rw-          2,263   Mar 04 2020 04:39:45   statemach.efs
    4  -rw-        828,482  May 26 2014 09:20:58   sslvpn.zip
    5  -rw-        828,482  Mar 04 2020 04:56:05   file.txt
1,090,732 KB total (784,340 KB free)
```

③ 将文件 file.txt 移动到 dhcp 目录下。

```
<Huawei>move file.txt flash:/dhcp/
<Huawei>cd dhcp
<Huawei>dir
Directory of flash:/dhcp/
  Idx  Attr     Size(Byte)  Date         Time(LMT)     FileName
    0  -rw-         98        Dec 27 2019 02:54:09    dhcp-duid.txt
    1  -rw-       121,802  Dec 27 2019 03:13:50    file.txt
1,090,732 KB total (784,344 KB free)
```

④ 删除文件 file.txt。

```
<Huawei>delete file.txt
<Huawei>dir
Directory of flash:/dhcp/
  Idx  Attr     Size(Byte)  Date         Time(LMT)     FileName
    0  -rw-            98  Dec 27 2019 02:54:09       dhcp-duid.txt
1,090,732 KB total (784,340 KB free)
```

⑤ 恢复删除文件 file.txt。

```
<Huawei>undelete file.txt
<Huawei>dir
Directory of flash:/dhcp/
  Idx  Attr     Size(Byte)  Date         Time(LMT)    FileName
```

```
   0  -rw-         98      Dec 27 2019 02:54:09   dhcp-duid.txt
   1  -rw-        121,802  Dec 27 2019 03:13:50   file.txt
1,090,732 KB total (784,340 KB free)
```

（3）设备基础命令。

① 查看设备版本信息。

```
<Huawei>display version
Huawei Versatile Routing Platform Software
VRP (R) software, Version 5.160 (AR651C V300R019C00SPC100)
Copyright (C) 2011-2016 HUAWEI TECH CO., LTD
Huawei AR651C Router uptime is 0 week, 0 day, 0 hour, 53 minutes
BKP 0 version information:
1. PCB      Version  : AR01BAK2C VER.B
2. If Supporting PoE : No
3. Board    Type     : AR651C
4. MPU Slot Quantity : 1
5. LPU Slot Quantity : 1
```

② 修改 Router 的名字为 Datacom-Router。

```
<Huawei>system-view
Enter system view, return user view with Ctrl+Z.
[Huawei]
此时设备已经从用户视图进入系统视图。
[Huawei]sysname Datacom-Router
[Datacom-Router]
此时设备名称已经修改为Datacom-Router。
```

③ 进入接口。

```
[Datacom-Router]inter                          # 按下Tab键补全命令
[Datacom-Router]interface                      #“interface”是唯一可选的关键字
[Datacom-Router]interface g                    # 按下Tab键补全命令
[Datacom-Router]interface GigabitEthernet
                                               #“GigabitEthernet”是唯一可选的关键字
[Datacom-Router]interface GigabitEthernet 0/0/1       # 手动补全命令
[Datacom-Router-GigabitEthernet0/0/1]
此时已经进入接口GigabitEthernet0/0/1的视图。
[Datacom-Router-GigabitEthernet0/0/1]i?
  icmp   <Group> icmp command group
  igmp   Specify parameters for IGMP
  ip     <Group> ip command group
  ipsec  Specify IPSec(IP Security) configuration information
  ipv6   <Group> ipv6 command group
  isis   Configure interface parameters for ISIS
```

④ 配置接口 IP 地址。

```
[Datacom-Router-GigabitEthernet0/0/1]ip address 192.168.1.1 24
[Datacom-Router-GigabitEthernet0/0/1]display  this
#
interface GigabitEthernet0/0/1
 ip address 192.168.1.1 255.255.255.0
```

⑤ 查看设备当前配置。

```
[Datacom-Router]display current-configuration
```

```
[V200R003C00]
#
 sysname Datacom-Router
#
 snmp-agent local-engineid 800007DB03000000000000
 snmp-agent
#
 clock timezone China-Standard-Time minus 08:00:00
#
portal local-server load portalpage.zip
#
 drop illegal-mac alarm
#
 set cpu-usage threshold 80 restore 75
#
aaa
 authentication-scheme default
 authorization-scheme default
 accounting-scheme default
 domain default
 domain default_admin
 local-user admin password cipher %$%$K8m.Nt84DZ}e#<0`8bmE3Uw}%$%$
 local-user admin service-type http
```

⑥ 保存设备当前配置，返回用户视图。

```
<Datacom-Router>save
  The current configuration will be written to the device.
  Are you sure to continue? (y/n)[n]:y              #需要输入y来确认继续
  It will take several minutes to save configuration file, please wait...
  Configuration file had been saved successfully
  Note: The configuration file will take effect after being activated
  当前配置已经成功保存!
```

⑦ 查看当前目录下的文件列表。

```
<Datacom-Router>dir
Directory of flash:/

  Idx  Attr   Size(Byte)     Date      Time(LMT)  FileName
    0  -rw-  126,538,240  Jul 04 2016 17:57:22   ar651c-v300r019c00Sspc100.cc
    1  -rw-       22,622  Feb 20 2020 10:35:18   mon_file.txt
    2  -rw-          737  Feb 20 2020 10:38:36   vrpcfg.zip
    3  drw-            -  Jul 04 2016 18:51:04   CPM_ENCRYPTED_FOLDER
    4  -rw-          783  Jul 10 2018 14:46:16   default_local.cer
    5  -rw-            0  Sep 11 2017 00:00:54   brdxpon_snmp_cfg.efs
    6  drw-            -  Sep 11 2017 00:01:22   update
    7  drw-            -  Sep 11 2017 00:01:48   shelldir
    8  drw-            -  Sep 21 2019 17:14:24   localuser
    9  drw-            -  Sep 15 2017 04:35:52   dhcp
   10  -rw-          509  Feb 20 2020 10:38:40   private-data.txt
   11  -rw-        2,686  Dec 19 2019 15:05:18   mon_lpu_file.txt
   12  -rw-        3,072  Dec 18 2019 18:15:54   Boot_LogFile
```

⑧ 清空配置文件。

```
<Datacom-Router>reset saved-configuration
This will delete the configuration in the flash memory.
The device configurations will be erased to reconfigure.
Are you sure? (y/n)[n]:y                    #需要输入y来确认继续
 Clear the configuration in the device successfully.
```

⑨ 重启设备。

```
<Datacom-Router>reboot
Info: The system is comparing the configuration, please wait.
System will reboot! Continue ? [y/n]:y       #需要输入y来确认继续
Info: system is rebooting ,please wait.
系统开始重启。
<Datacom-Router>
```

设备重启完成。

5.3　静态路由配置

5.3.1　IPv4 静态路由配置

IPv4 静态路由配置拓扑如图 5-9 所示。实验要求两台主机 PC1 和 PC2 之间通过两台路由器 R1、R2 实现数据通信。

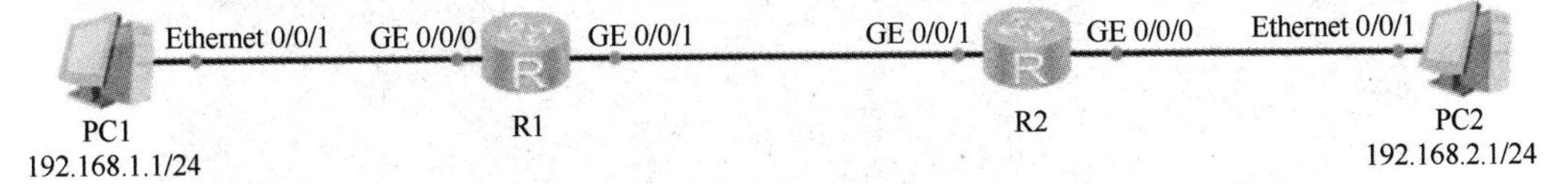

图 5-9　IPv4 静态路由配置拓扑

配置思路和命令如下：

（1）完成两台主机 PC1 和 PC2 的基本配置，配置 IP 地址、子网掩码和网关等网络参数。PC1 基本配置和 PC2 基本配置分别如图 5-10 和图 5-11 所示。

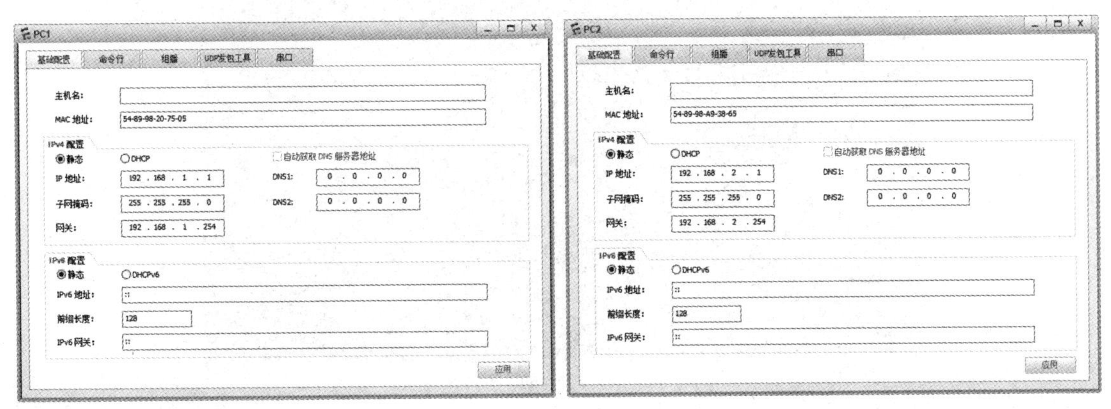

图 5-10　PC1 基本配置　　图 5-11　PC2 基本配置

（2）完成两台路由器接口 IP 地址参数的配置。

```
[R1]interface g0/0/0
[R1-GigabitEthernet0/0/0]ip address 192.168.1.254 255.255.255.0
[R1-GigabitEthernet0/0/0]quit
```

```
[R1]interface g0/0/1
[R1-GigabitEthernet0/0/1]ip address 12.1.1.1  255.255.255.0
[R2]interface g0/0/0
[R2-GigabitEthernet0/0/0]ip address 192.168.2.254 255.255.255.0
[R2-GigabitEthernet0/0/0]quit
[R2]interface g0/0/1
[R2-GigabitEthernet0/0/1]ip address 12.1.1.2  255.255.255.0
```

（3）分别在两台路由器上手动添加静态路由信息。

```
[R1] ip route-static 192.168.2.0 255.255.255.0 GigabitEthernet0/0/1
12.1.1.2
[R2]ip route-static 192.168.1.0 255.255.255.0 GigabitEthernet0/0/1
12.1.1.1
```

（4）验证。

分别在两台路由器上查看 IP 路由表，观察是否存在到达目的网段的路由信息。R1 路由器 IP 路由表和 R2 路由器 IP 路由表分别如图 5-12 和图 5-13 所示。

```
[R1]display ip routing-table
Route Flags: R - relay, D - download to fib
------------------------------------------------------------------------------
Routing Tables: Public
         Destinations : 7        Routes : 7

Destination/Mask    Proto   Pre  Cost      Flags NextHop         Interface

      12.1.1.0/24  Direct  0    0           D   12.1.1.1        GigabitEthernet
0/0/1
      12.1.1.1/32  Direct  0    0           D   127.0.0.1       GigabitEthernet
0/0/1
     127.0.0.0/8   Direct  0    0           D   127.0.0.1       InLoopBack0
     127.0.0.1/32  Direct  0    0           D   127.0.0.1       InLoopBack0
   192.168.1.0/24  Direct  0    0           D   192.168.1.254   GigabitEthernet
0/0/0
 192.168.1.254/32  Direct  0    0           D   127.0.0.1       GigabitEthernet
0/0/0
   192.168.2.0/24  Static  60   0           D   12.1.1.2        GigabitEthernet
0/0/1
```

图 5-12 R1 路由器 IP 路由表

```
[R2]display ip routing-table
Route Flags: R - relay, D - download to fib
------------------------------------------------------------------------------
Routing Tables: Public
         Destinations : 7        Routes : 7

Destination/Mask    Proto   Pre  Cost      Flags NextHop         Interface

      12.1.1.0/24  Direct  0    0           D   12.1.1.2        GigabitEthern
0/0/1
      12.1.1.2/32  Direct  0    0           D   127.0.0.1       GigabitEthern
0/0/1
     127.0.0.0/8   Direct  0    0           D   127.0.0.1       InLoopBack0
     127.0.0.1/32  Direct  0    0           D   127.0.0.1       InLoopBack0
   192.168.1.0/24  Static  60   0           D   12.1.1.1        GigabitEthern
0/0/1
   192.168.2.0/24  Direct  0    0           D   192.168.2.254   GigabitEthern
0/0/0
 192.168.2.254/32  Direct  0    0           D   127.0.0.1       GigabitEthern
0/0/0
```

图 5-13 R2 路由器 IP 路由表

使用 ping 命令测试，在 PC1 上 ping PC2 的 IP 地址，查看是否互通，通过测试，可以看出两台主机已实现互通。PC1 与 PC2 ping 测试如图 5-14 所示。

```
PC1
基础配置 命令行 组播 UDP发包工具 串口
Welcome to use PC Simulator!

PC>ping 192.168.2.1

Ping 192.168.2.1: 32 data bytes, Press Ctrl_C to break
From 192.168.2.1: bytes=32 seq=1 ttl=126 time=140 ms
From 192.168.2.1: bytes=32 seq=2 ttl=126 time=79 ms

--- 192.168.2.1 ping statistics ---
  2 packet(s) transmitted
  2 packet(s) received
  0.00% packet loss
  round-trip min/avg/max = 79/109/140 ms
```

图 5-14　PC1 与 PC2 ping 测试

5.3.2　IPv6 静态路由配置

IPv6 静态路由配置拓扑如图 5-15 所示。现有两台路由器，分别是 R1 和 R2，共包含三个网段，设备的 IP 地址和 PC 的 IP 地址均已标识在图中。通过静态路由实现 PC1 和 PC2 互通。

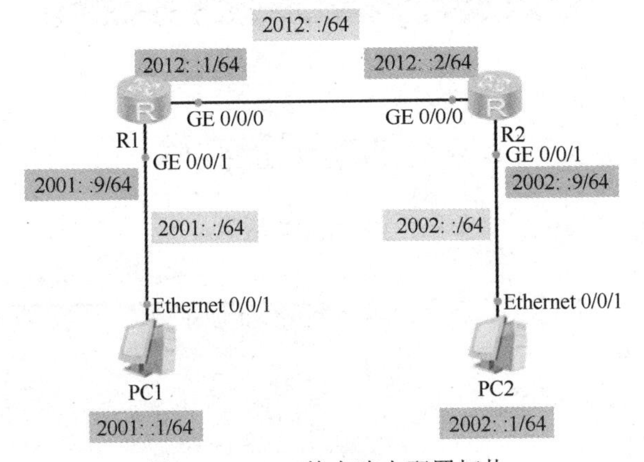

图 5-15　IPv6 静态路由配置拓扑

步骤 1：R1 和 R2 的接口 IPv6 地址配置。

R1：

```
[R1]ipv6
[R1]interface GigabitEthernet 0/0/1
[R1-GigabitEthernet0/0/1]ipv6 enable
[R1-GigabitEthernet0/0/1]ipv6 address 2001::9/64
[R1-GigabitEthernet0/0/1]quit
[R1]interface GigabitEthernet 0/0/0
[R1-GigabitEthernet0/0/0]ipv6 enable
[R1-GigabitEthernet0/0/0]ipv6 address 2012::1/64
[R1-GigabitEthernet0/0/0]quit
```

R2：

```
[R2]ipv6
[R2]interface GigabitEthernet 0/0/1
[R2-GigabitEthernet0/0/1]ipv6 enable
[R2-GigabitEthernet0/0/1]ipv6 address 2002::9/64
[R2-GigabitEthernet0/0/1]quit
[R2]interface GigabitEthernet 0/0/0
[R2-GigabitEthernet0/0/0]ipv6 enable
[R2-GigabitEthernet0/0/0]ipv6 address 2012::2/64
```

```
[R2-GigabitEthernet0/0/0]quit
```

步骤 2：R1 和 R2 各配置一条静态路由。

R1：

```
[R1]ipv6 route-static 2002:: 64 2012::2
```

R2：

```
[R2]ipv6 route-static 2001:: 64 2012::1
```

步骤 3：结果验证如图 5-16 所示，在 PC1 上 ping PC2，发现可以通信。

```
PC>ping 2002::1 -6

Ping 2002::1: 32 data bytes, Press Ctrl_C to break
From 2002::1: bytes=32 seq=1 hop limit=253 time=16 ms
From 2002::1: bytes=32 seq=2 hop limit=253 time=15 ms
From 2002::1: bytes=32 seq=3 hop limit=253 time=32 ms
From 2002::1: bytes=32 seq=4 hop limit=253 time=15 ms
From 2002::1: bytes=32 seq=5 hop limit=253 time=16 ms

--- 2002::1 ping statistics ---
  5 packet(s) transmitted
  5 packet(s) received
  0.00% packet loss
  round-trip min/avg/max = 15/18/32 ms
```

图 5-16 结果验证

5.4 基本配置实验

通过静态路由完成 PC 通信，实验拓扑如图 5-17 所示。

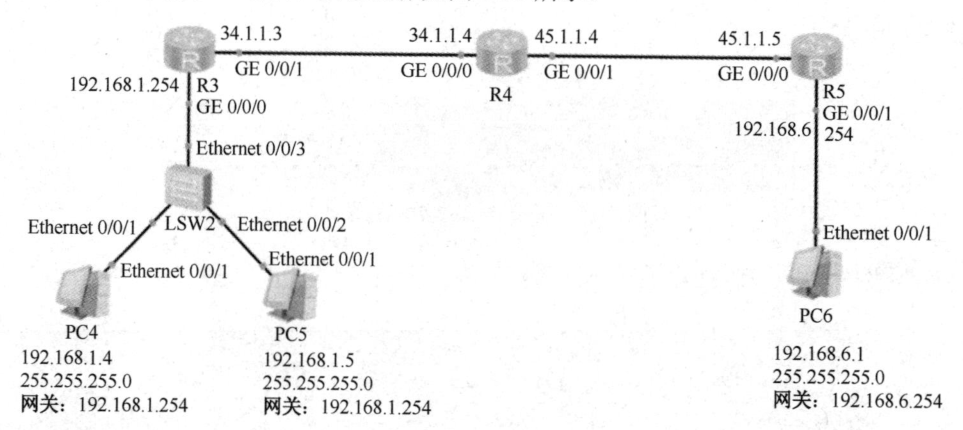

图 5-17 实验拓扑

（1）完成基础 IP 配置。

```
[R3]interface g0/0/0
[R3-GigabitEthernet0/0/0]ip address 192.168.1.254 24
[R3-GigabitEthernet0/0/0]quit
[R3]interface g0/0/1
[R3-GigabitEthernet0/0/1]ip address 34.1.1.3 24
[R4]interface g0/0/0
[R4-GigabitEthernet0/0/0]ip address 34.1.1.4 24
[R4-GigabitEthernet0/0/0]quit
[R4]interface g0/0/1
[R4-GigabitEthernet0/0/1]ip address 45.1.1.4 24
[R5]interface g0/0/0
[R5-GigabitEthernet0/0/0]ip address 45.1.1.5 24
```

```
[R5-GigabitEthernet0/0/0]quit
[R5]interface g0/0/1
[R5-GigabitEthernet0/0/1]ip address 192.168.6.254 24
```

（2）完成静态路由配置。

```
[R3]ip route-static 192.168.6.0 24 g0/0/1 34.1.1.4
[R4]ip route-static 192.168.6.0 24 g0/0/1 45.1.1.5
[R4]ip route-static 192.168.1.0 24 g0/0/0 34.1.1.3
[R5]ip route-static 192.168.1.0 24 g0/0/0 45.1.1.4
```

配置完成之后，所有 PC 可以相互通信，测试结果如图 5-18 所示。

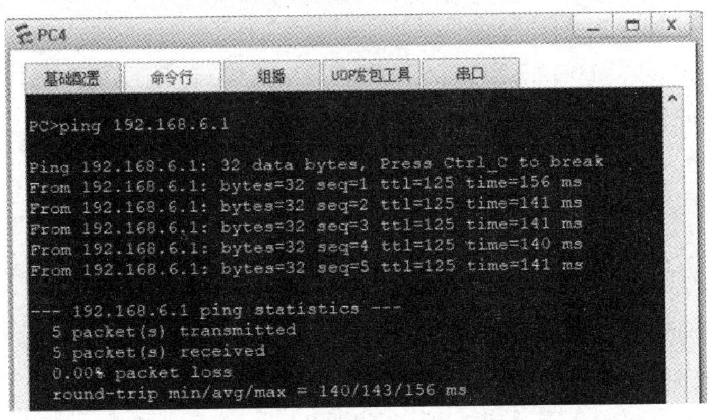

（a）

PC5

基础配置　命令行　组播　UDP发包工具　串口

```
PC>ping 192.168.6.1

Ping 192.168.6.1: 32 data bytes, Press Ctrl_C to break
From 192.168.6.1: bytes=32 seq=1 ttl=125 time=110 ms
From 192.168.6.1: bytes=32 seq=2 ttl=125 time=125 ms
From 192.168.6.1: bytes=32 seq=3 ttl=125 time=156 ms
From 192.168.6.1: bytes=32 seq=4 ttl=125 time=109 ms
Request timeout!

--- 192.168.6.1 ping statistics ---
  5 packet(s) transmitted
  4 packet(s) received
  20.00% packet loss
  round-trip min/avg/max = 109/125/156 ms
```

（b）

PC6

基础配置　命令行　组播　UDP发包工具　串口

```
PC>ping 192.168.1.5

Ping 192.168.1.5: 32 data bytes, Press Ctrl_C to break
From 192.168.1.5: bytes=32 seq=1 ttl=125 time=110 ms
From 192.168.1.5: bytes=32 seq=2 ttl=125 time=125 ms
From 192.168.1.5: bytes=32 seq=3 ttl=125 time=110 ms
From 192.168.1.5: bytes=32 seq=4 ttl=125 time=172 ms
From 192.168.1.5: bytes=32 seq=5 ttl=125 time=109 ms

--- 192.168.1.5 ping statistics ---
  5 packet(s) transmitted
  5 packet(s) received
  0.00% packet loss
  round-trip min/avg/max = 109/125/172 ms
```

（c）

图 5-18　测试结果

习　　题

一、选择题

1．以下关于静态路由说法错误的是（　　）。

A．通过网络管理员手动配置

B．路由器之间需要交互路由信息

C．路由器之间不能自动适应网络拓扑变化需要

D．对系统性能要求低

2．关于 ip route-static 10.0.12.0 255.255.255.0 192.168.1.1 命令，描述正确的是（　　）。

A．该路由的优先级为 100

B．此命令配置了一条到达 192.168.1.1 的路由

C．此命令配置了一条到达 10.0.12.0 的路由

D．如果路由器通过其他路由协议学习到和此路由相同目的网络的路由，则路由器将会优先选择此路由

3．以下关于直连路由的说法正确的是（　　）。

A．直连路由的优先级低于动态路由

B．直连路由需要管理员手动配置目的网络和下一跳地址

C．直连路由的优先级最高

D．直连路由的优先级低于静态路由

4．在华为路由器中，默认情况下，静态路由的优先级是（　　）。

A．60　　B．100　　C．120　　D．0

5．VRP 中 ping 命令的-i 参数用来设置（　　）。

A．发送 echo request 报文的接口

B．发送 echo request 报文的源 IP 地址

C．发送 echo replay 报文的接口

D．发送 echo replay 报文的目的 IP 地址

二、简答题

1．静态路由的应用形式有哪些？

2．什么是浮动静态路由？

第 6 章　OSPF 协议

静态路由适合中小型结构简单的网络，管理员手动配置静态路由信息。当网络拓扑发生变化时，静态路由无法自动适应网络拓扑的变化，需要手动调整。动态路由协议通过路由设备相互交换路由信息，获取全网路由信息，灵活性高、可靠性好、易于扩展，能自动适应网络拓扑结构的变化。OSPF 的全称为开放式最短路径优先，是一种基于链路状态算法的动态路由协议，使用场景非常广泛。

本章导读：

- OSPF 协议的特点
- OSPF 协议的工作原理
- OSPF 认证
- OSPF 协议配置

6.1　OSPF 协议概述

6.1.1　OSPF 协议的特点

OSPF 协议的特点如下：

（1）OSPF 协议支持划分多区域，这种设计使得 OSPF 协议支持的网络规模更大。

（2）OSPF 支持使用 SPF 算法，保证了无路由环路。

（3）OSPF 支持触发更新，能够快速检测并通告自治系统内的拓扑变化。

（4）OSPF 支持可变长子网掩码，支持手动路由汇总。

（5）OSPF 支持认证功能，路由器之间的报文可以先设置认证功能再进行传递和交换。

6.1.2　OSPF 区域

当网络上的路由器越来越多，路由信息流量急剧增加时，OSPF 可以将每个自治系统划分为多个区域，并限制每个区域的范围。划分 OSPF 区域可以缩小路由器的 LSDB（Link State DataBase，链路状态数据库）规模，减小网络流量。OSPF 这种划分区域的特点使得 OSPF 特别适用于大中型网络。

OSPF 路由器之间交互的是链路状态信息，而不是直接交互路由表。路由器之间通过 LSA（Link State Advertisement，链路状态通告）交互链路状态信息，并统一存储在 LSDB 中。同一个区域内的链路状态信息不会传递到其他区域，区域之间传递的是抽象的路由信息，而不是本区域内的链路状态信息。每个区域都会维护自己本区域的 LSDB。

OSPF 可以划分为 Area 0 骨干区域，Area 1、Area 2 等非骨干区域。为了避免路由环路，非骨干区域之间不允许直接相互发布路由信息，非骨干区域之间的通信必须连接到骨干区域。

运行在区域之间的路由器叫作 ABR（Area Boundary Router，区域边界路由器），它包含所有相连区域的 LSDB。ASBR（Autonomous System Boundary Router，自治系统边界路由器）是指和其他自治系统（AS）中的路由器交换路由信息的路由器，这种路由器会向整个 AS 通告 AS 外部路由信息。

6.1.3 Router ID

Router ID 是设备通过指定的动态路由协议进行路由交互过程中，唯一标识自身的 32 位整数。管理员可以为每台运行 OSPF 的路由器手动配置一个 Router ID。如果未手动指定，设备会按照以下规则自动选举 Router ID：如果设备存在多个逻辑接口地址，则路由器使用逻辑接口中最大的 IP 地址作为 Router ID；如果没有配置逻辑接口，则路由器使用物理接口的最大 IP 地址作为 Router ID。

6.1.4 度量值

OSPF 基于接口带宽计算开销，计算公式为：

接口开销=带宽参考值÷带宽

带宽参考值可配置，默认为 100Mbps。可以通过 bandwidth-reference 命令来调整带宽参考值，从而改变接口开销，带宽参考值越大，接口开销越准确。配置带宽参考值时，需要在整个 OSPF 网络中统一进行调整。另外，还可以通过 ospf cost 命令来手动为一个接口调整开销，开销值范围是 1～65535，默认值为 1。

6.1.5 OSPF 协议报文类型

OSPF 协议有 5 种报文类型，每种类型都使用相同的 OSPF 报文头。OSPF 协议报文类型及作用如表 6-1 所示。

表 6-1 OSPF 协议报文类型及作用

报文类型	作　用
Hello 报文	用于发现、建立和维护邻居关系，并在广播多路访问和非广播多路访问类型的网络中选举指定路由器和备份指定路由器
DD 报文	两台路由器进行 LSDB 数据库同步时，用 DD 报文来描述自己的 LSDB。DD 报文的内容包括 LSDB 中每一条 LSA 的头部，LSA 头部只占一条 LSA 整个数据量的一小部分，这样就可以减小路由器之间的协议报文流量
LSR 报文	两台路由器互相交换过 DD 报文之后，知道邻居路由器有哪些 LSA 是本地 LSDB 所缺少的，这时需要发送 LSR 报文向对方请求缺少的 LSA，LSR 报文只包含所需要的 LSA 的摘要信息
LSU 报文	用来向对端路由器发送所需要的 LSA
LSACK 报文	用来对接收到的 LSU 报文进行确认

6.1.6 邻居状态机

邻居状态机如表 6-2 所示。

表 6-2 邻居状态机

邻居状态机	过程状态
Down	邻居的初始状态
Attempt	此状态只在 NBMA 网络上存在，表示没有收到邻居的任何信息，但是已经周期性地向邻居发送报文，发送间隔为 HelloInterval。如果 RouterDeadInterval 间隔内未收到邻居的 Hello 报文，则转为 Down 状态
Init	在此状态下，路由器已经从邻居收到 Hello 报文，但是自己的 router-id 不在 Hello 报文的邻居列表中
2-way	路由器之间建立邻居关系的标志，且双向通信已经建立
ExStart	该状态下路由器开始向邻居路由器发送 DD 报文。主从关系是在此状态下形成的，初始 DD 序列号也是在此状态下决定的。在此状态下发送的 DD 报文不包含链路状态描述
Exchange	此状态下路由器相互发送包含链路状态信息摘要的 DD 报文，描述本地 LSDB 的内容
Loading	路由器发送 LSR 报文请求缺少的 LSA，发送 LSU 报文通告 LSA
Full	路由器的 LSDB 已经同步

6.1.7　OSPF 网络类型

OSPF 网络类型及特点如表 6-3 所示，分别是点到点网络、NBMA（非广播多路访问）网络、点到多点网络和广播型网络。

表 6-3　OSPF 网络类型及特点

网 络 类 型	特　点
点到点网络	指把两台路由器直接相连的网络。一个运行 PPP 的 64K 串行线路就是一个点到点网络的例子
NBMA 网络	在 NBMA 网络上，OSPF 模拟在广播型网络上的操作，但是每个路由器的邻居需要手动配置。NBMA 方式要求网络中的路由器组成全连接
点到多点网络	将整个网络看成一组点到点网络。对于不能组成全连接的网络应当使用点到多点方式，如只使用 PVC 的不完全连接的帧中继网络
广播型网络	指支持两台以上路由器，并且具有广播能力的网络。一个含有 4 台路由器的以太网就是一个广播型网络的例子

6.1.8　DR 和 BDR

为什么要选举 DR 和 BDR?

DR 和 BDR 可以减少邻接关系的数量，从而减少链路状态信息及路由信息的交换次数，这样可以节省带宽，降低对路由器处理能力的压力。一个既不是 DR 也不是 BDR 的路由器只与 DR 和 BDR 形成邻接关系并交换链路状态信息及路由信息，这样就大大减少了大型广播型网络和 NBMA 网络中的邻接关系数量。当指定了 DR 后，所有的路由器都与 DR 建立起邻接关系，DR 成为该广播型网络上的中心点。BDR 在 DR 发生故障时接管业务，一个广播型网络上的所有路由器都必须同 BDR 建立邻接关系。

在邻居发现完成之后，路由器会根据网段类型进行 DR 选举。在广播型网络和 NBMA 网络上，路由器会根据参与选举的每个接口的优先级进行 DR 选举。优先级取值范围为 0～255，值越高越优先。默认情况下，接口优先级为 1。如果一个接口优先级为 0，那么该接口将不会参与 DR 或 BDR 的选举。如果优先级相同，则比较 Router ID，值越大越优先被选举为 DR。

为了给 DR 做备份，每个广播型网络和 NBMA 网络上还要选举一个 BDR。BDR 也会与网络上所有的路由器建立邻接关系。

为了维护网络上邻接关系的稳定性，如果网络中已经存在 DR 和 BDR，则新添加进该网络的路由器不会成为 DR 和 BDR，不管该路由器的 Router Priority 是否最大。如果当前 DR 发生故障，则当前 BDR 自动成为新的 DR，网络中重新选举 BDR；如果当前 BDR 发生故障，则 DR 不变，重新选举 BDR。这种选举机制的目的是保持邻接关系的稳定，使拓扑结构的改变对邻接关系的影响尽量小。

6.2　OSPF 协议的工作原理

与距离矢量路由协议不同，链路状态路由协议通告的是链路状态而不是路由表。运行链路状态路由协议的路由器之间首先会建立一个协议的邻居关系，然后彼此之间开始交互 LSA。

每台路由器都会产生 LSA，路由器将接收到的 LSA 放入自己的 LSDB。路由器通过 LSDB 掌握全网的拓扑。

每台路由器基于 LSDB，使用 SPF（Shortest Path First，最短路径优先）算法进行计算。每台路由器都计算出一棵以自己为根的、无环的、拥有最短路径的“树”。有了这棵“树”，路由器就已经知道到达网络各个角落的优选路径。

每台 OSPF 路由器了解整个网络的链路状态信息，这样才能计算出到达目的地的最优路径。OSPF 的收敛过程由链路状态公告（LSA）泛洪开始，LSA 中包含路由器已知的接口 IP 地址、掩码、开销和网络类型等信息。收到 LSA 的路由器都可以根据 LSA 提供的信息建立自己的 LSDB，并在 LSDB 的基础上使用 SPF 算法进行运算，建立起到达每个网络的最短路径树。最后，通过最短路径树得出到达目的网络的最优路由，并将其加入 IP 路由表中。

6.2.1　邻居关系建立过程

OSPF 路由器启动后，便会通过 OSPF 接口向外发送 Hello 报文用于发现邻居。收到 Hello 报文的 OSPF 路由器会检查报文中所定义的一些参数，如果双方的参数一致，就会彼此形成邻居关系，状态到达 2-way，即可称为建立了邻居关系。

OSPF 的邻居发现过程是基于 Hello 报文来实现的。Hello 报文中的重要字段如表 6-4 所示。

表 6-4　Hello 报文中的重要字段

Hello 报文头部字段	字 段 含 义
Network Mask	发送 Hello 报文的接口的网络掩码
Hello Interval	发送 Hello 报文的时间间隔，单位为秒
Options	标识发送此报文的 OSPF 路由器所支持的可选功能。具体的可选功能已超出这里的讨论范围
Router Priority	发送 Hello 报文的接口的 Router Priority，用于选举 DR 和 BDR
Router Dead Interval	失效时间。如果在此时间内未收到邻居发来的 Hello 报文，则认为邻居失效。单位为秒，通常为 4 倍 Hello Interval
Designated Router	发送 Hello 报文的路由器所选举出的 DR 的接口的 IP 地址。如果设置为 0.0.0.0，则表示未选举 DR
Backup Designated Router	发送 Hello 报文的路由器所选举出的 BDR 的接口的 IP 地址。如果设置为 0.0.0.0，表示未选举 BDR
Neighbor	邻居的 Router ID 列表，表示本路由器已经从这些邻居处收到了合法的 Hello 报文

如果路由器发现所接收的合法 Hello 报文的邻居列表中有自己的 Router ID，则认为已经和邻居建立了双向连接，表示邻居关系已经建立。

验证一个接收到的 Hello 报文是否合法包括：

如果接收端口的网络类型是广播型，点到多点或 NBMA，则所接收的 Hello 报文中 Network Mask 字段必须和接收端口的子网掩码一致，如果接收端口的网络类型为点到点类型或虚连接，则不检查 Network Mask 字段。

所接收的 Hello 报文中 Hello Interval 字段必须和接收端口的配置一致。

所接收的 Hello 报文中 Router Dead Interval 字段必须和接收端口的配置一致。

所接收的 Hello 报文中 Options 字段必须和邻居一致。

6.2.2　邻接关系建立过程

形成邻居关系的双方不一定都能形成邻接关系，要根据网络类型而定。只有当双方成功交换 DD 报文，并同步 LSDB 后，才形成真正意义上的邻接关系。

1. 选举主从路由器

OSPF 中 DD 主从关系的选举目的是进行数据库同步，传输 DD 报文时选举出 DD 报文序列号的初始产生方，以保证 DD 报文的有序传输，因为 OSPF 是基于 IP 协议的，而 IP 协议是一个不可靠协议。

2. 数据库同步

DD 报文包含 LSA 的头部信息，用来描述 LSDB 的摘要信息。

路由器在建立完成邻居关系之后，便开始进行数据库同步。具体过程如下：

邻居状态变为 ExStart 以后，RTA 向 RTB 发送第一个 DD 报文，在这个报文中，DD 序列号被设置为 X（假设），RTA 宣告自己为主路由器。

RTB 也向 RTA 发送第一个 DD 报文，在这个报文中，DD 序列号被设置为 Y（假设）。RTB 也宣告自己为主路由器。由于 RTB 的 Router ID 比 RTA 的大，所以 RTB 应当为真正的主路由器。

RTA 发送一个新的 DD 报文，在这个新的报文中包含 LSDB 的摘要信息，序列号设置为 RTB 在步骤 2 里使用的序列号，因此 RTB 将邻居状态改变为 Exchange。

邻居状态变为 Exchange 以后，RTB 发送一个新的 DD 报文，该报文中包含 LSDB 的描述信息，DD 序列号设为 Y+1（上次使用的序列号加 1）。

即使 RTA 不需要新的 DD 报文描述自己的 LSDB，但是作为从路由器，RTA 需要对主路由器 RTB 发送的每一个 DD 报文进行确认。因此 RTA 向 RTB 发送一个内容为空的 DD 报文，序列号为 Y+1。

发送完最后一个 DD 报文之后，RTA 将邻居状态改变为 Loading；RTB 收到最后一个 DD 报文之后，改变状态为 Full（假设 RTB 的 LSDB 是最新最全的，不需要向 RTA 请求更新）。

3. 邻接关系建立

邻居状态变为 Loading 之后，RTA 开始向 RTB 发送 LSR 报文，请求那些在 Exchange 状态下通过 DD 报文发现的，且在本地 LSDB 中没有的链路状态信息。

RTB 收到 LSR 报文之后，向 RTA 发送 LSU 报文，在 LSU 报文中，包含那些被请求的链路状态的详细信息。RTA 收到 LSU 报文之后，将邻居状态从 Loading 变成 Full。

RTA 向 RTB 发送 LSACK 报文，用于对已接收 LSA 的确认。

此时，RTA 和 RTB 之间的邻居状态变成 Full，表示达到完全邻接状态。

6.3 OSPF 认证

OSPF 支持简单认证及加密认证功能，加密认证对潜在的攻击行为有更强的防范性。OSPF 认证可以配置在接口或区域上，配置接口认证方式的优先级高于配置区域认证方式的优先级。

接口上运行 ospf authentication-mode { simple [[plain] <plain-text> | cipher <cipher-text>] | null } 命令来配置简单认证，区域中运行 authentication-mode { simple [[plain] <plain-text> | cipher <cipher-text>] | null } 命令来配置简单认证，区别在于是否有 ospf 这个命令参数，参数 simple 表示使用明文传输密码，参数 plain 表示密码以明文形式存放在设备中，参数 cipher 表示密码以密文形式存放在设备中，参数 null 表示不认证。

ospf authentication-mode { md5 | hmac-md5 } [key-id { plain <plain-text >| [cipher] <cipher-text>}]命令用于配置加密认证，md5 是一种保证链路认证安全的加密算法，参数 key-id 表示接口加密认证中的认证密钥 ID，它必须与对端上的 key-id 一致。

6.4 OSPF 协议配置

OSPF 协议配置拓扑如图 6-1 所示，图中有两台主机 PC1 和 PC2，主机之间通过 3 台路由器运行 OSPF 协议实现两主机间互通。

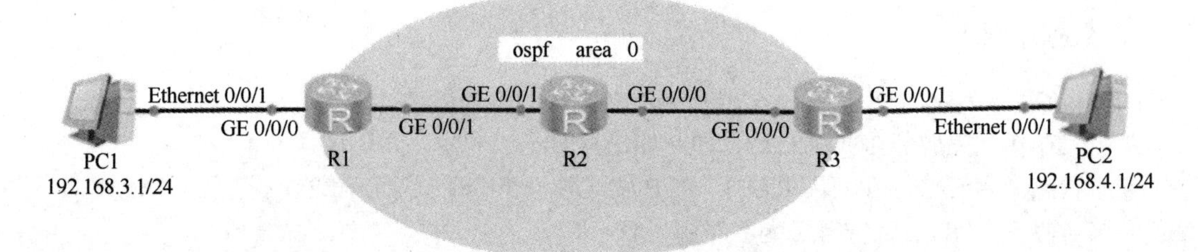

图6-1　OSPF协议配置拓扑

配置思路和命令如下：

（1）完成两台主机PC1和PC2的基本配置，配置IP地址、子网掩码和网关等网络参数。PC1网络参数基本配置和PC2网络参数基本配置分别如图6-2和图6-3所示。

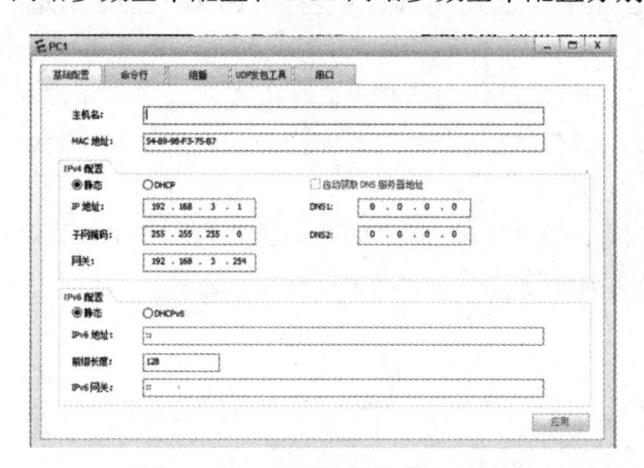

图6-2　PC1网络参数基本配置

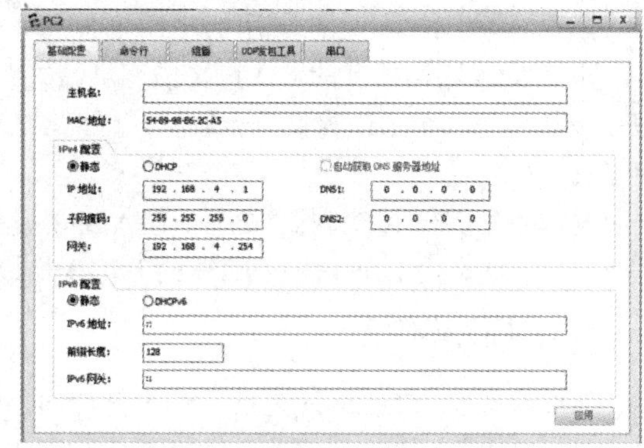

图6-3　PC2网络参数基本配置

（2）完成两台路由器接口IP地址参数的配置。

```
[R1]interface g0/0/0
[R1-GigabitEthernet0/0/0]ip address 192.168.3.254 255.255.255.0
[R1-GigabitEthernet0/0/0]quit
[R1]interface g0/0/1
[R1-GigabitEthernet0/0/1]ip address 12.1.1.1  255.255.255.0
[R2]interface g0/0/0
[R2-GigabitEthernet0/0/0]ip address  23.1.1.2 255.255.255.0
[R2-GigabitEthernet0/0/0]quit
[R2]interface g0/0/1
[R2-GigabitEthernet0/0/1]ip address 12.1.1.2  255.255.255.0
[R3]interface g0/0/0
[R3-GigabitEthernet0/0/0]ip address  23.1.1.3 255.255.255.0
[R3-GigabitEthernet0/0/0]quit
[R3]interface g0/0/1
[R3-GigabitEthernet0/0/1]ip address 192.168.4.254  255.255.255.0
```

（3）分别在两台路由器上运行OSPF协议，相互学习邻居路由器的路由信息。

```
[R1]ospf
[R1-ospf-1]area 0
[R1-ospf-1-area-0.0.0.0]network 192.168.3.0 0.0.0.255
[R1-ospf-1-area-0.0.0.0]network 12.1.1.0 0.0.0.255
[R2]ospf
[R2-ospf-1]area 0
[R2-ospf-1-area-0.0.0.0]network 12.1.1.0 0.0.0.255
```

```
[R2-ospf-1-area-0.0.0.0]network 23.1.1.0 0.0.0.255
[R3]ospf
[R3-ospf-1]area 0
[R3-ospf-1-area-0.0.0.0]network 23.1.1.0 0.0.0.255
[R3-ospf-1-area-0.0.0.0]network 192.168.4.0 0.0.0.255
```

（4）验证。

分别查看 3 台路由器的路由表中的路由信息，3 台路由器的路由表中的路由信息分别如图 6-4 至图 6-6 所示，测试 PC1 与 PC2 之间的互通性，如图 6-7 所示。

```
[R1]display  ip routing-table
Route Flags: R - relay, D - download to fib
------------------------------------------------------------------------------
Routing Tables: Public
         Destinations : 8        Routes : 8

Destination/Mask    Proto   Pre  Cost      Flags NextHop         Interface

       12.1.1.0/24  Direct  0    0           D   12.1.1.1        GigabitEthern
0/0/1
       12.1.1.1/32  Direct  0    0           D   127.0.0.1       GigabitEthern
0/0/1
       23.1.1.0/24  OSPF    10   2           D   12.1.1.2        GigabitEthern
0/0/1
      127.0.0.0/8   Direct  0    0           D   127.0.0.1       InLoopBack0
      127.0.0.1/32  Direct  0    0           D   127.0.0.1       InLoopBack0
    192.168.3.0/24  Direct  0    0           D   192.168.3.254   GigabitEthern
0/0/0
  192.168.3.254/32  Direct  0    0           D   127.0.0.1       GigabitEthern
0/0/0
    192.168.4.0/24  OSPF    10   3           D   12.1.1.2        GigabitEthern
0/0/1
```

图 6-4　路由器 R1 的路由表中的路由信息

```
[R2]display  ip routing-table
Route Flags: R - relay, D - download to fib
------------------------------------------------------------------------------
Routing Tables: Public
         Destinations : 8        Routes : 8

Destination/Mask    Proto   Pre  Cost      Flags NextHop         Interface

       12.1.1.0/24  Direct  0    0           D   12.1.1.2        GigabitEthern
0/0/1
       12.1.1.2/32  Direct  0    0           D   127.0.0.1       GigabitEthern
0/0/1
       23.1.1.0/24  Direct  0    0           D   23.1.1.2        GigabitEthern
0/0/0
       23.1.1.2/32  Direct  0    0           D   127.0.0.1       GigabitEthern
0/0/0
      127.0.0.0/8   Direct  0    0           D   127.0.0.1       InLoopBack0
      127.0.0.1/32  Direct  0    0           D   127.0.0.1       InLoopBack0
    192.168.3.0/24  OSPF    10   2           D   12.1.1.1        GigabitEthern
0/0/1
    192.168.4.0/24  OSPF    10   2           D   23.1.1.3        GigabitEthern
0/0/0
```

图 6-5　路由器 R2 的路由表中的路由信息

```
[R3]display  ip routing-table
Route Flags: R - relay, D - download to fib
------------------------------------------------------------------------------
Routing Tables: Public
         Destinations : 8        Routes : 8

Destination/Mask    Proto   Pre  Cost      Flags NextHop         Interface

       12.1.1.0/24  OSPF    10   2           D   23.1.1.2        GigabitEthern
0/0/0
       23.1.1.0/24  Direct  0    0           D   23.1.1.3        GigabitEthern
0/0/0
       23.1.1.3/32  Direct  0    0           D   127.0.0.1       GigabitEthern
0/0/0
      127.0.0.0/8   Direct  0    0           D   127.0.0.1       InLoopBack0
      127.0.0.1/32  Direct  0    0           D   127.0.0.1       InLoopBack0
    192.168.3.0/24  OSPF    10   3           D   23.1.1.2        GigabitEthern
0/0/0
    192.168.4.0/24  Direct  0    0           D   192.168.4.254   GigabitEthern
0/0/1
  192.168.4.254/32  Direct  0    0           D   127.0.0.1       GigabitEthern
0/0/1
```

图 6-6　路由器 R3 的路由表中的路由信息

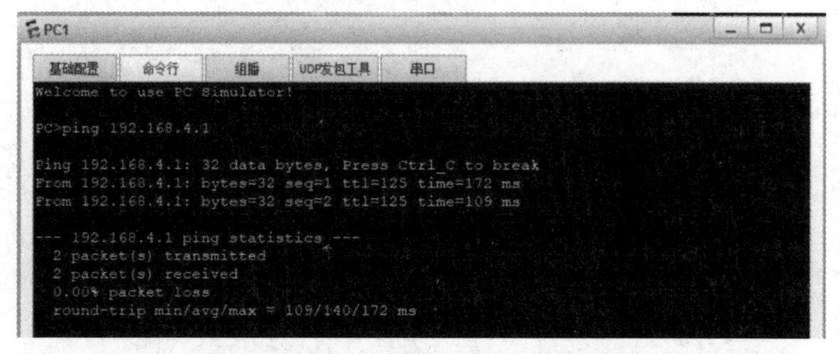

图 6-7 测试 PC1 和 PC2 之间的互通性

6.5 基本配置实验

实验拓扑如图 6-8 所示。通过配置 OSPF 协议，使得所有主机之间都能互通，默认区域为 area 0。

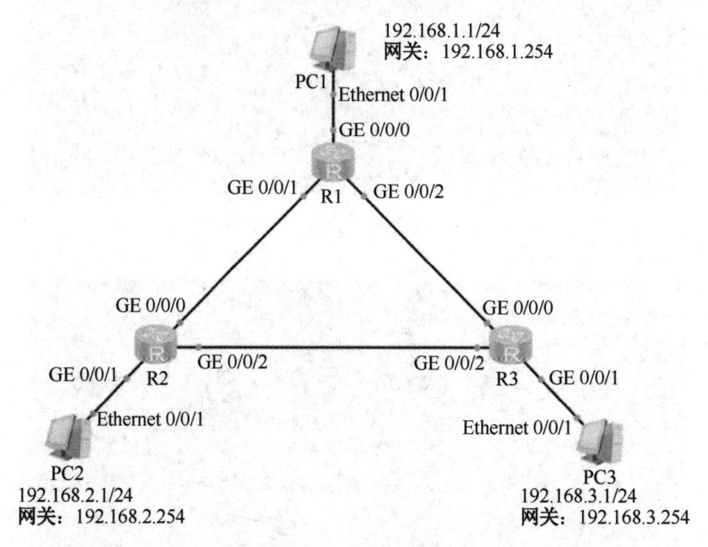

图 6-8 实验拓扑

（1）PC1、PC2 和 PC3 的配置如图 6-9 至图 6-11 所示。

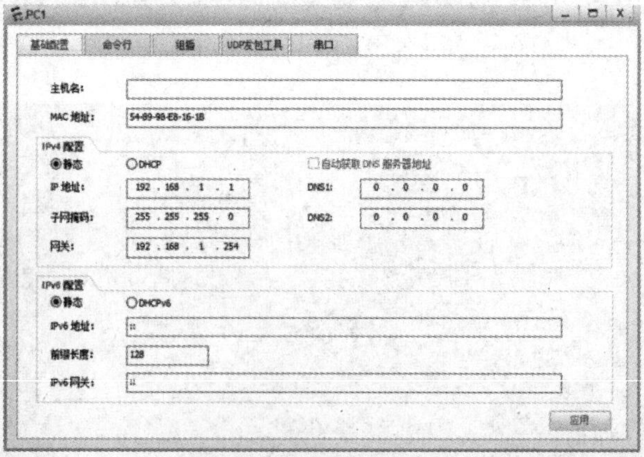

图 6-9 PC1 的配置

图 6-10　PC2 的配置

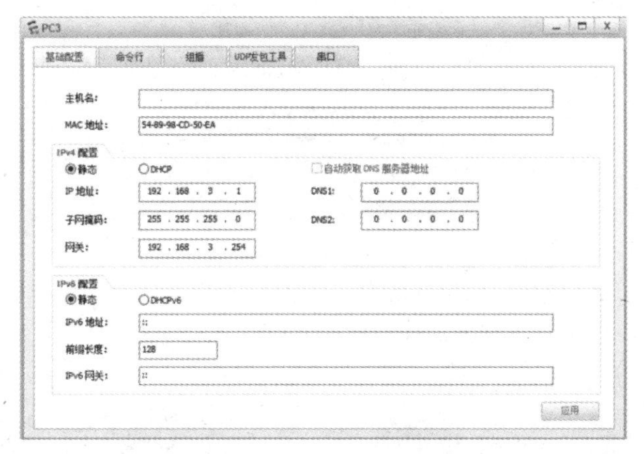

图 6-11　PC3 的配置

（2）IP 基本配置。

```
[R1]interface g0/0/0
[R1-GigabitEthernet0/0/0]ip address 192.168.1.254 24
[R1-GigabitEthernet0/0/0]quit
[R1]interface g0/0/1
[R1-GigabitEthernet0/0/1]ip address  12.1.1.1 24
[R1-GigabitEthernet0/0/0]quit
[R1]interface g0/0/2
[R1-GigabitEthernet0/0/2]ip address  13.1.1.1 24
[R2]interface g0/0/0
[R2-GigabitEthernet0/0/0]ip address   12.1.1.2 24
[R2-GigabitEthernet0/0/0]quit
[R2]interface g0/0/1
[R2-GigabitEthernet0/0/1]ip address  192.168.2.254 24
[R2-GigabitEthernet0/0/0]quit
[R2]interface g0/0/2
[R2-GigabitEthernet0/0/2]ip address  23.1.1.2 24
[R3]interface  g0/0/0
[R3-GigabitEthernet0/0/0]ip address  192.168.3.254 24
[R2-GigabitEthernet0/0/0]quit
[R3]interface  g0/0/1
```

```
[R3-GigabitEthernet0/0/1]ip address  13.1.1.3 24
[R2-GigabitEthernet0/0/0]quit
[R3]interface  g0/0/2
[R3-GigabitEthernet0/0/2]ip address  23.1.1.3 24
```

（3）OSPF 基本配置。

```
[R1]ospf
[R1-ospf-1]area 0
[R1-ospf-1-area-0.0.0.0]network  192.168.1.0 0.0.0.255
[R1-ospf-1-area-0.0.0.0]network 12.1.1.1 0.0.0.255
[R1-ospf-1-area-0.0.0.0]network  13.1.1.0 0.0.0.255
[R2]ospf
[R2-ospf-1]area 0
[R2-ospf-1-area-0.0.0.0]network 192.168.2.0 0.0.0.255
[R2-ospf-1-area-0.0.0.0]network 12.1.1.0 0.0.0.255
[R2-ospf-1-area-0.0.0.0]network 23.1.1.0 0.0.0.255
[R3]ospf
[R3-ospf-1]area 0
[R3-ospf-1-area-0.0.0.0]network 192.168.3.0 0.0.0.255
[R3-ospf-1-area-0.0.0.0]network 13.1.1.0 0.0.0.255
[R3-ospf-1-area-0.0.0.0]network 13.1.1.0 0.0.0.255
```

（4）实验结果验证。

测试各个主机之间的互通性，如果任意两台主机间可以 ping 通，则表示两台主机可以互通，验证 PC1 互通性及验证 PC2 互通性分别如图 6-12 和图 6-13 所示。

图 6-12　验证 PC1 互通性

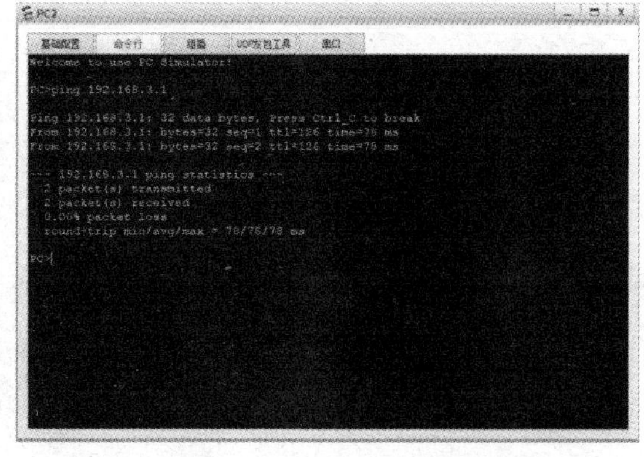

图 6-13　验证 PC2 互通性

习　　题

一、选择题

1．以下哪个命令可以查看 OSPF 是否已经建立邻居关系？（　　）

A．Display ospf neighbor　　B．Display ospf brief

C．Display ospf peer brief　　D．Display ospf interface

2．OSPF 协议封装在（　　）数据包内。

A．IP　　B．HTTP

C．UDP　　D．TCP

3．OSPF 协议的 hello 报文中不包含（　　）字段。

A．Neighbor　　B．Sysname

C．Hello Interval　　D．Network Mask

4．管理员发现两台路由器在建立 OSPF 邻居时，停留在 2-way 状态下，则下面描述正确的是（　　）。

A．路由器配置了相同的区域 ID

B．这两台路由器是广播型网络中的 DR Other 路由器

C．路由器配置了错误的 router-id

D．路由器配置了相同的进程 ID

5．OSPF 协议在进行主从关系选举时依据参数（　　）。

A．OSPF 协议的进程号　　B．router-id

C．启动协议的顺序　　D．接口的 IP 地址

6．OSPF 协议在（　　）状态下确定 DD 报文的主从关系。

A．2-way　　B．Exchange　　C．Exstart　　D．Full

7．OSPF 协议使用（　　）状态表示邻居关系已经建立。

A．2-way　　B．Down　　C．Attempt　　D．Full

8．默认情况下，广播型网络上 OSPF 协议 hello 报文的发送周期是（　　）。

A．10s　　B．40s　　C．30s　　D．20s

9．OSPF 版本（　　）适用于 IPv4。

A．Ospfv2　　B．Ospfv3　　C．Ospfv1　　D．Ospfv4

10．OSPF 报文类型有（　　）种。

A．3　　B．4　　C．5　　D．2

二、简答题

1．简述 OSPF 的工作原理。

2．OSPF 协议报文类型有哪些？分别有什么作用？

3．OSPF 的邻居状态机是什么？

4．描述 OSPF 发送 hello 报文，建立邻居关系的过程。

5．描述 OSPF 建立邻居关系的条件。

6．描述 OSPF 选路时更改开销值的方式。

7．Hello 报文的内容是什么？

第 7 章　VLAN 技术

LAN 可以是由少数几台家用计算机构成的网络，也可以是数以百计的计算机构成的企业网络。本来，二层交换机只能构建单一的广播域，不过使用 VLAN（Virtual Local Area Network，虚拟局域网）功能后，它能够将网络分割成多个广播域。本章内容涉及 VLAN 基础、VLAN 间路由，以及链路聚合等。

本章导读：

- VLAN 基础
- VLAN 间路由
- 链路聚合
- VLAN 基本配置

7.1　VLAN 基础

7.1.1　VLAN 概述

VLAN 是将一个物理的 LAN 在逻辑上划分成多个广播域的技术。VLAN 内的主机可以直接通信，VLAN 间的主机不能直接通信，从而将广播报文限制在一个 VLAN 内。

广播域被限制在一个 VLAN 内，可以节省带宽，提高网络处理能力，不同 VLAN 内报文传输相互隔离，增强了局域网的安全性。

1. VLAN 帧格式

在目前的交换网络环境中，以太网帧有两种格式：没有 VLAN 标签的标准以太网帧（untagged frame）和有 VLAN 标签的以太网帧（tagged frame）。

Tag（VLAN 标签）长 4 字节，在以太网帧头中，VLAN 帧格式如图 7-1 所示。VLAN 标签包含两部分：标签协议标识（Tag Protocol Identifier，TPID，2 字节）和标签控制信息（Tag Control Information，TCI，2 字节）。

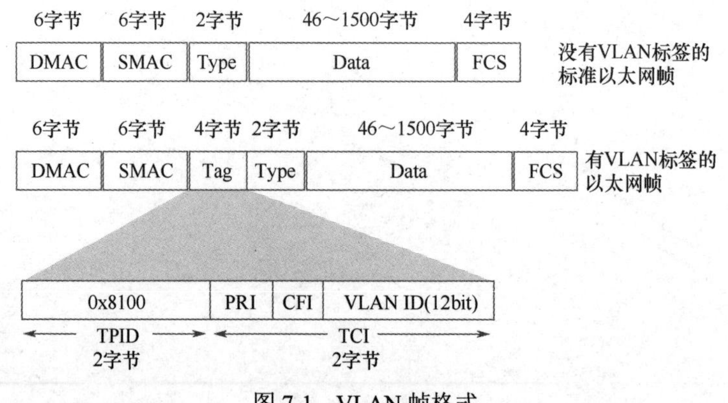

图 7-1　VLAN 帧格式

（1）TPID 的固定取值为 0x8100，表明这是一个携带 802.1Q 标签的帧。如果网络设备不支持

802.1Q 这样的帧，会将其丢弃。

（2）TCI 分为三个字段。

① PRI（Priority）：3 bit，表示帧的优先级，取值范围为 0～7，值越大优先级越高，当交换机阻塞时，优先发送优先级高的数据帧。

② CFI（Canonical Format Indicator）：1 bit，表示 MAC 地址是否为经典格式，CFI 为 0 表示是经典格式；CFI 为 1 表示为非经典格式，用于区分以太网帧、FDDI 帧和令牌环网帧，在以太网中，CFI 的值为 0。

③ VLAN ID（VLAN Identifier）：12 bit，在交换机中，一般可配置的 VLAN ID 取值范围为 0～4095，但是 0 和 4095 在协议中规定为保留的 VLAN ID，不能给用户使用，所以可用的 VLAN ID 范围为 1～4094。

2. PVID

PVID 即 Port VLAN ID，表示端口在默认情况下所属的 VLAN。默认情况下，交换机每个端口的 PVID 都是 1。

交换机从对端设备收到的帧有可能是 Untagged 的数据帧，但所有以太网帧在交换机中都是以 Tagged 的形式来被处理和转发的，因此交换机必须给端口收到的 Untagged 数据帧添加上 Tag。为了实现此目的，必须为交换机配置端口的默认 VLAN。当该端口收到 Untagged 数据帧时，交换机将给它加上该默认 VLAN 的 VLAN Tag。

3. 端口类型

1）Access

Access 是交换机上用来连接用户主机的端口，它只能连接接入链路，并且只能允许唯一的 VLAN ID 通过本端口。

Access 端口接收与发送数据的规则如下：

如果该端口收到的帧是 untagged（不带 VLAN 标签），则交换机将强制加上该端口的 PVID；如果该端口收到的帧是 tagged（带 VLAN 标签），则交换机会检查该标签内的 VLAN ID。当 VLAN ID 与该端口的 PVID 相同时，接收该报文；当 VLAN ID 与该端口的 PVID 不同时，丢弃该报文。

Access 端口发送数据帧时，如果 Tag 与 PVID 相同，则总是先剥离帧的 Tag，然后再发送。Access 端口发往对端设备的以太网帧永远是不带标签的帧。

Access 端口示意图如图 7-2 所示，交换机的 GE 0/0/1、GE 0/0/2、GE 0/0/3 端口分别连接三台主机，都配置为 Access 端口。主机 A 把数据帧（未加标签）发送到交换机的 GE 0/0/1 端口，再由

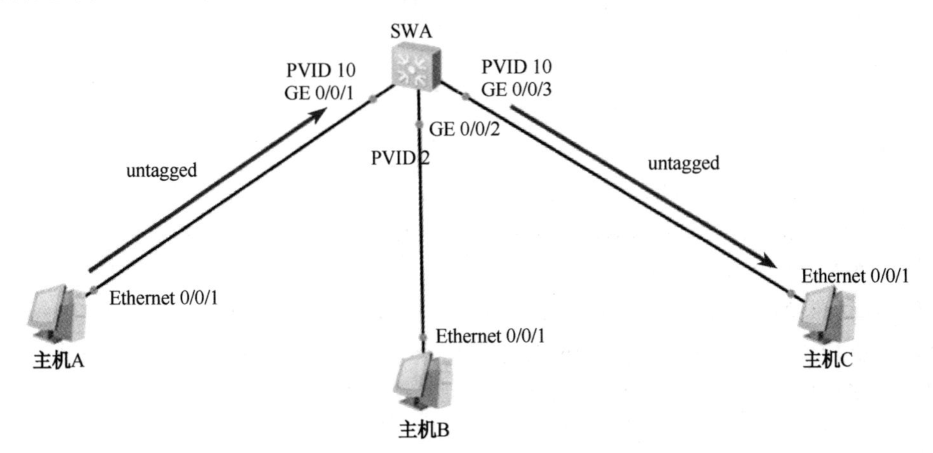

图 7-2　Access 端口示意图

交换机发往其他目的地址。收到数据帧之后，交换机根据端口的 PVID 给数据帧打上 VLAN 标签 10，然后决定从 GE 0/0/3 端口转发数据帧。GE 0/0/3 端口的 PVID 也是 10，与 VLAN 标签中的 VLAN ID 相同，交换机移除标签，把数据帧发送到主机 C。连接主机 B 的端口的 PVID 是 2，与 VLAN 10 不属于同一个 VLAN，因此该端口不会接收到 VLAN 10 的数据帧。

2）Trunk

Trunk 端口是交换机与交换机之间连接的端口，它只能连接干道链路。Trunk 端口允许多个 VLAN 的帧（带 Tag 标签）通过。

Trunk 端口接收与发送数据的规则如下：

当接收到对端设备发送的不带 Tag 的数据帧时，会添加该端口的 PVID，如果 PVID 在允许通过的 VLAN ID 列表中，则接收该报文，否则丢弃该报文；当接收到对端设备发送的带 Tag 的数据帧时，检查 VLAN ID 是否在允许通过的 VLAN ID 列表中，如果 VLAN ID 在接口允许通过的 VLAN ID 列表中，则接收该报文，否则丢弃该报文。

Trunk 端口发送数据帧时，首先判断是否允许该数据通过，如果允许通过就比较 VLAN ID 与端口的 PVID 是否相同，如果相同就去掉 Tag，发送该报文；如果 VLAN ID 与端口的 PVID 不同，则保持原有 Tag，带着 Tag 发送该报文。

Trunk 端口示意图如图 7-3 所示，SWA 和 SWB 连接主机的端口为 Access 端口，SWA 和 SWB 之间的端口为 Trunk 端口，PVID 都为 1，此 Trunk 链路允许所有 VLAN 的流量通过。当 SWA 转发 VLAN1 的数据帧时会剥离 VLAN 标签，然后发送到 Trunk 链路上，而在转发 VLAN 20 的数据帧时，不剥离 VLAN 标签，直接转发到 Trunk 链路上。

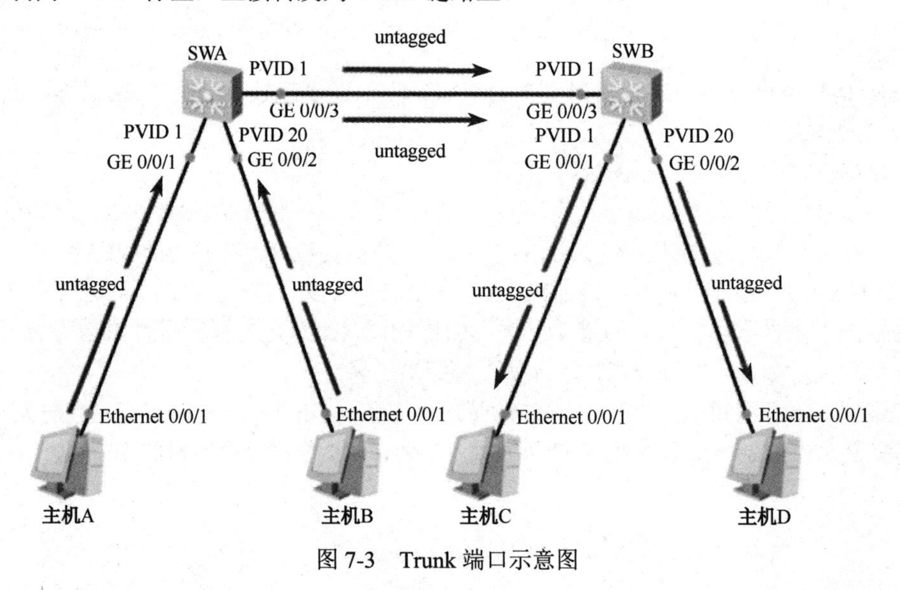

图 7-3 Trunk 端口示意图

3）Hybrid

Hybrid 端口是交换机上既可以连接用户主机，又可以连接其他交换机的端口。Hybrid 端口既可以连接接入链路又可以连接干道链路。Hybrid 端口允许多个 VLAN 的帧通过，并可以在出端口方向将某些 VLAN 帧的 Tag 剥掉。

当接收到对端设备发送的不带 Tag 的数据帧时，会添加该端口的 PVID，如果 PVID 在允许通过的 VLAN ID 列表中，则接收该报文，否则丢弃该报文；当接收到对端设备发送的带 Tag 的数据帧时，检查 VLAN ID 是否在允许通过的 VLAN ID 列表中，如果 VLAN ID 在接口允许通过的 VLAN ID 列表中，则接收该报文，否则丢弃该报文。

Hybrid 端口发送数据帧时，首先检查该端口是否允许该 VLAN 数据帧通过。如果允许通过，则可以通过命令配置发送时是否携带 Tag。

配置 port hybrid tagged vlan vlan-id 命令后，接口发送该 vlan-id 的数据帧时，不剥离帧中的 VLAN Tag，直接发送。该命令一般配置在连接交换机的端口上。

配置 port hybrid untagged vlan vlan-id 命令后，接口在发送 vlan-id 的数据帧时，会将帧中的 VLAN Tag 剥离掉再发送出去。该命令一般配置在连接主机的端口上。

Hybrid 端口示意图 1 如图 7-4 所示，要求主机 A 和主机 B 都能访问服务器，但是它们之间不能互相访问。此时交换机连接主机和服务器的端口，以及交换机互连的端口都配置为 Hybrid 类型。

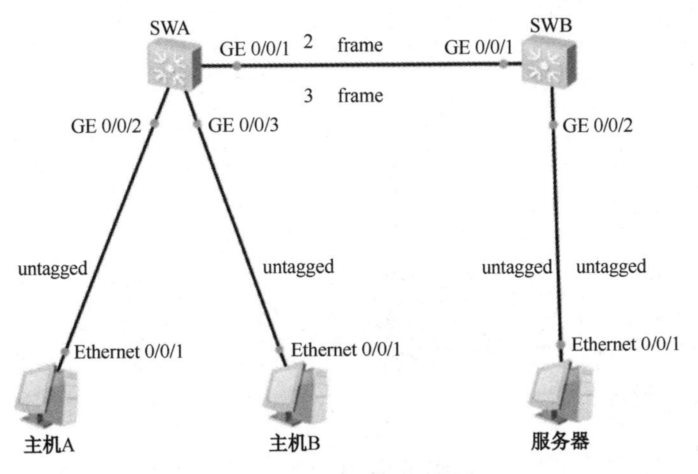

图 7-4　Hybrid 端口示意图 1

Hybrid 端口示意图 2 如图 7-5 所示，介绍了主机 A 和主机 B 发送数据给服务器的情况。在 SWA 和 SWB 互连的端口上配置了 port hybrid tagged vlan 2 3 100 命令后，SWA 和 SWB 之间的链路上传输的都是带 Tag 标签的数据帧。在 SWB 连接服务器的端口上配置了 port hybrid untagged vlan 2 3 命令，主机 A 和主机 B 发送的数据会被剥离 VLAN 标签后转发到服务器。交换机连接主机 A 的端口的 PVID 是 2，交换机连接主机 B 的端口的 PVID 是 3，交换机连接服务器的端口的 PVID 是 100。

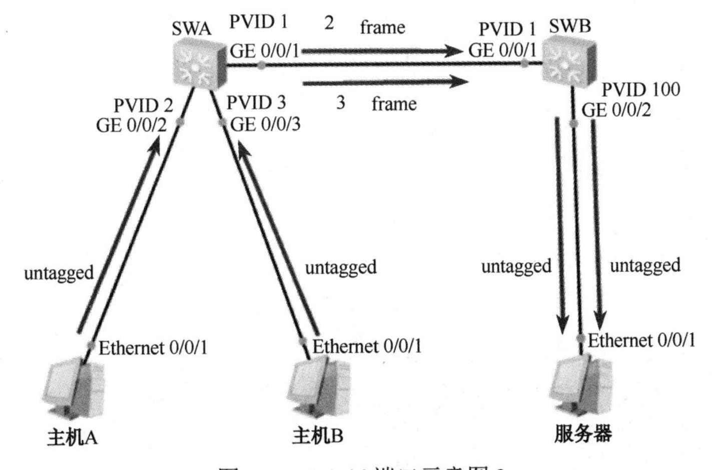

图 7-5　Hybrid 端口示意图 2

7.1.2　VLAN 的基础配置

1. 配置 VLAN

在交换机上划分 VLAN 时，首先需要创建 VLAN。在交换机上执行 vlan <vlan-id>命令创建

VLAN，使用 vlan batch {<vlan-id1> [to <vlan-id2>]}命令可以批量创建多个 VLAN。VLAN 基础配置图如图 7-6 所示。

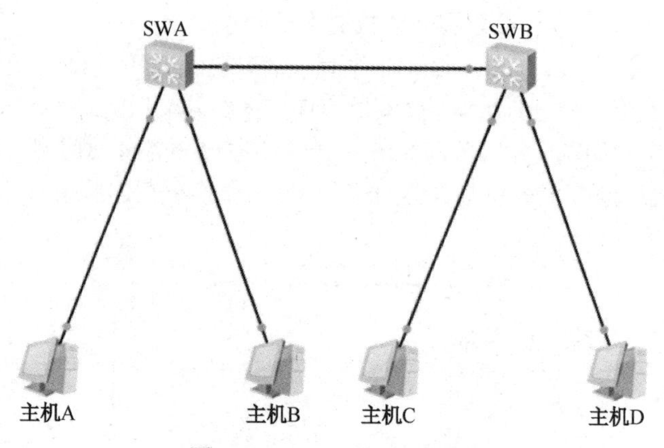

图 7-6 VLAN 基础配置图

```
[SWA]vlan batch 10            # 创建VLAN 10
[SWA]vlan batch 2  3          # 创建VLAN 2和VLAN 3
[SWA]display vlan             # 显示所有VLAN的简要信息
```

2. 配置 Access 端口

华为交换机上，默认的端口类型是 Hybrid。配置端口类型的命令是 port link-type <type>，type 可以配置为 Access、Trunk 或 Hybrid。Access 端口配置图如图 7-7 所示。

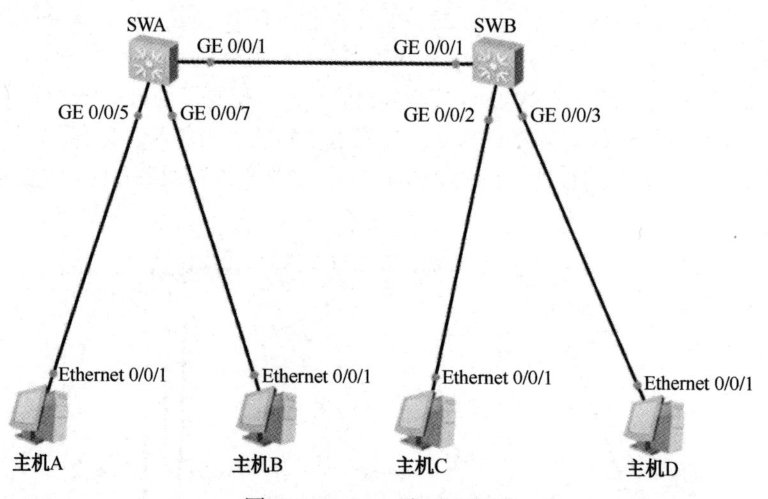

图 7-7 Access 端口配置图

```
[SWA]interface GigabitEthernet 0/0/5
[SWA-GigabitEthernet0/0/5]port link-type access
[SWA-GigabitEthernet0/0/5]quit
[SWA]interface GigabitEthernet 0/0/7
[SWA-GigabitEthernet0/0/7]port link-type access
```

3. 添加端口到 VLAN

```
进入接口视图，执行port default vlan <vlan-id>命令，把端口加入VLAN。
[SWA]interface GigabitEthernet0/0/5
[SWA-GigabitEthernet0/0/5]port default vlan 3
```

```
[SWA-GigabitEthernet0/0/5]quit
[SWA]interface GigabitEthernet0/0/7
[SWA-GigabitEthernet0/0/7]port default vlan 2
[SWA-GigabitEthernet0/0/7]quit
[SWA]display vlan
The total number of vlans is : 4
------------------------------------------------------------
   U:Up; D:Down; TG:Tagged; UT:Untagged; MP:Vlan-mapping;
ST:Vlan-stacking; #: ProtocolTransparent-vlan; *:Management-vlan;
--------------------------------------------------------------
VID  Type    Ports
--------------------------------------------------------------
1    common  UT:GE0/0/1(U) ......
2    common  UT:GE0/0/7(U)
3    common  UT:GE0/0/5(U)
10   common
```

4. 配置 Trunk 端口

配置 Trunk 端口时，应先使用 port link-type trunk 命令修改端口的类型为 Trunk，然后再配置 Trunk 端口允许哪些 VLAN 的数据帧通过。

执行 port trunk allow-pass vlan { {<vlan-id1>[to <vlan-id2>] } | all }命令，可以配置端口允许的 VLAN，all 表示允许所有 VLAN 的数据帧通过。

Trunk 端口配置图如图 7-8 所示，将 SWA 的 GE 0/0/1 端口配置为 Trunk 端口，该端口 PVID 默认为 1。配置 port trunk allow-pass vlan 2 3 命令之后，该 Trunk 端口允许 VLAN 2 和 VLAN 3 的数据流量通过。

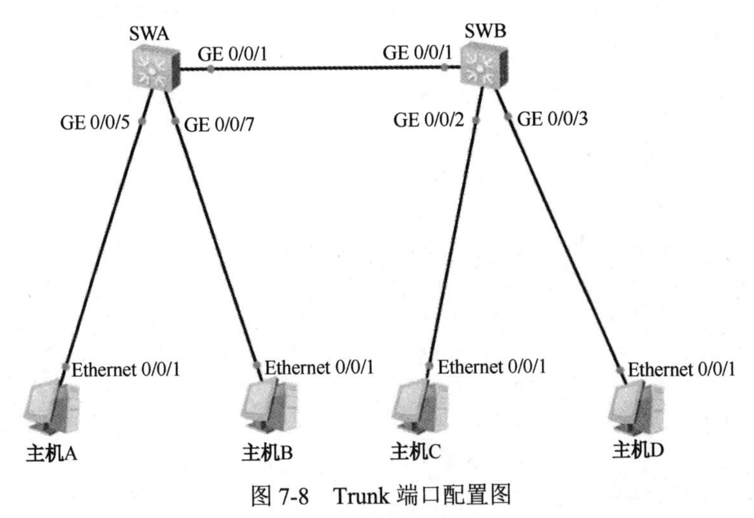

图 7-8　Trunk 端口配置图

```
[SWA-GigabitEthernet0/0/1]port link-type trunk
[SWA-GigabitEthernet0/0/1]port trunk allow-pass vlan 2 3
```

5. 配置 Hybrid 端口

port link-type hybrid 命令的作用是将端口的类型配置为 Hybrid。默认情况下，交换机的端口类型是 Hybrid。

port hybrid tagged vlan {{<vlan-id1> [to <vlan-id2>] } | all }命令用来配置允许哪些 VLAN 的数

据帧以 Tagged 方式通过该端口。

port hybrid untagged vlan {{<vlan-id1> [to <vlan-id2>] } | all }命令用来配置允许哪些 VLAN 的数据帧以 Untagged 方式通过该端口。

Hybrid 端口配置图如图 7-9 所示，要求主机 A 和主机 B 都能访问服务器，但是它们之间不能互相访问。此时通过 port link-type hybrid 命令配置交换机连接主机和服务器的端口，以及交换机互连的端口都为 Hybrid 类型。通过 port hybrid pvid vlan 2 命令配置交换机连接主机 A 的端口的 PVID 是 2。类似地，连接主机 B 的端口的 PVID 是 3，连接服务器的端口的 PVID 是 100。

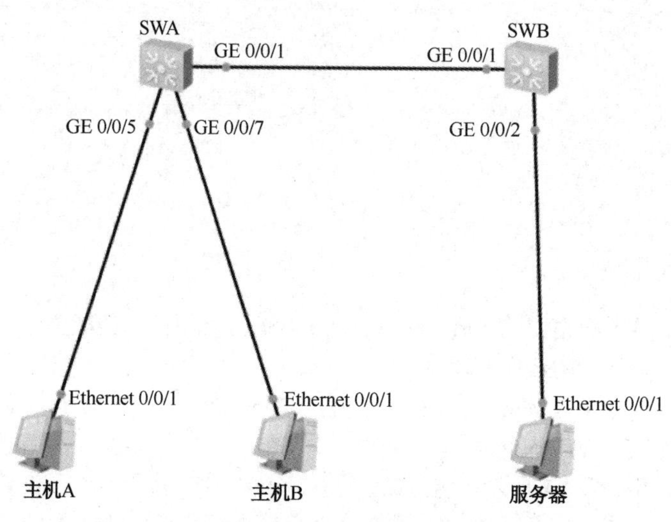

图 7-9　Hybrid 端口配置图

通过在 GE 0/0/1 端口下使用 port hybrid tagged vlan 2 3 100 命令，配置 VLAN 2、VLAN 3 和 VLAN 100 的数据帧在通过该端口时都携带标签。

在 GE 0/0/5 端口下使用 port hybrid untagged vlan 2 100 命令，配置 VLAN 2 和 VLAN 100 的数据帧在通过该端口时都不携带标签。

在 GE 0/0/7 端口下使用 port hybrid untagged vlan 3 100 命令，配置 VLAN 3 和 VLAN 100 的数据帧在通过该端口时都不携带标签。

```
[SWA-GigabitEthernet0/0/1]port link-type hybrid
[SWA-GigabitEthernet0/0/1]port hybrid tagged vlan 2 3 100
[SWA-GigabitEthernet0/0/1]interface GigabitEthernet0/0/5
[SWA-GigabitEthernet0/0/5]port hybrid pvid vlan 2
[SWA-GigabitEthernet0/0/5]port hybrid untagged vlan 2 100
[SWA-GigabitEthernet0/0/5]interface GigabitEthernet0/0/7
[SWA-GigabitEthernet0/0/7]port hybrid pvid vlan 3
[SWA-GigabitEthernet0/0/7]port hybrid untagged vlan 3 100
```

在 SWB 上继续进行配置，在 GE 0/0/1 端口下使用 port link-type hybrid 命令配置端口类型为 Hybrid。

在 GE 0/0/1 端口下使用 port hybrid tagged vlan 2 3 100 命令，配置 VLAN 2、VLAN 3 和 VLAN100 的数据帧在通过该端口时都携带标签。

在 GE 0/0/2 端口下使用 port hybrid untagged vlan 2 3 100 命令，配置 VLAN 2、VLAN 3 和 VLAN 100 的数据帧在通过该端口时都不携带标签。

```
[SWB-GigabitEthernet0/0/1]port link-type hybrid
[SWB-GigabitEthernet0/0/1]port hybrid tagged vlan 2 3 100
```

```
[SWB-GigabitEthernet0/0/1]interface GigabitEthernet0/0/2
[SWB-GigabitEthernet0/0/2]port hybrid pvid vlan 100
[SWB-GigabitEthernet0/0/2]port hybrid untagged vlan 2 3 100
```

在 SWA 上执行 display vlan 命令，可以查看 Hybrid 端口的配置。在 Hybrid 端口配置图中，GE 0/0/5 在发送 VLAN 2 和 VLAN 100 的数据帧时会剥离标签。GE 0/0/7 在发送 VLAN-3 和 VLAN100 的数据帧时会剥离标签。GE 0/0/1 允许 VLAN 2、VLAN 3 和 VLAN 100 的带标签的数据帧通过。此配置满足了多个 VLAN 可以访问特定 VLAN，而其他 VLAN 间不允许互相访问的需求。

7.2　VLAN 间路由

7.2.1　VLAN 间路由的应用场景

部署了 VLAN 的传统交换机不能实现不同 VLAN 间的二层报文转发，因此必须引入路由技术来实现不同 VLAN 间的通信。VLAN 间路由可以通过二层交换机配合路由器来实现，也可以通过三层交换机来实现。

因为不同 VLAN 间的主机是无法实现二层通信的，所以必须通过三层路由才能将报文从一个 VLAN 转发到另外一个 VLAN。

解决 VLAN 间通信问题的第一种方法是：在路由器上为每个 VLAN 分配一个单独的接口，并使用一条物理链路连接到二层交换机上。当 VLAN 间的主机需要通信时，数据会经由路由器进行三层路由，并被转发到目的 VLAN 内的主机，这样就可以实现 VLAN 之间的相互通信。然而，随着每个交换机上 VLAN 数量的增加，这样做必然需要大量的路由器接口，而路由器的接口数量是极其有限的。

解决 VLAN 间通信问题的第二种方法是：在交换机和路由器之间仅使用一条物理链路连接。我们把它称为单臂路由。

解决 VLAN 间通信问题的第三种方法是：在三层交换机上配置 VLANIF 接口来实现 VLAN 间路由。

7.2.2　VLAN 间路由的工作原理与配置

1. 单臂路由

交换机和路由器之间仅使用一条物理链路连接。在交换机上，把连接到路由器的端口配置成 Trunk 类型的端口，并允许相关 VLAN 的帧通过；在路由器上需要创建子接口，从逻辑上把连接路由器的物理链路分成多条。一个子接口代表一条归属于某个 VLAN 的逻辑链路。配置子接口时，需要注意以下几点：

（1）必须为每个子接口分配一个 IP 地址，该 IP 地址与子接口所属 VLAN 位于同一网段。

（2）需要在子接口上配置 802.1Q 封装，来剥掉和添加 VLAN Tag，从而实现 VLAN 间互通。

（3）在子接口上执行 arp broadcast enable 命令使能子接口的 ARP 广播功能。

单臂路由示意图如图 7-10 所示。当主机 A 发送数据给主机 B 时，RTA 会通过 g 0/0/1.1 子接口收到此数据，然后查找路由表，将数据从 g 0/0/1.2 子接口发送给主机 B，这样就实现了 VLAN 2 和 VLAN 3 之间的主机通信。

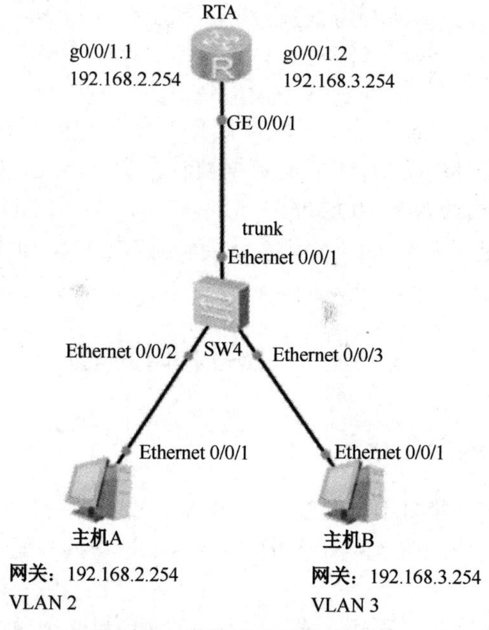

图 7-10　单臂路由示意图

```
[SW4]vlan batch 2 3
[SW4]interface Ethernet0/0/1
[SW4-Ethernet0/0/1]port link-type trunk
[SW4-Ethernet0/0/1]port trunk allow-pass vlan 2 3
[SW4-Ethernet0/0/1]interface Ethernet0/0/2
[SW4-Ethernet0/0/2]port link-type access
[SW4-Ethernet0/0/2]port default vlan 2
[SW4-Ethernet0/0/2]interface Ethernet0/0/3
[SW4-Ethernet0/0/3]port link-type access
[SW4-Ethernet0/0/3]port default vlan 3
[RTA]interface GigabitEthernet0/0/1.1
[RTA-GigabitEthernet0/0/1.1]dot1q termination vid 2 #让子接口有剥掉Tag的能力
[RTA-GigabitEthernet0/0/1.1]ip address 192.168.2.254 24
[RTA-GigabitEthernet0/0/1.1]arp broadcast enable     #开启ARP广播功能
[RTA-GigabitEthernet0/0/1.1]quit
[RTA]interface GigabitEthernet0/0/1.2
[RTA-GigabitEthernet0/0/1.2]dot1q termination vid 3
[RTA-GigabitEthernet0/0/1.2]ip address 192.168.3.254 24
[RTA-GigabitEthernet0/0/1.2]arp broadcast enable
```

2. 三层交换

在三层交换机上配置 VLANIF 接口来实现 VLAN 间路由。如果网络上有多个 VLAN，则需要给每个 VLAN 配置一个 VLANIF 接口，并给每个 VLANIF 接口配置一个 IP 地址。用户设置的默认网关就是三层交换机中 VLANIF 接口的 IP 地址。三层交换配置图如图 7-11 所示。

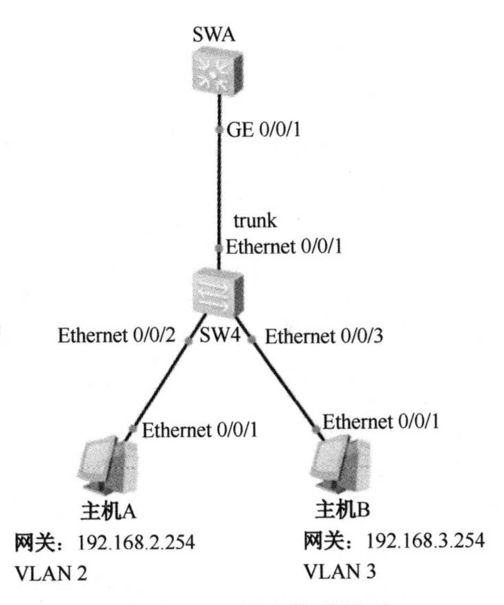

图 7-11　三层交换配置图

```
[SW4]vlan batch 2 3
[SW4]interface e0/0/2
[SW4-Ethernet0/0/2]port link-type access
[SW4-Ethernet0/0/2]port default vlan 2
[SW4-Ethernet0/0/2]interface e0/0/3
[SW4-Ethernet0/0/3]port link-type access
[SW4-Ethernet0/0/3]port default vlan 3
[SW4-Ethernet0/0/3]interface e0/0/1
[SW4-Ethernet0/0/1]port link-type trunk
[SW4-Ethernet0/0/1]port trunk allow-pass vlan 2 3
[SWA]vlan batch 2 3
[SWA]interface g0/0/1
[SWA-GigabitEthernet0/0/1]port link-type trunk
[SWA-GigabitEthernet0/0/1]port trunk allow-pass vlan 2 3
[SWA-GigabitEthernet0/0/1]interface vlanif 2
[SWA-Vlanif2]ip address 192.168.2.254 24
[SWA-Vlanif2]interface vlanif 3
[SWA-Vlanif3]ip address 192.168.3.254 24
```

7.3　链路聚合

7.3.1　链路聚合的应用场景

随着网络规模的不断扩大，用户对骨干链路的带宽和可靠性提出了越来越高的要求。在传统技术中，常通过更换高速率的接口板或更换支持高速率接口板的设备的方式来增加带宽，但这种方式需要付出高额的费用，而且不够灵活。

在企业网络中，所有设备的流量在转发到其他网络前都会汇聚到核心层，再由核心层设备转发到其他网络，或者转发到外网。因此，在核心层设备负责数据的高速交换时，容易发生拥塞。在核心层部署链路聚合，可以提升整个网络的数据吞吐量，解决拥塞问题。

链路聚合一般部署在核心节点，以便提升整个网络的数据吞吐量。链路聚合应用场景图如图 7-12 所示，两台核心交换机 SWA 和 SWB 之间通过两条成员链路互相连接，通过部署链路聚合，可以确保 SWA 和 SWB 之间的链路不会产生拥塞。

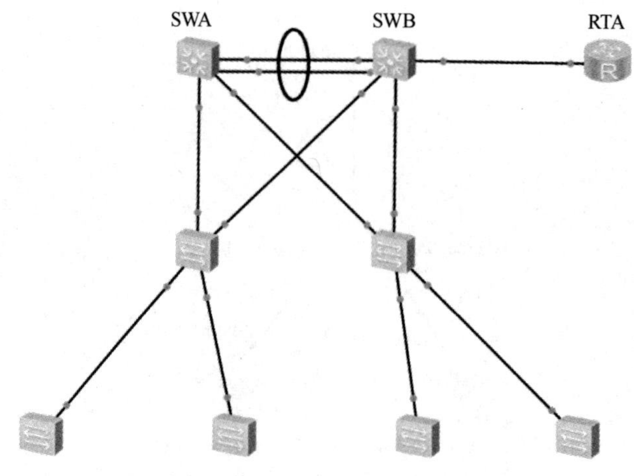

图 7-12 链路聚合应用场景图

7.3.2 链路聚合模式

链路聚合是把两台设备之间的多条物理链路聚合在一起，当作一条逻辑链路来使用。这两台设备可以是一对路由器、一对交换机，或者是一台路由器和一台交换机。一条聚合链路可以包含多条成员链路，在 ARG3 系列路由器和 X7 系列交换机上默认最多为 8 条。

1. 手工聚合模式

在手工聚合模式下，Eth-Trunk 的建立、成员接口的加入由手工配置，没有链路聚合控制协议的参与。该模式下所有活动链路都参与数据的转发，平均分担流量，因此也称为手工负载分担模式。如果某条活动链路故障，则链路聚合组自动在剩余的活动链路中平均分担流量。当需要在两个直连设备间提供一个较大的链路带宽而设备又不支持 LACP 协议时，可以使用手工负载分担模式。ARG3 系列路由器和 X7 系列交换机可以基于目的 MAC 地址、源 MAC 地址、源 MAC 地址和目的 MAC 地址、源 IP 地址、目的 IP 地址、源 IP 地址和目的 IP 地址进行负载均衡。

2. LACP 模式

在 LACP 模式中，链路两端的设备相互发送 LACP 报文，协商聚合参数。协商完成后，两台设备确定活动接口和非活动接口。在 LACP 模式中，需要手动创建一个 Eth-Trunk 接口，并添加组成 Eth-Trunk 接口的物理接口为成员接口。LACP 模式也叫 M:N 模式。M 代表活动成员链路，用于在负载均衡模式中转发数据。N 代表非活动链路，用于冗余备份。如果一条活动链路发生故障，则该链路传输的数据被切换到一条优先级最高的备份链路上，这条备份链路转变为活动状态。

7.3.3 链路聚合配置

1. 手工聚合配置

（1）二层链路聚合配置图如图 7-13 所示。

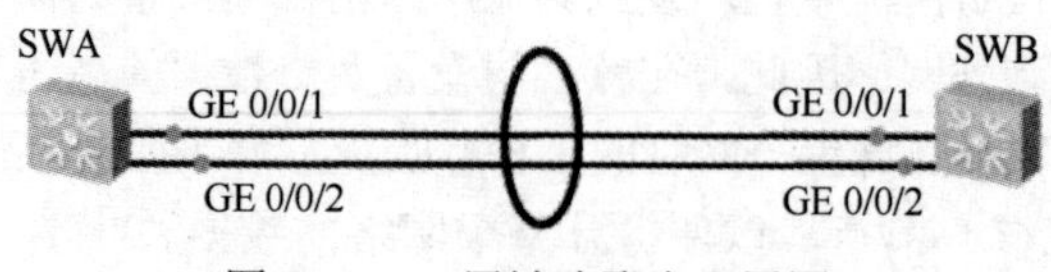

图 7-13 二层链路聚合配置图

```
[SWA]interface Eth-Trunk 1#创建了一个Eth-Trunk接口，并且进入该Eth-Trunk接口视图
[SWA-Eth-Trunk1]interface GigabitEthernet0/0/1
[SWA-GigabitEthernet0/0/1]eth-trunk 1
[SWA-GigabitEthernet0/0/1]interface GigabitEthernet0/0/2
[SWA-GigabitEthernet0/0/2]eth-trunk 1
```

SWB 配置同理。

配置 Eth-Trunk 接口和成员接口，需要注意以下规则：

① 只能删除不包含任何成员接口的 Eth-Trunk 接口。

② 把接口添加到 Eth-Trunk 时，二层 Eth-Trunk 接口的成员接口必须是二层接口，三层 Eth-Trunk 接口的成员接口必须是三层接口。

③ 一个 Eth-Trunk 接口最多可以加入 8 个成员接口。

④ 加入 Eth-Trunk 的接口必须是 hybrid 接口（默认的接口类型）。

⑤ 一个 Eth-Trunk 接口不能充当其他 Eth-Trunk 接口的成员接口。

⑥ 一个以太网接口只能加入一个 Eth-Trunk 接口。如果把一个以太网接口加入另一个 Eth-Trunk 接口，则必须先把该以太网接口从当前所属的 Eth-Trunk 接口中删除。

⑦ 一个 Eth-Trunk 接口的成员接口类型必须相同。例如，一个快速以太网接口（FE 接口）和一个千兆以太网接口（GE 接口）不能加入同一个 Eth-Trunk 接口。

⑧ 位于不同接口板（LPU）上的以太网接口可以加入同一个 Eth-Trunk 接口。如果一个对端接口直接和本端 Eth-Trunk 接口的一个成员接口相连，则该对端接口也必须加入一个 Eth-Trunk 接口，否则两端无法通信。

⑨ 如果成员接口的速率不同，则速率较低的接口可能会拥塞，报文可能会被丢弃。

⑩ 把接口添加到 Eth-Trunk 后，Eth-Trunk 接口学习 MAC 地址，成员接口不再学习。

（2）三层链路聚合配置图如图 7-14 所示。

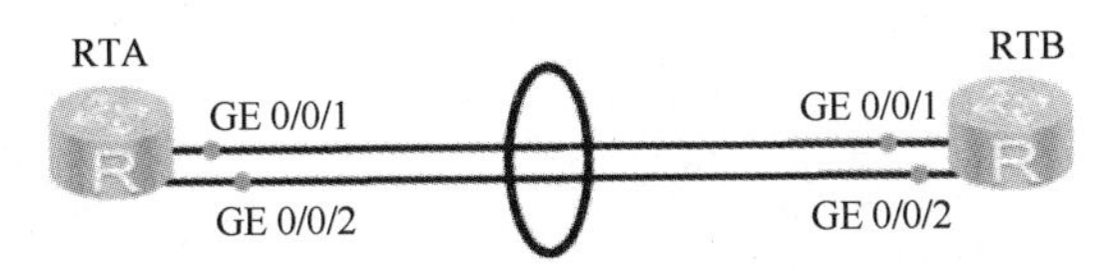

图 7-14　三层链路聚合配置图

```
[RTA]interface eth-trunk 1
[RTA-Eth-Trunk1]undo portswitch
[RTA-Eth-Trunk1]ip address 100.1.1.1 24
[RTA-Eth-Trunk1]quit
[RTA]interface GigabitEthernet 0/0/1
[RTA-GigabitEthernet0/0/1]eth-trunk 1
[RTA-GigabitEthernet0/0/1]quit
[RTA]interface GigabitEthernet0/0/2
[RTA-GigabitEthernet0/0/2]eth-trunk 1
[RTA-GigabitEthernet0/0/2]quit
```

要在路由器上配置三层链路聚合，需要首先创建 Eth-Trunk 接口，然后在 Eth-Trunk 接口上执行 undo portswitch 命令，把聚合链路从二层转为三层。执行 undo portswitch 命令后，可以为 Eth-Trunk 接口分配一个 IP 地址。

2. LACP 模式配置

LACP 聚合配置图如图 7-15 所示。

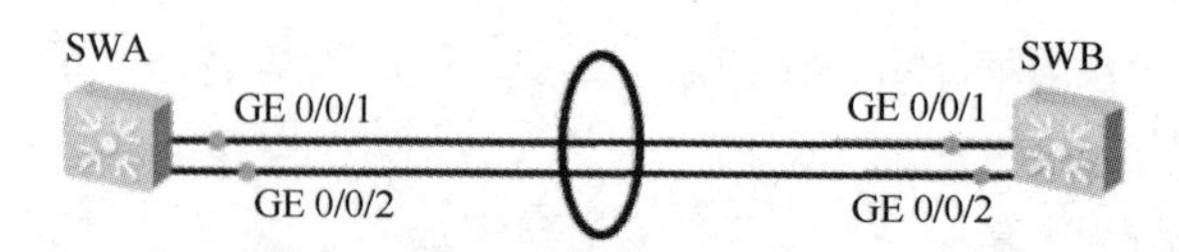

图 7-15　LACP 聚合配置图

```
[SWA]interface Eth-Trunk 1  #创建一个Eth-Trunk接口，并且进入该Eth-Trunk接口视图
[SWA-Eth-Trunk1]mode lacp-static
[SWA-Eth-Trunk1]interface GigabitEthernet0/0/1
[SWA-GigabitEthernet0/0/1]eth-trunk 1
[SWA-GigabitEthernet0/0/1]interface GigabitEthernet0/0/2
[SWA-GigabitEthernet0/0/2]eth-trunk 1
```

SWB 配置同理。

（1）设置两条链路中的一条作为活动链路，另一条作为备份链路。LACP 优先级最小的 SWA 成为主交换机。

```
[SWA]lacp priority 0      #设置优先级
[SWA-Eth-Trunk1]max active-linknumber 1  #设置最大激活链路数为1
```

（2）做备份的链路是 GE0/0/1。

如果将 GE0/0/1 接口的优先级设置为最大，并开启抢占机制，则 GE0/0/1 会成为活动接口。

```
[SWA-GigabitEthernet0/0/1]lacp priority 60000
[SWA-GigabitEthernet0/0/1]interface Eth-Trunk 1
[SWA-Eth-Trunk1]lacp preempt enable  #开启抢占机制
```

7.4　基本配置实验

实验拓扑如图 7-16 所示，某公司要求 PC1、PC2、PC4 属于 VLAN 10，并且属于 10.1.1.0/24 网段；PC3 与 PC5 属于 VLAN 20，并且属于 10.1.2.0/24 网段。

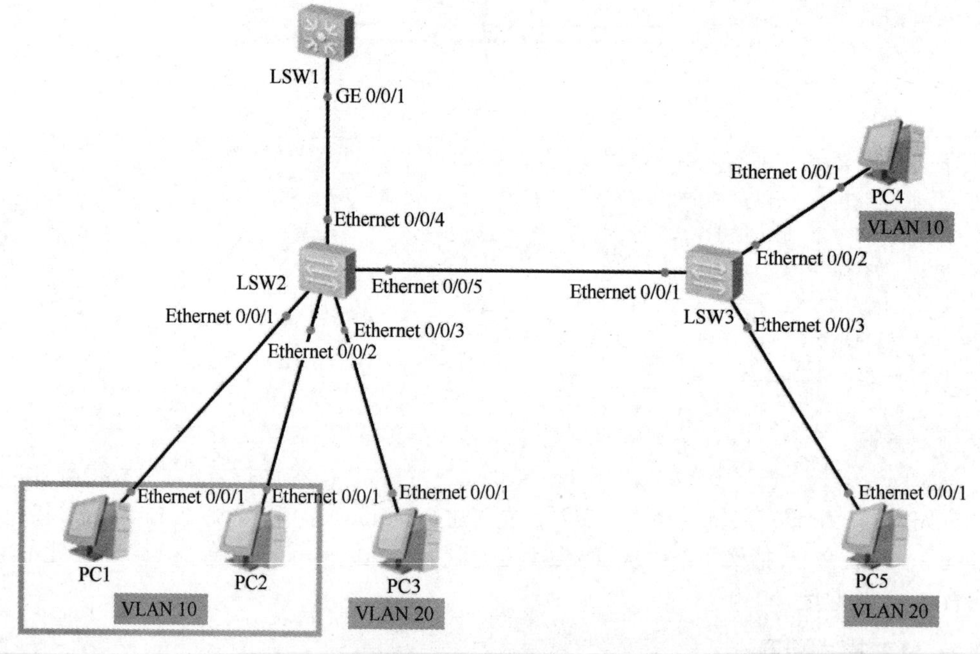

图 7-16　实验拓扑

现要求 VLAN 10 与 VLAN 20 二层隔离，所有 PC 的网关配置在 LSW1，使用三层交换技术。

配置思路如下：（此处省略 PC 的配置）

在 LSW2 与 LSW3 处设置基本 VLAN 配置；

```
[LSW2]vlan batch 10 20
[LSW2]interface e0/0/1
[LSW2-Ethernet0/0/1]port link-type access
[LSW2-Ethernet0/0/1]port default vlan 10
[LSW2-Ethernet0/0/1]interface e0/0/2
[LSW2-Ethernet0/0/2]port link-type access
[LSW2-Ethernet0/0/2]port default vlan 10
[LSW2-Ethernet0/0/2]interface e0/0/3
[LSW2-Ethernet0/0/3]port link-type access
[LSW2-Ethernet0/0/3]port default vlan 20
[LSW2-Ethernet0/0/3]interface e0/0/4
[LSW2-Ethernet0/0/4]port link-type trunk
[LSW2-Ethernet0/0/4]port trunk allow-pass vlan 10 20
[LSW2-Ethernet0/0/4]interface e0/0/5
[LSW2-Ethernet0/0/5]port link-type trunk
[LSW2-Ethernet0/0/5]port trunk allow-pass vlan 10 20
[LSW3]vlan batch 10 20
[LSW3]interface e0/0/2
[LSW3-Ethernet0/0/2]port link-type access
[LSW3-Ethernet0/0/2]port default vlan 10
[LSW3-Ethernet0/0/2]interface e0/0/3
[LSW3-Ethernet0/0/3]port link-type access
[LSW3-Ethernet0/0/3]port default vlan 20
[LSW3-Ethernet0/0/3]interface e0/0/1
[LSW3-Ethernet0/0/1]port link-type trunk
[LSW3-Ethernet0/0/1]port trunk allow-pass vlan 10 20
[LSW1]interface g0/0/1
[LSW1-GigabitEthernet0/0/1]port link-type trunk
[LSW1-GigabitEthernet0/0/1]port trunk allow-pass vlan 10 20
[LSW1-GigabitEthernet0/0/1]interface vlanif 10
[LSW1-Vlanif10]ip address 10.1.1.254 24  #这里假设VLAN 10内PC的网关为
10.1.1.254
[LSW1-Vlanif10]interface vlanif 20
[LSW1-Vlanif20]ip address 10.1.2.254 24  #这里假设VLAN 20内PC的网关为
10.1.2.254
```

习　题

一、选择题

1．VLAN 标签中的 priority 字段可以标识数据帧的优先级，该优先级的范围是（　　）。

A．0～15　　B．0～63　　C．0～7　　D．0～3

2．access 端口发送数据帧时如何处理？（　　）

A．替换 vlan tag 转发　　B．剥离 tag 转发

C．打上 PVID 转发　　D．发送带 tag 的报文

3．port trunk allow-pass vlan all 命令有什么作用？（　　）

A．相连的对端设备可以动态确定允许哪些 vlan id 通过

B．如为相连的远端设备配置 port default vlan 3 命令，则两台设备间的 vlan 3 无法互通

C．与该端口相连的对端端口必须同时配置 port trunk permit vlan all

D．该端口上允许所有 VLAN 的数据通过

4．以下关于 hybrid 端口的说法正确的是（　　）。

A．hybrid 端口不需要 PVID

B．Hybrid 端口只接收带 VLAN Tag 的数据帧

C．Hybrid 端口发送数据帧时，一定携带 VLAN Tag

D．Hybrid 端口可以在出端口方向将某些 VLAN 帧的 Tag 剥掉

5．当 trunk 端口发送数据帧时如何处理？（　　）

A．当 VLAN ID 与端口的 PVID 不同时，丢弃数据帧

B．当 VLAN ID 与端口的 PVID 不同时，替换为 PVID 转发

C．当 VLAN ID 与端口的 PVID 不同时，剥离 Tag 转发

D．当 VLAN ID 与端口的 PVID 相同，且是该端口允许通过的 VLAN ID 时，去掉 Tag 发送该报文

6．用户可以使用的 VLAN ID 的范围是（　　）。

A．0～4096　　B．1～4096　　C．1～4094　　D．0～4095

7．下列关于单臂路由的说法正确的有？（　　）

A．每个 VLAN 有一个物理连接

B．在路由器上需要创建子接口

C．交换机和路由器之间仅使用一条物理链路连接

D．交换机上，把连接到路由器的端口配置成 Trunk 类型的端口，并允许相关 VLAN 的帧通过

8．当主机经常移动位置时，使用哪种 VLAN 划分最合适？（　　）

A．基于 IP 子网划分　　B．基于 MAC 地址划分

C．基于策略划分　　D．基于端口划分

9．在 VRP 平台上，Interface VLAN 命令的作用是（　　）。

A．创建或进入 VLAN 虚拟接口视图　　B．创建一个 VLAN

C．无此命令　　D．给某个端口配置 VLAN

10．下列关于 Trunk 端口与 Access 端口描述正确的是（　　）。

A．Trunk 端口只能发送 Tagged 的帧

B．Trunk 端口只能发送 Untagged 的帧

C．Access 端口只能发送 Tagged 的帧

D．Access 端口只能发送 Untagged 的帧

二、简答题

1．描述 VLAN 的帧格式；如何标识不同的 VLAN？

2．VLAN 的端口类型有哪些？

3．描述 Access 端口的收发规则。

4．描述 Trunk 端口的收发规则。

5．描述 Hybrid 端口的收发规则。

6．VLAN 有什么作用？

7．实现不同 VLAN 间通信的方法有哪些？

第 8 章　STP 协议

为了提高网络的可靠性，交换网络中通常会使用冗余链路。然而，冗余链路会给交换网络带来环路风险，并导致广播风暴及 MAC 地址表不稳定等问题，进而会影响用户的通信质量。STP（Spanning Tree Protocol，生成树协议）是一种由交换机运行的、用来解决交换网络中环路问题的数据链路层协议。本章内容涉及 STP 协议；在 STP 协议基础上实现网络拓扑快速收敛的 RSTP 协议；兼容 STP 协议和 RSTP 协议，既可以快速收敛，又提供了数据转发的多个冗余路径，在数据转发过程中实现 VLAN 数据负载均衡的 MSTP 协议。

本章导读：

- STP 概述
- RSTP 概述
- MSTP 概述
- VRRP 协议
- MSTP 基本配置

8.1　STP 概述

8.1.1　STP 产生的背景

随着局域网规模的不断扩大，越来越多的交换机被用来实现主机之间的互连。如果交换机之间仅使用一条链路互连，则可能会出现单点故障，导致业务中断。为了解决此类问题，交换机在互连时一般会使用冗余链路来实现备份。

冗余链路虽然增强了网络的可靠性，但是也会产生环路，而环路会带来一系列的问题，继而导致通信质量下降和通信业务中断等问题。

1. 广播风暴

广播风暴示意图如图 8-1 所示。假设主机 PC1 想要给主机 PC2 发送数据，首先 PC1 会发送一个 ARP 请求来获取主机 PC2 的 MAC 地址，但是由于 ARP 的 Request 包属于一个广播帧，当 SWB 接收到主机 PC1 发送来的广播帧时，会将该广播帧发送给所有端口；SWA 收到 SWB 发来的广播帧时，同样也会发送给所有端口，以此类推。这时，在 SWA、SWB、SWC 中就会循环往复地收发广播帧，耗费交换机资源，导致业务瘫痪。

2. MAC 地址表震荡

环路除了会带来广播风暴问题，还会带来 MAC 地址表的震荡问题。当 SWB 第一次收到主机 PC1 发送过来的广播帧时，源 MAC 地址为 54-89-98-BD-10-2F，源端口为 Ethernet 0/0/3。由于广播帧在 3 台交换机中循环往复收发，当 SWC 将广播帧发给 SWB 时，SWB 收到的广播帧的 MAC 地址依旧没变，即 54-89-98-BD-10-2F，但是此时的源端口却变成 SWB 的 Ethernet 0/0/2 端口。这就是 MAC 地址表震荡。MAC 地址表震荡示意图如图 8-2 所示。

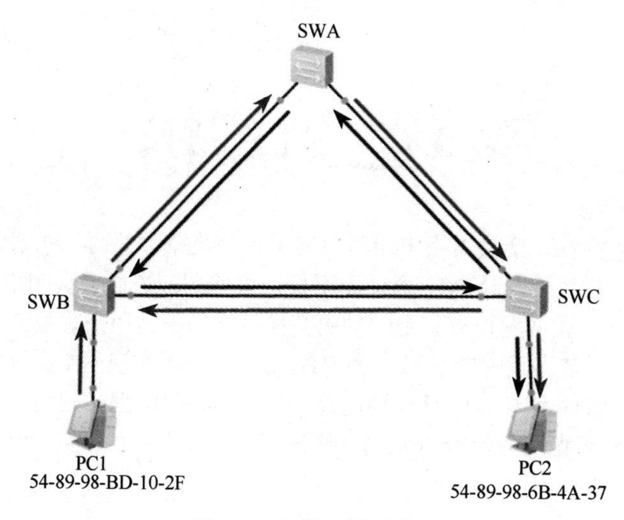

图 8-1 广播风暴示意图

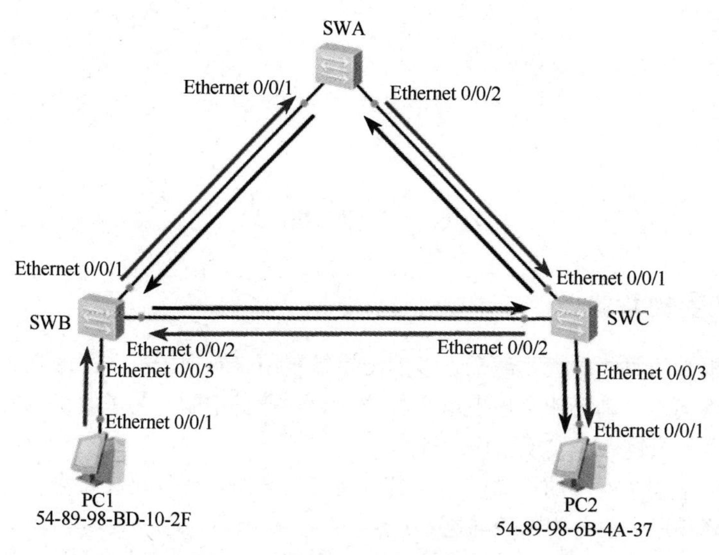

图 8-2 MAC 地址表震荡示意图

此外，环路能够提高网络连接的可靠性。即使某两台交换机之间的链路因故障而中断了，整个网络仍然会保持其连通性，而这在无环网络中是无法做到的。

8.1.2 STP 的作用

在以太网中，二层网络的环路会带来广播风暴、MAC 地址表震荡和重复数据帧等问题，为解决交换网络中的环路问题，提出了 STP。STP 的主要作用如下：

（1）消除环路：通过阻断冗余链路来消除网络中可能存在的环路。

（2）链路备份：当活动路径发生故障时，激活备份链路，及时恢复网络连通性。

8.1.3 STP 的版本类型

（1）STP：IEEE Std 802.1D—1998 定义，不能快速迁移。即使在点对点链路或边缘端口，也必须等待两倍的 forward delay 时间延迟，网络才能收敛。

（2）RSTP：IEEE Std 802.1w 定义，可以快速收敛，却存在局域网内所有网桥共享一棵生成树、不能按 VLAN 阻塞冗余链路的缺陷。

（3）MSTP：可以弥补这些缺陷，它允许不同 VLAN 的流量沿各自的路径分发，从而为冗余链路提供了更好的负载分担机制。

stp mode { mstp | stp | rstp }命令用来配置交换机的 STP 模式。默认情况下，华为 X7 系列交换机工作在 MSTP 模式。在使用 STP 前，必须重新配置 STP 模式。

8.1.4　STP 的基本概念

1. 网桥（Bridge）

早期的交换机一般只有两个转发端口，所以那时的交换机常常被称为“网桥”，或简称为“桥”。后来“桥”这个术语一直沿用至今，但并不是指只有两个转发端口的交换机了，而是泛指具有任意多端口的交换机。目前“桥”和“交换机”这两个术语是可以混用的。

2. 网桥的 MAC 地址（Bridge MAC Address）

我们知道，一个桥有多个转发端口，每个端口有一个 MAC 地址。通常，把端口编号最小的那个端口的 MAC 地址作为整个桥的 MAC 地址。

3. 网桥 ID（Bridge Identifier，BID）

一个桥（交换机）的桥 ID 由两部分组成，即桥优先级 + 桥的 MAC 地址。其中，桥优先级的值可以人为设定，默认值为 0x8000（相当于十进制的 32768）。取值范围是 0～65535。

4. 端口 ID（Port Identifier，PID）

一个桥（交换机）的某个端口的端口 ID 由两部分组成，即端口优先级 + 端口编号。其中，端口优先级的值是可以人为设定的。不同厂商的设备对于两部分所占用的字节数可能有所不同。

8.1.5　STP 的端口角色及状态

1. STP 的端口角色

STP 中定义了 3 种端口角色，即根端口、指定端口和预备端口。

2. STP 的端口状态

运行 STP 协议的设备上有 5 种端口状态：

（1）Forwarding：转发状态。端口既可转发用户流量也可转发 BPDU 报文，只有根端口或指定端口才能进入该状态。

（2）Learning：学习状态。端口可根据收到的用户流量构建 MAC 地址表，但不转发用户流量。增加 Learning 状态是为了防止临时环路。

（3）Listening：侦听状态。端口可以转发 BPDU 报文，但不能转发用户流量。

（4）Blocking：阻塞状态。端口仅能接收并处理 BPDU 报文，不能转发 BPDU 报文，也不能转发用户流量。此状态是预备端口的最终状态。

（5）Disabled：禁用状态。端口既不处理和转发 BPDU 报文，也不转发用户流量。

8.1.6　STP 的工作过程

STP 通过构造一棵树来消除交换网络中的环路。STP 示意图如图 8-3 所示。

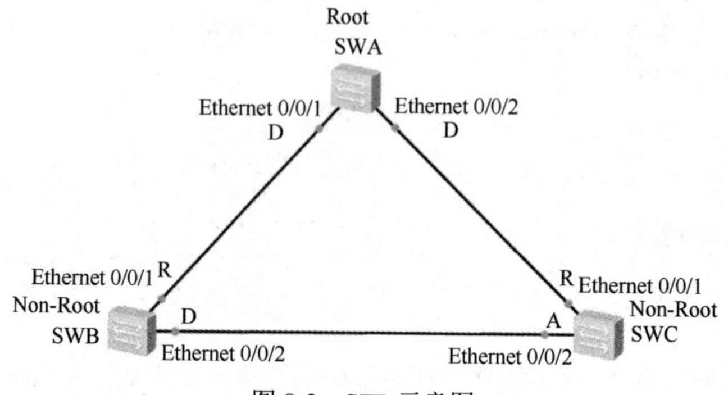

图 8-3　STP 示意图

1. 选举根交换机

每个 STP 网络中，都会存在一个根桥，其他交换机为非根桥。根桥或根交换机位于整个逻辑树的根部，是 STP 网络的逻辑中心，非根桥是根桥的下游设备。当现有根桥产生故障时，非根桥之间会交互信息并重新选举根桥。交互的这种信息被称为 BPDU（Bridge Protocol Data Unit，网桥协议数据单元）。

STP 交换机初始启动之后，都会认为自己是根桥，并在发送给其他交换机的 BPDU 中宣告自己是根桥。当交换机从网络中收到其他设备发送的 BPDU 时，会比较 BPDU 中指定的根桥 BID 和自己的 BID，交换机不断地交互 BPDU，并进行比较，直至最终选举出一台 BID 值最小的交换机作为根桥。

网桥 ID 即 BID，是由网桥优先级和网桥 MAC 地址构成的，比较网桥 ID 时，先比较优先级再比较 MAC 地址。优先级默认为 32768，值越小越优先；MAC 地址也是值越小越优先。

基于企业业务对网络的需求，一般建议手动指定网络中配置高、性能好的交换机为根桥。可以通过配置桥优先级来指定网络中的根桥，以确保企业网络里面的数据流量使用最优路径转发。stp priority 命令用来配置设备优先级值。priority 值为整数，取值范围为 0～61440，步长为 4096。另外，可以通过 stp root primary 命令指定生成树里的根桥，如 [SWA]stp priority 4096。

2. 选举根端口

根端口是非根桥去往根桥路径最优的端口。在一个运行 STP 协议的交换机上最多只有一个根端口，但根桥上没有根端口。

根桥确定后，其他没有成为根桥的交换机都被称为非根桥（或非根交换机）。一台非根桥设备上可能会有多个端口与网络相连，为了保证从某台非根桥设备到根桥的工作路径是最优且唯一的，就必须从该非根桥设备的端口中确定出一个被称为“根端口”的端口，由根端口来作为非根桥设备与根桥设备之间进行报文交互的端口。一台非根桥设备上最多只能有一个根端口。

非根桥在选举根端口时分别依据该端口的根路径开销、对端 BID、对端 PID 和本端 PID。一个运行 STP 协议的网络中，我们将某个交换机的端口到根桥的累计路径开销（从该端口到根桥经过的所有链路的路径开销的和）称为这个端口的根路径开销（Root Path Cost，RPC）。链路的路径开销（Path Cost）与端口速率有关，端口速率越高，则路径开销越小。主要有以下几种选举方法：

（1）根据路径开销选举根端口，路径开销越小越优先。

（2）根据对端的网桥 ID 选举根端口，网桥 ID 越小越优先。

（3）根据对端的端口 ID 选举根端口，端口 ID 越小越优先。

（4）根据本端的端口 ID 选举根端口，端口 ID 越小越优先。

3. 选举指定端口

每个网段有且只能有一个指定端口。一般情况下，根桥的每个端口总是指定端口。

当一个网段有两条及以上的路径通往根桥时，与该网段相连的交换机就必须确定出一个唯一的指定端口。指定端口也是通过比较根路径开销来确定的，根路径开销较小的端口将成为指定端口。如果根路径开销相同，则需要比较 BID 和 PID 等。

4. 选举预备端口

如果一个端口既不是指定端口也不是根端口，则此端口为预备端口。预备端口将被阻塞。不过预备端口可以接收 STP 协议帧，但是不可以转发用户数据帧。一旦预备端口选举完成，STP 的生成过程便完成。

8.1.7　BPDU 报文

BPDU 报文有两种类型：Configuration BPDU 和 TCN BPDU。

1. Configuration BPDU

在初始形成 STP 树的过程中，各 STP 交换机都会周期性地（默认为 2s）主动产生并发送 Configuration BPDU。在 STP 树形成后的稳定期，只有根桥才会周期性地（默认为 2s）主动产生并发送 Configuration BPDU；相应地，非根桥会从自己的根端口周期性地接收 Configuration BPDU，并立即被触发产生自己的 Configuration BPDU，然后从自己的指定端口发送出去。BPDU 报文格式如图 8-4 所示，BPDU 报文传递如图 8-5 所示。

PID	PVI	BPDU　Type	Flags	Root ID	RPC	Bridge ID	Port ID	Message Age	Max Age	Hello Time	Foward Delay

图 8-4　BPDU 报文格式

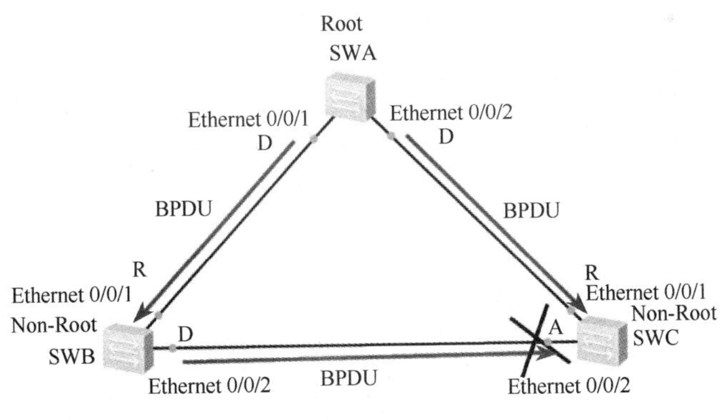

图 8-5　BPDU 报文传递

Configuration BPDU 中携带的参数可以分为三类：

第一类是 BPDU 对自身的标识，包括协议标识、版本号、BPDU 类型和 Flags。

第二类是用于进行 STP 计算的参数，包括发送该 BPDU 的交换机的 BID、当前根桥的 BID、发送该 BPDU 的端口的 PID，以及发送该 BPDU 的端口的 RPC。

第三类是时间参数，分别是 Hello Time、Forward Delay、Message Age 和 Max Age。

① Hello Time：交换机发送 Configuration BPDU 的时间间隔。当网络拓扑及 STP 树稳定之后，全网使用根桥指定的 Hello Time，如果要修改该时间参数，则必须在根桥上修改才有效。

② Forward Delay：端口状态迁移的延迟时间。STP 树的生成需要一定的时间，在此过程中各

交换机端口状态的变化并不是同步的。如果新选出的根端口和指定端口立刻就开始进行用户数据帧的转发，可能会造成临时工作环路。因此，STP 引入 Forward Delay 机制：新选出的根端口和指定端口需要经过两倍的 Forward Delay 延时后才能进入用户数据帧的转发状态，以保证此时的工作拓扑已无环路。

③ Message Age：指从根桥发出某个 Configuration BPDU，直到这个 Configuration BPDU“传”到当前交换机时所需的总的时间，包括传输时延等。实际上，Configuration BPDU 每“经过”一个桥，Message Age 增加 1。从根桥发出的 Configuration BPDU 的 Message Age 为 0。

④ Max Age：Configuration BPDU 的最大生命周期。Max Age 的值由根桥指定，默认值为 20s。STP 交换机在收到 Configuration BPDU 后，会对其中的 Message Age 和 Max Age 进行比较。如果 Message Age 小于等于 Max Age，则该 Configuration BPDU 会触发该交换机产生并发送新的 Configuration BPDU，否则该 Configuration BPDU 会被丢弃，并且不会触发该交换机产生并发送新的 Configuration BPDU。

2. TCN BPDU

TCN BPDU 的结构和内容非常简单，只有协议标识、版本号和类型。其中，类型字段的值是 0x80。

TCNBPDU 传递如图 8-6 所示。如果网络中某条链路发生故障，导致工作拓扑发生改变，则位于故障点的交换机可以通过端口状态直接感知这种变化，如图中 8-6（a）所示，但是其他交换机是无法直接感知这种变化的。这时，位于故障点的交换机会以 Hello Time 为周期通过其根端口不断向上游交换机发送 TCN BPDU，直到收到从上游交换机发来的 TCA 标志置 1 的 Configuration BPDU。上游交换机在收到 TCN BPDU 后，一方面会通过其他指定端口回复 TCA 标志置 1 的 Configuration BPDU，另一方面会以 Hello Time 为周期通过其根端口不断向它的上游交换机发送 TCN BPDU。此过程一直反复，直到根桥接收到 TCN BPDU。根桥接收到 TCN BPDU 后，会发送 TC 标志置 1 的 Configuration BPDU，通告所有交换机网络拓扑发生了变化，如图 8-6（b）所示。

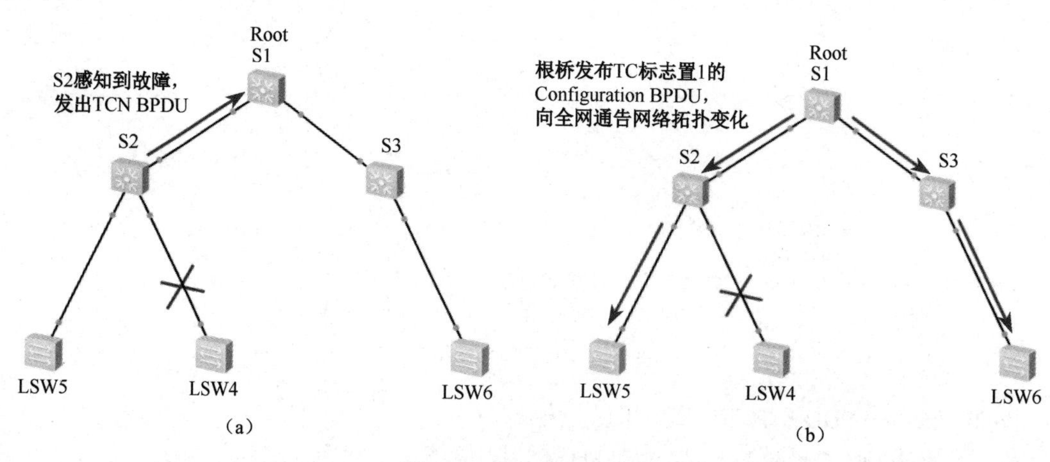

图 8-6 TCN BPDU 传递

交换机收到 TC 标志置 1 的 Configuration BPDU 后，便意识到网络拓扑已经发生了变化，这说明自己的 MAC 地址表的表项内容很可能已经不再是正确的了，这时交换机会将自己的 MAC 地址表的老化周期（默认为 30s）缩短为 Forward Delay 的时间长度（默认为 15s），以加速老化掉原来的地址表项。

8.1.8　STP 拓扑变化

1. 根桥故障

在稳定的 STP 拓扑里，非根桥会定期收到来自根桥的 BPDU 报文。根桥故障示意图如图 8-7 所示，如果根桥发生故障，停止发送 BPDU 报文，下游交换机就无法收到来自根桥的 BPDU 报文。如果下游交换机一直收不到 BPDU 报文，Max Age 定时器就会超时（Max Age 的默认值为 20s），从而导致已经收到的 BPDU 报文失效。此时，非根桥会互相发送配置 BPDU 报文，重新选举新的根桥。根桥故障会产生 50s 左右的恢复时间，恢复时间约等于 Max Age 加上两倍的 Forward Delay 收敛时间。

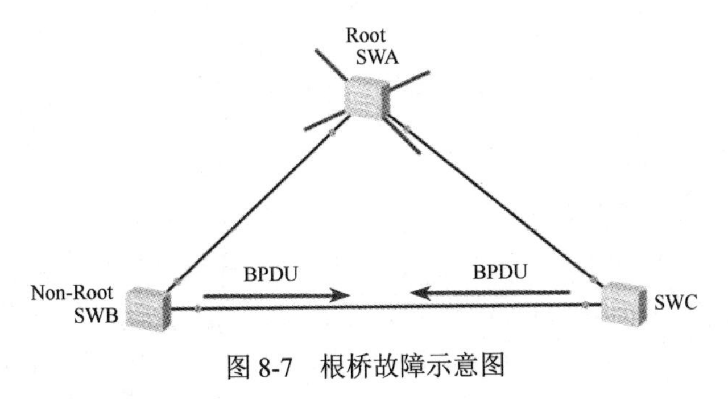

图 8-7　根桥故障示意图

2. 直连链路故障

直连链路故障示意图如图 8-8 所示，SWA 和 SWB 使用了两条链路互连，其中一条是主用链路，另外一条是备份链路。生成树正常收敛之后，如果 SWB 检测到根端口的链路发生物理故障，则其 Alternate 端口会迁移到 Listening、Learning、Forwarding 状态，经过两倍的 Forward Delay，即 30s 后恢复到转发状态。

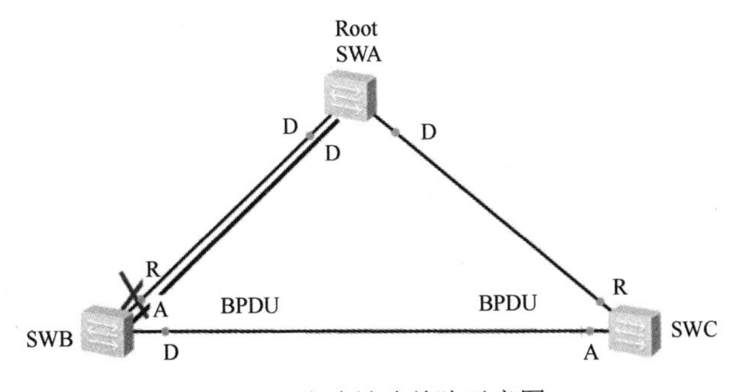

图 8-8　直连链路故障示意图

3. 非直连链路故障

非直连链路故障示意图如图 8-9 所示，因为 SWB 与 SWA 之间的链路发生了某种故障（非物理层故障），所以 SWB 一直收不到来自 SWA 的 BPDU 报文。等待 Max Age 定时器超时后，SWB 会认为根桥 SWA 不再有效，并认为自己是根桥，于是开始发送自己的 BPDU 报文给 SWC，通知 SWC 自己为新的根桥。在此期间，由于 SWC 的 Alternate 端口再也不能收到包含原根桥 ID 的 BPDU 报文，其 Max Age 定时器超时后，SWC 会切换 Alternate 端口为指定端口，并且转发来自其根端口的 BPDU 报文给 SWB，所以 Max Age 定时器超时后，SWB 和 SWC 几乎同时会收到对方发来的 BPDU 报文。经过 STP 重新计算后，SWB 放弃宣称自己是根桥并重新确定端口角色。非直连链路故障后，由于需要等待 Max Age 加上两倍的 Forward Delay 时间，端口需要大约 50 s 才能恢复到转发状态。

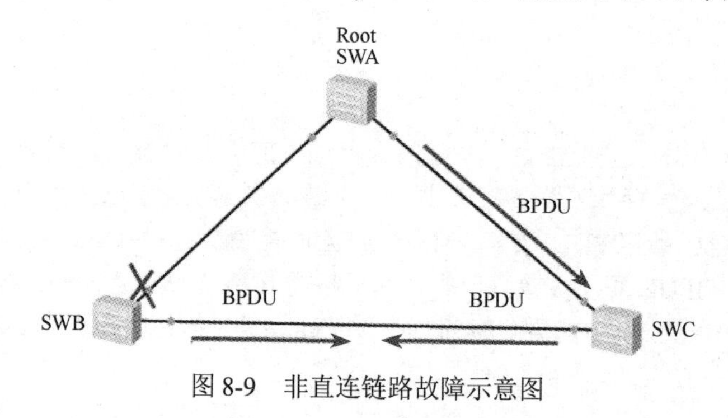

图 8-9 非直连链路故障示意图

8.2 RSTP 概述

8.2.1 RSTP 产生的原因

在 STP 网络中，STP 树的完全收敛需要依赖定时器的计时，端口状态从 Blocking 迁移到 Forwarding 至少需要两倍 Forward Delay 的时间长度，总的收敛时间太长。为了弥补 STP 慢收敛的缺陷，IEEE 802.1w 定义了 RSTP（Rapid Spanning Tree Protocol，快速生成树协议）。RSTP 在 STP 的基础上进行了许多改进，使得收敛时间大大减少，一般只需要几秒。在现实网络中，STP 几乎已经停止使用，取而代之的是 RSTP。

8.2.2 RSTP 的端口角色及状态

1. RSTP 的端口角色

RSTP 的端口角色如表 8-1 所示。RSTP 的端口示意图如图 8-10 所示。

表 8-1 RSTP 的端口角色

角 色	描 述
Backup	Backup 端口作为指定端口的备份，提供了另外一条从根桥到非根桥的备份链路
Alternate	Alternate 端口作为根端口的备份端口，提供了从指定桥到根桥的另一条备份路径

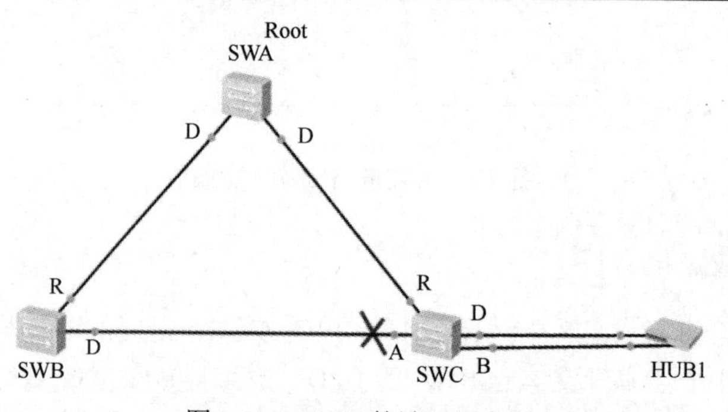

图 8-10 RSTP 的端口示意图

2. RSTP 的端口状态

STP 的端口状态与 RSTP 的端口状态比较如表 8-2 所示，RSTP 把原来 STP 的 5 种端口状态简化成 3 种。

（1）Discarding 状态，端口既不转发用户流量也不学习 MAC 地址。

（2）Learning 状态，端口不转发用户流量但是学习 MAC 地址。

（3）Forwarding 状态，端口既转发用户流量又学习 MAC 地址。

表 8-2　STP 的端口状态与 RSTP 的端口状态比较

STP 的端口状态	RSTP 的端口状态	说　明
Disabled	Discarding	端口既不转发用户流量也不学习 MAC 地址
Blocking	Discarding	
Listening	Discarding	
Learning	Learning	端口不转发用户流量但学习 MAC 地址
Forwarding	Forwarding	端口既转发用户流量又学习 MAC 地址

8.2.3 RSTP 的 BPDU 报文

RSTP 使用了类似 STP 的 BPDU 报文，即 RST BPDU 报文。RSTP 报文格式如图 8-11 所示。

PID	PVI	BPDU Type	Flags	Root ID	RPC	Bridge ID	Port ID	Message Age	Max Age	Hello Time	Fwd Delay

Bit7	Bit6	Bit5	Bit4	Bit3	Bit2	Bit1	Bit0
TCA	Agreement	Forwarding	Learning	Port Role		Proposal	TC

Port Role　= 00　Unknown

01　Alternate/Backup Port

10　Root Port

11　Designated Port

图 8-11　RSTP 报文格式

BPDU Type 用来区分 STP 的 BPDU 报文和 RST（Rapid Spanning Tree）BPDU 报文。STP 的配置 BPDU 报文的 BPDU Type 值为 0(0x00)，TCN BPDU 报文的 BPDU Type 值为 128 (0x80)，RST BPDU 报文的 BPDU Type 值为 2(0x02)。STP 的 BPDU 报文的 Flags 字段中只定义了拓扑变化（Topology Change，TC）标志和拓扑变化确认（Topology Change Acknowledgment，TCA）标志，其他字段保留。在 RST BPDU 报文的 Flags 字段里，还使用了其他字段，包括 P/A 进程字段和定义端口角色及端口状态的字段。Forwarding、Learning 与 Port Role 表示发出 BPDU 的端口状态和角色。

RSTP 报文传递过程如图 8-12 所示，在 STP 中，当网络拓扑稳定后，根桥按照 Hello Timer 规定的时间间隔发送配置 BPDU 报文，其他非根桥设备在收到上游设备发送过来的配置 BPDU 报文后，才会触发发出配置 BPDU 报文，此方式使得 STP 协议计算复杂且缓慢。RSTP 对此进行了改进，即在拓扑稳定后，无论非根桥设备是否接收到根桥传来的配置 BPDU 报文，非根桥设备都会仍然按照 Hello Timer 规定的时间间隔发送配置 BPDU 报文，该行为完全由每台设备自主进行。

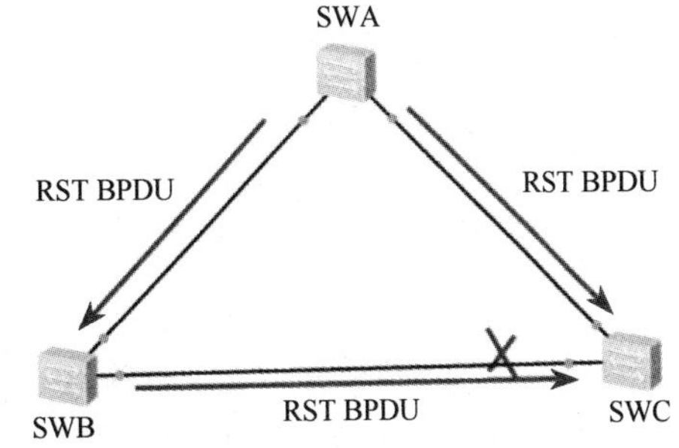

图 8-12　RSTP 报文传递过程

8.2.4　RSTP 的收敛过程

RSTP 的收敛过程如图 8-13 所示，RSTP 收敛遵循 STP 基本原理。网络初始化时，网络中所有的 RSTP 交换机都认为自己是“根桥”，并设置每个端口为指定端口。此时，端口为 Discarding 状态。

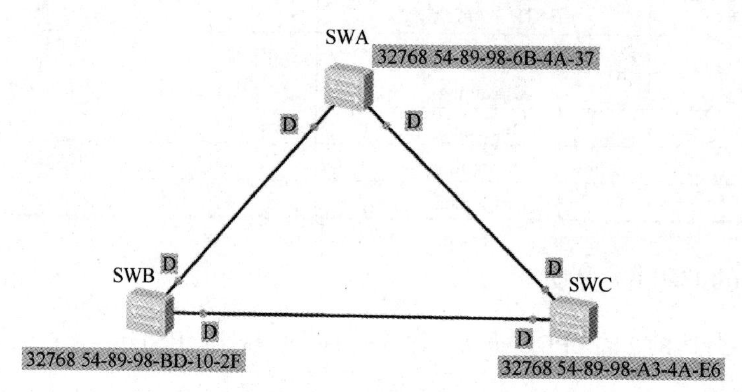

图 8-13　RSTP 的收敛过程

STP 计算中，一个端口在成为指定端口后需要等待至少两倍 Forward Delay 的时间才能进入 Forwarding 状态；而在 RSTP 计算中，一个端口成为指定端口之后，此端口会先进入 Discarding 状态，然后采用 Proposal/Agreement 机制（简称 P/A 机制）主动与对端端口进行协商，通过协商并进行相关动作后，就可以立即进入 Forwarding 状态。

P/A 机制是为了让一个指定端口快速进入转发状态。上游设备发出 Proposal 置位的 RST BPDU 报文给下游设备，下游设备接收后，该端口进入转发状态，启用同步机制阻塞其他端口，向上游设备发出 Agreement 报文，上游设备接收后马上进入转发状态。

8.3　MSTP 概述

8.3.1　MSTP 产生的原因

同一局域网内所有的 VLAN 共享一个生成树，无法在 VLAN 间实现数据流量的负载均衡；链路利用率低，被阻塞的冗余链路不承载任何流量，造成带宽的浪费，还可能造成部分 VLAN 报文无法转发。

MSTP（Multiple Spanning Tree Protocol，多生成树协议）兼容 STP 和 RSTP，既可以快速收敛，又能使不同 VLAN 的流量沿各自的路径转发，从而为冗余链路提供了更好的负载分担机制。

8.3.2　MSTP 的基本概念

1. MSTP 网络层次结构

MSTP 不仅涉及多个 MSTI（Multiple Spanning Tree Instance，多生成树实例），而且还可划分多个 MST 域（MST Region，也称为 MST 区域）。总的来说，一个 MSTP 网络可以包含一个或多个 MST 域，而每个 MST 域中又可包含一个或多个 MSTI。组成每个 MSTI 的是其中运行 STP/RSTP/MSTP 的交换设备，是这些交换设备经 MSTP 协议计算后形成的树状网络。

2. MST 域

同一个 MST 域设备的特点如下：

（1）都启动MSTP；

（2）具有相同的域名；

（3）具有相同的VLAN到生成树实例映射配置；

（4）具有相同的MSTP修订级别配置；

（5）一个MSTP网络可以存在多个MST域，各MST域之间在物理上直接或间接相连。用户可以通过MSTP配置命令把多台交换设备划分在同一个MST域内。

3. MSTI

MSTI是指MST域内的生成树。一个MST域内可以通过MSTP生成多棵生成树，各棵生成树之间彼此独立。一个MSTI可以与一个或多个VLAN对应，但一个VLAN只能与一个MSTI对应。

8.3.3 MSTP的工作原理及端口角色

1. MSTP的工作原理

将多个VLAN捆绑在一起，运行在一个生成树实例里面，不同实例间的生成树互相独立。MSTP可以实现基于VLAN组构建生成树，不同VLAN组的流量按照不同的路径转发，实现负载分担。

2. MSTP端口角色

与RSTP相比，MSTP端口角色增加了主端口和域边缘端口，根端口、指定端口、Alternate端口、Backup端口和边缘端口这5种主要端口角色的作用与RSTP中对应的端口角色定义完全相同。

与RSTP相同，在MSTP中除边缘端口外，其他端口都参与MSTP的计算过程，同一端口在不同生成树中担任不同角色。

8.3.4 MSTP配置

MSTP配置拓扑如图8-14所示，配置思路如下：

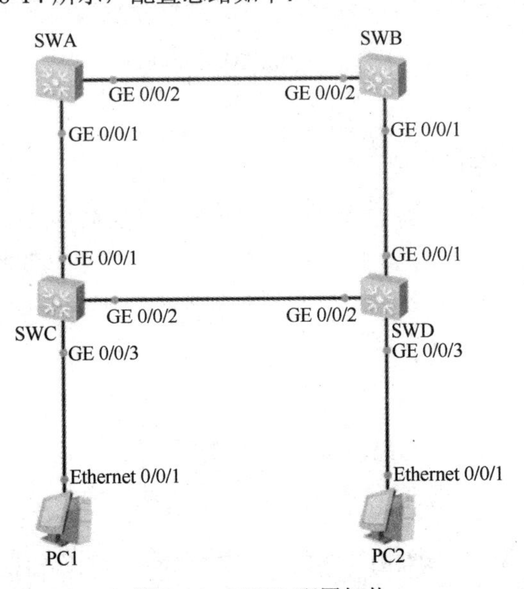

图8-14 MSTP配置拓扑

配置MST域并创建多实例，实现流量的负载分担。在MST域内，配置各实例的根桥与备份根桥。修改各实例中某端口的路径开销值，实现将该端口阻塞。与终端设备相连的端口配置成为边缘端口，加快收敛。

（1）SWA配置——配置MST域并创建多实例。

```
[SWA]stp enable
[SWA]stp mode mstp
[SWA]stp region-configuration
[SWA-mst-region]region-name RG1
[SWA-mst-region]instance 1 vlan 1 to 10
[SWA-mst-region]instance 2 vlan 11 to 20
[SWA-mst-region]active region-configuration
```

SWB、SWC、SWD配置同SWA。

（2）SWA配置——配置各实例的根桥与备份根桥。

```
[SWA]stp instance 1 root primary
[SWA]stp instance 2 root secondary
```

（3）SWB配置——配置各实例的根桥与备份根桥。

```
[SWB]stp instance 2 root primary
[SWB]stp instance 1 root secondary
```

（4）SWC配置——设置路径开销。

```
[SWC]interface GigabitEthernet0/0/2
[SWC-GigabitEthernet0/0/2]stp instance 2 cost 200000
```

（5）SWD配置——设置路径开销。

```
[SWD]interface GigabitEthernet0/0/2
[SWD-GigabitEthernet0/0/2]stp instance 2 cost 200000
```

（6）SWC配置——设置边缘端口。

```
[SWC]interface GigabitEthernet0/0/3
[SWC-GigabitEthernet0/0/3]stp edged-port enable
```

（7）SWD配置——设置边缘端口。

```
[SWD]interface GigabitEthernet0/0/3
[SWD-GigabitEthernet0/0/3]stp edged-port enable
```

8.4 VRRP协议

8.4.1 VRRP产生的原因

局域网中的用户终端通常采用配置一个默认网关的形式访问外部网络，如果此时默认网关设备发生故障，将中断所有用户终端的网络访问，这很可能会给用户带来不可预计的损失。VRRP（Virtual Router Redundancy Protocol，虚拟路由器冗余协议）不仅能够实现网关的备份，而且能解决多个网关冲突问题。

1. 单网关的缺陷

单网关示例如图8-15所示，一台路由器作为PC的网关，如果网关故障，则PC无法访问外网。

2. 多网关的缺陷

多网关示例如图8-16所示，虽然两个网关可以避免单网关缺陷，但是同样带来另外一个问题。两台路由器的IP地址都是192.168.1.254，地址冲突，将无法使用。

如果一个网关为192.168.1.254，另一个为192.168.1.253，则可以避免地址冲突，但是PC上能配置的网关只有一个。如果一台路由器宕机，还需要修改PC的网关地址。因此以上描述均不太现实。决定通过 VRRP 技术来实现。

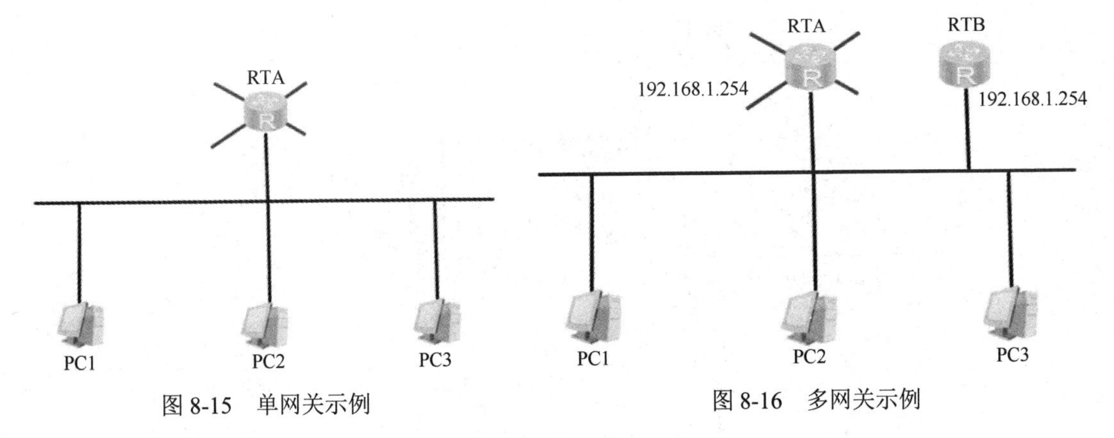

图 8-15　单网关示例

图 8-16　多网关示例

8.4.2　VRRP 概述

1. VRRP 定义

VRRP 是一种选择协议，能够在不改变组网的情况下，将多台路由器虚拟成一个虚拟路由器，通过配置虚拟路由器的 IP 地址为默认网关，实现网关的备份。

VRRP 的标识为 VRID，即虚拟路由器标识。第一台虚拟路由器标识 VRID=1。

2. VRRP 版本

VRRP 版本分为 VRRPv2（常用）和 VRRPv3 两种。

VRRPv2 仅适用于 IPv4 网络，VRRPv3 适用于 IPv4 和 IPv6 两种网络。

3. VRRP 报文

VRRP 只有一种报文，即 Advertisement，其目的 IP 地址是 224.0.0.18，协议号为 112。

虚拟 MAC 的组成为 00005e-0001XX。其中，00005e 为保留字段，0001 代表 VRRP 协议，XX 表示 VRRP 标识。若 VRID=1，则 XX 处标识为“01”。

8.4.3　VRRP 基本结构

VRRP 基本结构图如图 8-17 所示，这里 VRRP 将两台物理路由器 RTA 和 RTB 虚拟成一台虚拟路由器，虚拟路由器的 IP 地址为 PC 的网关，即 10.1.1.254。

在进行转发数据的过程中，RTA 与 RTB 两台路由器选择出主路由器（Master）和备份路由器（Backup）。主路由器负责转发网络中的数据，备份路由器作为主路由器的备份，保证网关的可靠性，当主路由器出现故障时，备份路由器将通过竞选成为新的主路由器。

主备路由器选举规则：

（1）先比较路由器的优先级，值越大越优先。

路由器优先级取值为 0～255，默认为 100。当真实物理设备 IP 地址和所要维护的虚拟设备 IP 地址相同时，优先级为 255。

当状态为 Master 的路由器接口 shutdown 时，会立刻发送优先级为 0 的通告报文，告诉其他路由器自己已经退位（优先级 0 系统保留使用）。

（2）再比较接口 IP 地址，值越大越优先。

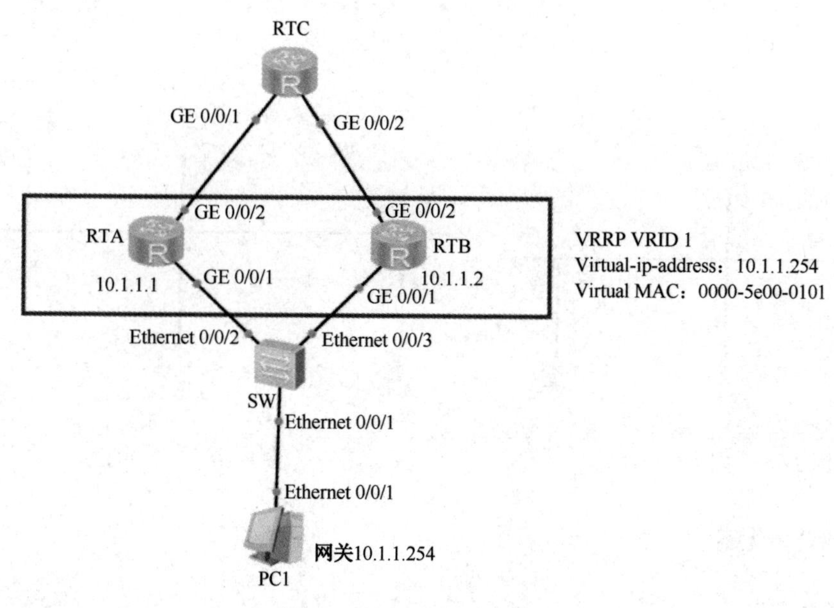

图 8-17 VRRP 基本结构图

8.4.4 VRRP 主备备份工作过程

VRRP 主备备份工作过程如图 8-18 所示。

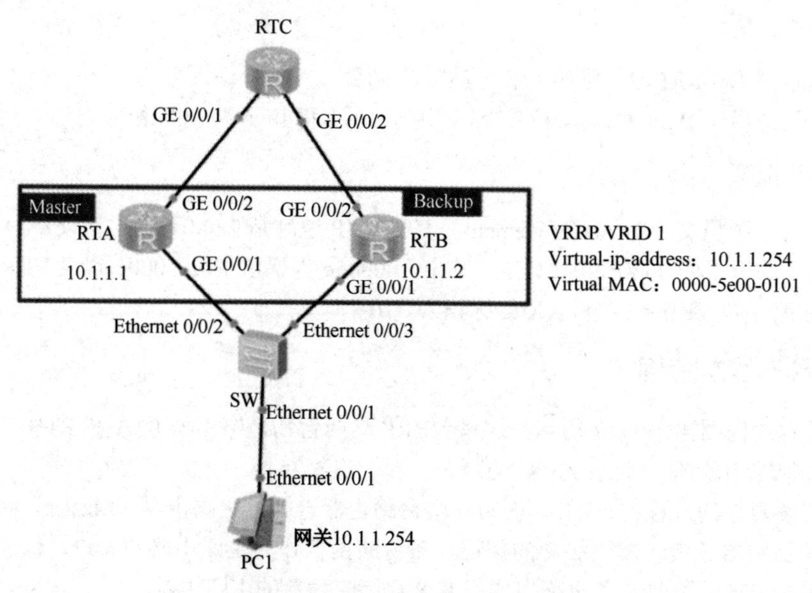

图 8-18 VRRP 主备备份工作过程

1. 选举 Master

VRRP 备份组中的设备根据优先级选举出 Master。Master 通过发送免费 ARP 报文，将虚拟 MAC 地址通知给与它连接的设备或主机，从而承担报文转发任务。

选举规则：比较优先级的大小，优先级高者当选为 Master 设备。当两台设备的优先级相同时，如果已经存在 Master，则其保持 Master 身份，无须继续选举；如果不存在 Master，则继续比较接口 IP 地址的大小，接口 IP 地址较大的设备当选为 Master 设备。

2. Master 设备状态的通告（VRRP 备份组状态维持）

Master 设备周期性地发送 VRRP 通告报文，在 VRRP 备份组中公布其配置信息（优先级等）和工作状况。Backup 设备通过接收的 VRRP 报文来判断 Master 设备是否正常工作。当 Master 设备主动放弃 Master 地位（如 Master 设备退出备份组）时，会发送优先级为 0 的通告报文，用来使 Backup 设备快速切换成 Master 设备，而不用等到定时器超时。

当Master设备发生网络故障而不能发送通告报文时，Backup设备并不能立即知道其工作状况。等到定时器超时后，才会认为 Master 设备无法正常工作，从而将状态切换为 Master。

3. Master 设备故障工作过程

VRRP 设备故障场景如图 8-19 所示。

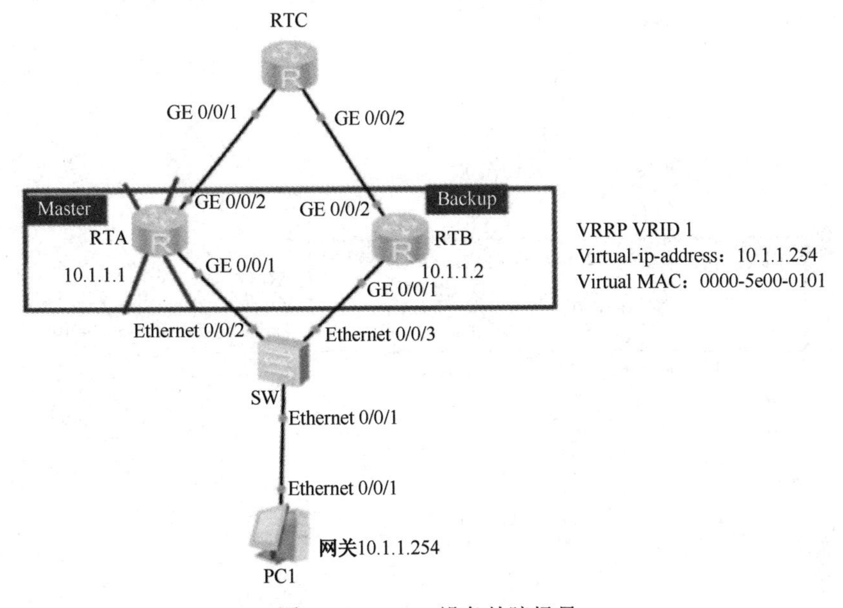

图 8-19　VRRP 设备故障场景

当组内的备份设备一段时间内没有接收到来自 Master 设备的报文，则将自己转为 Master 设备。

一个 VRRP 组里有多台备份设备时，短时间内可能产生多个 Master 设备，此时，设备将会对收到的 VRRP 报文中的优先级与本地优先级做比较，从而选取优先级高的设备成为 Master。

设备的状态变为 Master 之后，会立刻发送免费 ARP 来刷新交换机上的 MAC 表项，从而把用户的流量引到此设备上来，整个过程对用户完全透明。

4. 抢占模式（Preemption Mode）

在抢占模式下，具有更高优先级的备用路由器能够抢占具有较低优先级的 Master 路由器，使自己成为 Master。

注意：存在的例外情况是如果 IP 地址拥有者是可用的，则它总是处于抢占状态，并成为 Master 设备。

5. 抢占延时（Delay Time）

抢占延迟时间默认为 0，即立即抢占。

RTA 故障恢复后，立即抢占可能会导致流量中断，因为 RTA 的上行链路的路由协议可能未完成收敛，这种情况需要配置 Master 设备的抢占延时。

另外，在性能不稳定的网络中，网络堵塞可能导致 Backup 设备在一定期间没有收到 Master 设备的报文，Backup 设备则会主动切换为 Master。如果此时原 Master 设备的报文又到达了，新 Master 设备将再次切换回 Backup，如此则会出现 VRRP 备份组成员状态频繁切换的现象。为了缓解这种现象，可以配置抢占延时，使得 Backup 设备在等待了超时时间后，再等待抢占延迟时间。如果在此期间仍没有收到通告报文，Backup 设备才会切换为 Master 设备。

8.4.5 VRRP 联动

VRRP 联动过程如图 8-20 所示，其中，RTA 的上行链路故障不会引起 VRRP 主备切换，这样会造成主机 PC1 访问 Internet 的流量在 RTA 处被丢弃，所以需要使 VRRP 设备能够感知到上行链路故障，并且及时做主备切换。

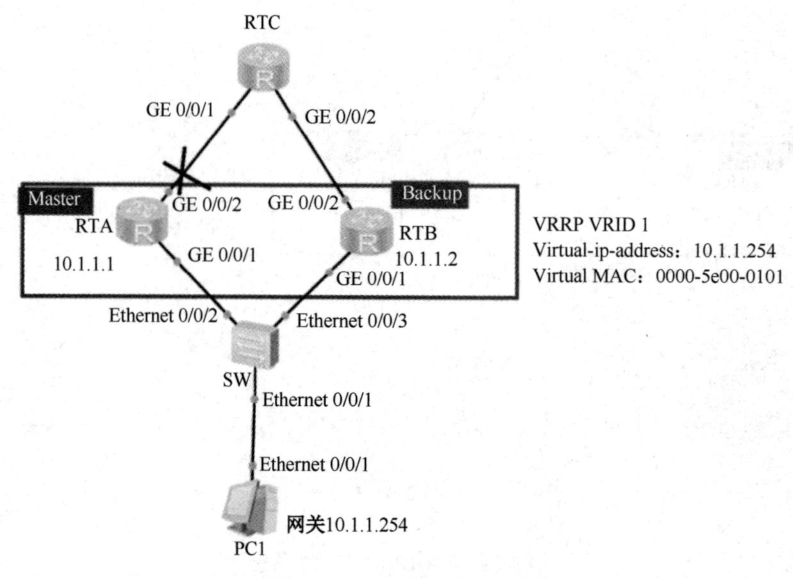

图 8-20 VRRP 联动过程

解决方法：利用 VRRP 的联动功能监视上行接口或链路故障，主动进行主备切换。

8.4.6 VRRP 负载分担

VRRP 负载分担过程如图 8-21 所示。

传统的主备方式流量都经由单个 Master 转发，Master 负担过重。通过配置不同的备份组，使 RTB 成为新备份组的 Master，这样就可以分担网络中的流量了。

负载分担是指多个 VRRP 备份组同时承担业务转发，VRRP 负载分担与 VRRP 主备备份的基本原理和报文协商过程都是相同的。对于每一个 VRRP 备份组，都包含一个 Master 设备和若干 Backup 设备。

负载分担方式需要建立多个 VRRP 备份组，各备份组的 Master 设备分担在不同设备上；单台设备可以加入多个备份组，在不同的备份组中扮演不同的角色。

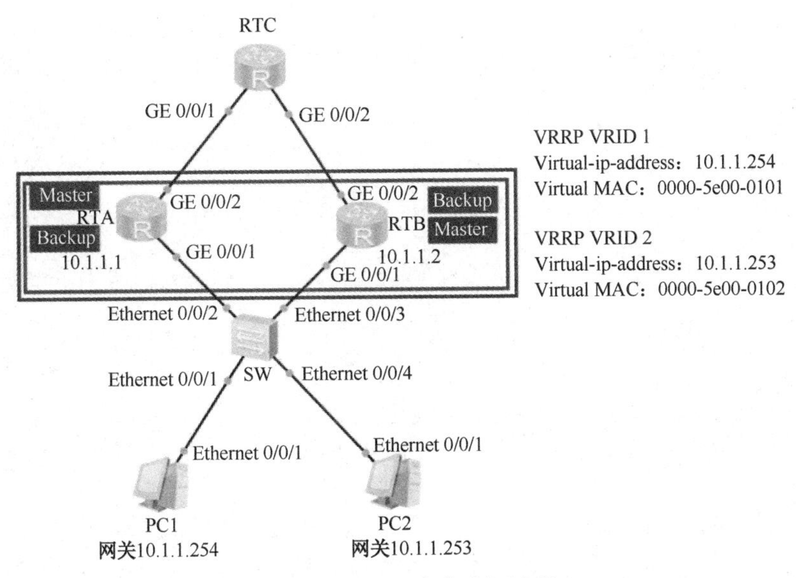

图 8-21　VRRP 负载分担过程

8.4.7　VRRP 配置

VRRP 配置实验图如图 8-22 所示。

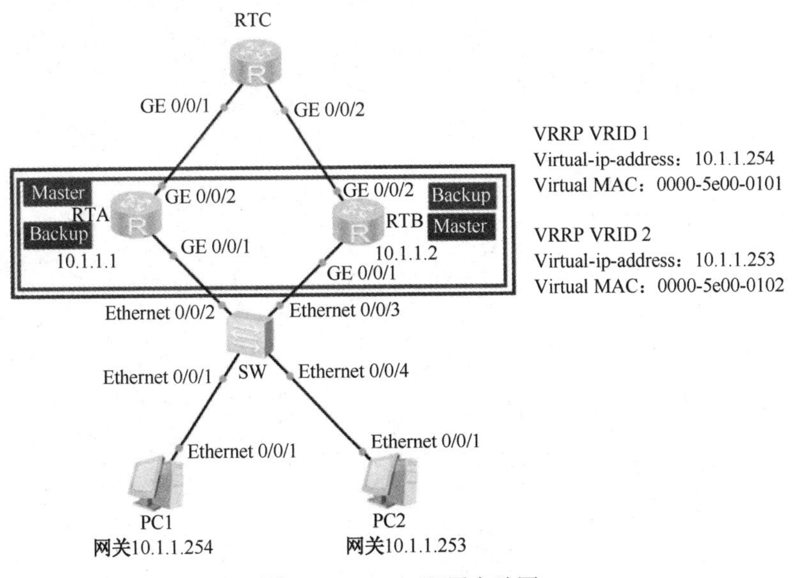

图 8-22　VRRP 配置实验图

1. VRRP 主备备份配置

RTA 配置：

```
[RTA]interface g0/0/1
[RTA-GigabitEthernet0/0/1]ip address 10.1.1.1 24
[RTA-GigabitEthernet0/0/1]vrrp vrid 1 virtual-ip 10.1.1.254
[RTA-GigabitEthernet0/0/1]vrrp vrid 1 priority 150
[RTA-GigabitEthernet0/0/1]vrrp vrid 1 preempt-mode timer delay 20   #配置
Master设备的抢占时延为20s
```

```
[RTA-GigabitEthernet0/0/1]vrrp vrid 1 track interface GigabitEthernet0/0/2 reduce 30  #跟踪上行接口GE 0/0/2的状态，如果端口出现故障，则Master设备VRRP的优先级降低30
```

RTB 配置：

```
[RTB]interface g0/0/1
[RTB-GigabitEthernet0/0/1]ip address 10.1.1.2 24
[RTB-GigabitEthernet0/0/1]vrrp vrid 1 virtual-ip 10.1.1.254
[RTB-GigabitEthernet0/0/1]vrrp vrid 1 track interface GigabitEthernet0/0/2 reduce 30  #跟踪上行接口GE 0/0/2的状态，如果端口出现故障，则Master设备VRRP的优先级降低30
```

2. VRRP 负载均衡配置

在上述步骤基础上的 RTA 配置：

```
[RTA]interface g0/0/1
[RTA-GigabitEthernet0/0/1]vrrp vrid 2 virtual-ip 10.1.1.253
```

RTB 配置：

```
[RTB]interface g0/0/1
[RTB-GigabitEthernet0/0/1]vrrp vrid 2 virtual-ip 10.1.1.253
[RTB-GigabitEthernet0/0/1]vrrp vrid 2 priority 150
[RTB-GigabitEthernet0/0/1]vrrp vrid 1 preempt-mode timer delay 20  #配置Master设备的抢占时延为20s
```

8.5 MSTP 的基础配置

某公司的网络采用了备份网络，所有的 VLAN 共享一棵 STP，为了实现 VLAN 间数据流量的负载均衡，可以通过配置 MSTP 来实现。实验拓扑如图 8-23 所示。

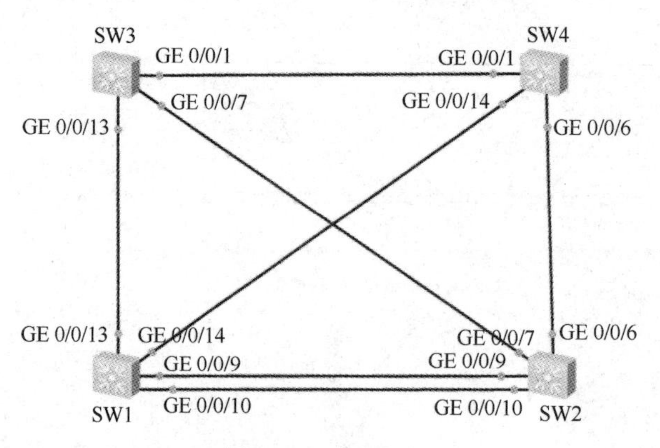

图 8-23　实验拓扑

（1）创建 VLAN 2 到 20，并将相应的接口加入 VLAN 中。

```
[SW1]vlan batch 2 to 20
[SW1]interface GigabitEthernet 0/0/9
[SW1-GigabitEthernet0/0/9]port link-type trunk
[SW1-GigabitEthernet0/0/9]port trunk allow-pass vlan 1 to 20
[SW1-GigabitEthernet0/0/9]quit
[SW1]interface GigabitEthernet 0/0/10
[SW1-GigabitEthernet0/0/10]port link-type trunk
[SW1-GigabitEthernet0/0/10]port trunk allow-pass vlan 1 to 20
[SW1-GigabitEthernet0/0/10]quit
[SW1]interface GigabitEthernet 0/0/13
```

```
[SW1-GigabitEthernet0/0/13]port link-type trunk
[SW1-GigabitEthernet0/0/13]port trunk allow-pass vlan 1 to 20
[SW1-GigabitEthernet0/0/13]quit
[SW1]interface GigabitEthernet 0/0/14
[SW1-GigabitEthernet0/0/14]port link-type trunk
[SW1-GigabitEthernet0/0/14]port trunk allow-pass vlan 1 to 20
[SW1-GigabitEthernet0/0/14]quit
[SW2]vlan batch 1 to 20
[SW2]interface GigabitEthernet 0/0/9
[SW2-GigabitEthernet0/0/9]port link-type trunk
[SW2-GigabitEthernet0/0/9]port trunk allow-pass vlan 1 to 20
[SW2-GigabitEthernet0/0/9]quit
[SW2]interface GigabitEthernet 0/0/10
[SW2-GigabitEthernet0/0/10]port link-type trunk
[SW2-GigabitEthernet0/0/10]port trunk allow-pass vlan 1 to 20
[SW2-GigabitEthernet0/0/10]quit
[SW2]interface GigabitEthernet 0/0/7
[SW2-GigabitEthernet0/0/7]port link-type trunk
[SW2-GigabitEthernet0/0/7]port trunk allow-pass vlan 1 to 20
[SW2-GigabitEthernet0/0/7]quit
[SW2]interface GigabitEthernet 0/0/6
[SW2-GigabitEthernet0/0/6]port link-type trunk
[SW2-GigabitEthernet0/0/6]port trunk allow-pass vlan 1 to 20
[SW2-GigabitEthernet0/0/6]quit
[SW3]vlan batch 1 to 20
[SW3]interface GigabitEthernet0/0/1
[SW3-GigabitEthernet0/0/1]port link-type trunk
[SW3-GigabitEthernet0/0/1]port trunk allow-pass vlan 1 to 20
[SW3-GigabitEthernet0/0/1]quit
[SW3]interface GigabitEthernet0/0/13
[SW3-GigabitEthernet0/0/13]port link-type trunk
[SW3-GigabitEthernet0/0/13]port trunk allow-pass vlan 1 to 20
[SW3-GigabitEthernet0/0/13]quit
[SW3]interface GigabitEthernet0/0/7
[SW3-GigabitEthernet0/0/7]port link-type trunk
[SW3-GigabitEthernet0/0/7]port trunk allow-pass vlan 1 to 20
[SW3-GigabitEthernet0/0/7]quit
[SW4]vlan batch 1 to 20
[SW4]interface GigabitEthernet0/0/1
[SW4-GigabitEthernet0/0/1]port link-type trunk
[SW4-GigabitEthernet0/0/1]port trunk allow-pass vlan 1 to 20
[SW4-GigabitEthernet0/0/1]quit
[SW4]interface GigabitEthernet0/0/6
[SW4-GigabitEthernet0/0/6]port link-type trunk
[SW4-GigabitEthernet0/0/6]port trunk allow-pass vlan 1 to 20
[SW4-GigabitEthernet0/0/6]quit
[SW4]interface GigabitEthernet0/0/14
[SW4-GigabitEthernet0/0/14]port link-type trunk
[SW4-GigabitEthernet0/0/14]port trunk allow-pass vlan 1 to 20
[SW4-GigabitEthernet0/0/14]quit
```

（2）配置 MSTP。定义 VLAN 1 至 10 属于实例 1，VLAN 11 至 20 属于实例 2。

```
[SW1]stp mode mstp
[SW1]stp region-configuration
[SW1-mst-region]region-name RG1
[SW1-mst-region]instance 1 vlan 1 to 10
[SW1-mst-region]instance 2 vlan 11 to 20
[SW1-mst-region]active region-configuration
[SW1-mst-region]quit
[SW2]stp mode mstp
[SW2]stp region-configuration
[SW2-mst-region]region-name RG1
[SW2-mst-region]instance 1 vlan 1 to 10
[SW2-mst-region]instance 2 vlan 11 to 20
[SW2-mst-region]active region-configuration
[SW2-mst-region]quit
[SW3]STP mode mstp
[SW3]stp region-configuration
[SW3-mst-region]region-name RG1
[SW3-mst-region]instance 1 vlan 1 to 10
[SW3-mst-region]instance 2 vlan 11 to 20
[SW3-mst-region]quit
[SW4]STP mode mstp
[SW4]stp region-configuration
[SW4-mst-region]region-name RG1
[SW4-mst-region]instance 1 vlan 1 to 10
[SW4-mst-region]instance 2 vlan 11 to 20
[SW4-mst-region]quit
```

（3）配置 SW1 在实例 1 中的主根和在实例 2 中的备份根。配置 SW2 在实例 2 中的主根和在实例 1 中的备份根。

```
[SW1]stp instance 1 root priority
[SW1]stp instance 2 root secondary
[SW2]stp instance 2 root priority
[SW2]stp instance 1 root secondary
```

习　题

一、选择题

1．RSTP 协议比 STP 协议增加了哪些端口角色？（　　）（多选）

A．指定端口　　B．Backup 端口

C．根端口　　D．Alternate 端口

2．STP 协议的配置 BPDU 报文不包含以下哪个参数？（　　）

A．VLAN ID　　B．Bridge ID　　C．Root ID　　D．Port ID

3．默认情况下，STP 协议 Forward Delay 时间是（　）秒。

A．20　　B．15　　C．10　　D．5

4．运行 STP 协议的交换网络在进行生成树计算时用到了以下哪些参数？（　　）（多选）

A．根路径开销　　B．端口 ID　　C．Forward Delay　　D．桥 ID

5．在 STP 协议中，假设所有的交换机所配置的优先级相同，交换机 1 的 MAC 地址为 00-e0-fc-00-00-40，交换机 2 的 MAC 地址为 00-e0-fc-00-00-10，交换机 3 的 MAC 地址为 00-e0-fc-00-00-20，交换机 4 的 MAC 地址为 00-e0-fc-00-00-80，则根交换机应当为（　　）。

A．交换机 1　　B．交换机 3　　C．交换机 4　　D．交换机 2

6．下列关于 RSTP 协议中 Backup 端口说法正确的是（　　）。

A．Backup 端口既转发用户流量又学习 MAC 地址

B．Backup 端口提供了从指定桥到根桥的另一条可切换路径，作为根端口的备份端口

C．Backup 端口作为指定端口的备份，提供了另一条从根桥到相应网段的备份通路

D．Backup 端口不发用户流量但是学习 MAC 地址

7．华为 Sx7 系列交换机运行 STP 时，默认情况下交换机的优先级为（　　）。

A．4096　　B．32768　　C．16384　　D．8192

8．下列关于 STP 协议 Forward Delay 的作用说法正确的是（　　）。

A．减小 BPDU 发送时间间隔

B．提升 BPDU 的生存时间，保证配置 BPDU 可以转发到更多的交换机

C．提高 STP 的收敛速度

D．防止出现临时性环路

二、简答题

1．STP 协议的作用是什么？

2．怎么选举根桥?

3．什么是 RPC？

4．什么是 PID？

5．什么是 BPDU？

6．简述 BPDU 的两种类型。

7．简述 STP 的几种端口状态。

第9章 DHCP技术

一个网络如果要正常运行，则网络中的主机（Host）必须要知道某些重要的网络参数，如IP地址、子网掩码、网关地址、DNS服务器地址、网络打印机地址等。显然，在每台主机上都采用手工方式来配置这些参数是非常困难的，或是根本不可能的。为此，IETF于1993年发布了动态主机配置协议（Dynamic Host Configuration Protocol，DHCP）。DHCP的前身是BOOTP协议，BOOTP后来被DHCP取代，DHCP比BOOTP更加复杂，功能更强大。本章主要讲述DHCP的应用。

本章导读：

- DHCP概述
- DHCP的基本原理与配置
- DHCP中继
- DHCP Snooping
- DHCPv6

9.1 DHCP概述

9.1.1 DHCP的应用场景

DHCP的应用场景如图9-1所示。DHCP是一个用于局域网的网络协议，位于OSI参考模型的应用层，使用UDP协议工作。在大型企业网络中，一般会有大量的主机等终端设备，每个终端都需要配置IP地址等网络参数才能接入网络。在小型网络中，终端数量很少，可以手工配置IP地址，但是在大中型网络中，终端数量很多，手工配置IP地址工作量大，并且配置时容易导致IP地址冲突等错误。

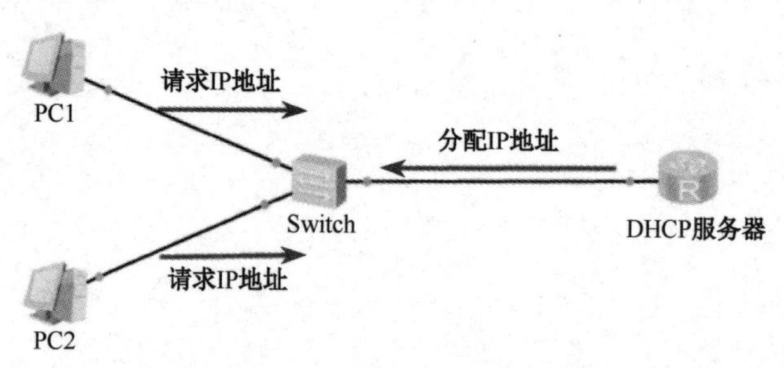

图9-1 DHCP的应用场景

DHCP可以为网络终端动态分配IP地址，解决了手工配置IP地址时的各种问题。DHCP使用了租期的概念，或称为计算机IP地址的有效期。租用时间是不定的，主要取决于用户在某地连接Internet需要的时间，这对于教育行业和其他用户频繁改变的环境是很实用的。通过较短的租期，DHCP能够在一个计算机比可用IP地址多的环境中动态地重新配置网络。DHCP支持为计算机分配静态地址，如需要永久性IP地址的Web服务器。

9.1.2　DHCP 的基本概念

1. DHCP 报文类型

DHCP 报文类型及其含义如表 9-1 所示。

表 9-1　DHCP 报文类型及其含义

报 文 类 型	含　义
DHCP Discover	客户端用来寻找 DHCP 服务器
DHCP Offer	DHCP 服务器用来响应 DHCP Discover 报文，此报文携带了各种配置信息
DHCP Request	客户端请求配置确认，或者续借租期
DHCP Ack	服务器对 Request 报文的确认响应
DHCP Nak	服务器对 Request 报文的拒绝响应
DHCP Release	客户端要释放地址时用来通知服务器

2. DHCP 地址池

DHCP 服务器的地址池用来定义分配给主机的 IP 地址范围，有两种形式。

1）接口地址池

为连接到同一网段的主机或终端分配 IP 地址。可以在服务器的接口下执行 dhcp select interface 命令，配置 DHCP 服务器采用接口地址池的 DHCP 服务器模式为客户端分配 IP 地址。

2）全局地址池

为所有连接到 DHCP 服务器的终端分配 IP 地址。可以在服务器的接口下执行 dhcp select global 命令，配置 DHCP 服务器采用全局地址池的 DHCP 服务器模式为客户端分配 IP 地址。

接口地址池的优先级比全局地址池高。配置了全局地址池后，如果又在接口上配置了接口地址池，客户端将会从接口地址池中获取 IP 地址。

9.2　DHCP 的工作原理与配置

9.2.1　DHCP 的工作原理

1. DHCP 的工作过程

为了获取 IP 地址等配置信息，DHCP 客户端需要和 DHCP 服务器进行报文交互。DHCP 工作过程如图 9-2 所示。

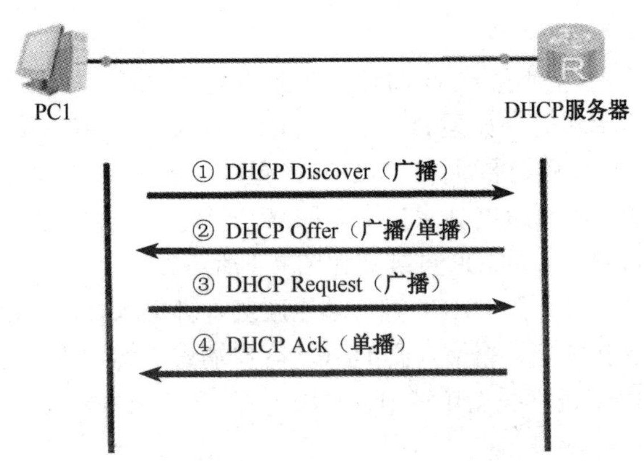

图 9-2　DHCP 工作过程

首先，DHCP客户端发送DHCP发现报文来发现DHCP服务器。DHCP服务器会选取一个未分配的IP地址，向DHCP客户端发送DHCP提供报文。此报文中包含分配给客户端的IP地址和其他配置信息。如果存在多个DHCP服务器，则每个DHCP服务器都会响应。

如果有多个DHCP服务器向DHCP客户端发送DHCP提供报文，DHCP客户端将会选择收到的第一个DHCP提供报文，然后发送DHCP请求报文，请求报文中包含请求的IP地址。收到DHCP请求报文后，提供该IP地址的DHCP服务器会向DHCP客户端发送一个DHCP确认报文，确认报文中包含提供的IP地址和其他配置信息。DHCP客户端收到DHCP确认报文后，会发送免费ARP报文，检查网络中是否有其他主机使用分配的IP地址。如果指定时间内没有收到ARP应答，则DHCP客户端会使用这个IP地址。如果有主机使用该IP地址，则DHCP客户端会向DHCP服务器发送DHCP拒绝报文，通知服务器该IP地址已被占用。然后DHCP客户端会向服务器重新申请一个IP地址。

2. DHCP租期更新

DHCP服务器向DHCP客户端出租的IP地址一般有一个租借期限，期满后DHCP服务器便会收回出租的IP地址。如果DHCP客户端要延长其IP租期，则必须更新其IP租期。DHCP客户端启动时及IP租期过一半时，DHCP客户端都会自动向DHCP服务器发送更新其IP租期的信息。

IP租期到达50%时，DHCP客户端会请求更新IP地址租期。DHCP续租如图9-3所示。

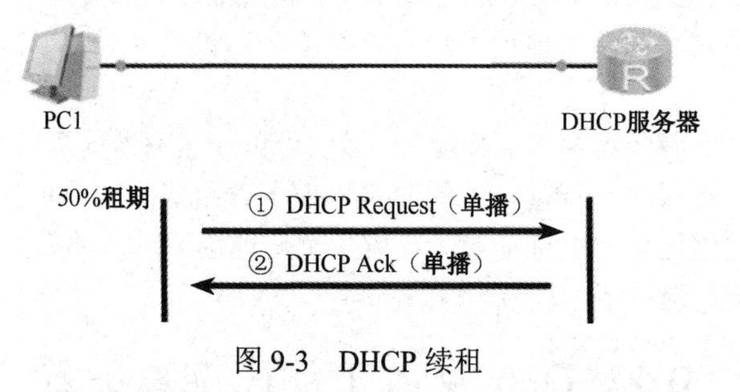

图9-3　DHCP续租

申请到IP地址后，DHCP客户端中会保存3个定时器，分别用来控制租期更新、租期重绑定和租期失效。DHCP服务器为DHCP客户端分配IP地址时会指定3个定时器的值。如果DHCP服务器没有指定定时器的值，则DHCP客户端会使用默认值，默认租期为1天。默认情况下，当剩下50%的租期时，DHCP客户端开始租期更新过程。DHCP客户端向分配IP地址的服务器发送DHCP请求报文来申请延长IP地址的租期，DHCP服务器向客户端发送DHCP确认报文，给予DHCP客户端一个新的租期。

3. DHCP重绑定

如果DHCP客户端在租期到达87.5%时还没收到服务器响应，则会申请重绑定IP。DHCP客户端发送DHCP请求报文续租时，如果DHCP客户端没有收到DHCP服务器的DHCP应答报文。默认情况下，重绑定定时器在租期剩余12.5%的时候超时，超时后，DHCP客户端会认为原DHCP服务器不可用，开始重新发送DHCP请求报文。网络上任何一台DHCP服务器都可以应答DHCP确认报文或DHCP非确认报文。DHCP重绑定如图9-4所示。

如果收到DHCP确认报文，则DHCP客户端重新进入绑定状态，复位租期更新定时器和重绑定定时器。如果收到DHCP非确认报文，则DHCP客户端进入初始化状态。此时，DHCP客户端必须立刻停止使用现有IP地址，重新申请IP地址。

图 9-4　DHCP 重绑定

4. DHCP 地址释放

如果 IP 租期到期前都没有收到服务器响应，则客户端停止使用此 IP 地址。

如果 DHCP 客户端不再使用分配的 IP 地址，也可以主动向 DHCP 服务器发送 DHCP Release 报文，释放该 IP 地址。DHCP 地址释放如图 9-5 所示。

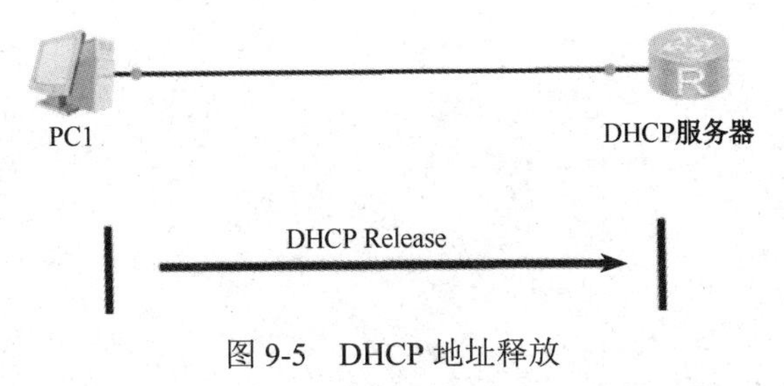

图 9-5　DHCP 地址释放

租期定时器是地址失效进程中的最后一个定时器，超时时间为 IP 地址的租期时间。如果 DHCP 客户端在租期失效定时器超时前没有收到服务器的任何回应，则 DHCP 客户端必须立刻停止使用现有 IP 地址，发送 DHCP Release 报文，并进入初始化状态。然后，DHCP 客户端重新发送 DHCP 发现报文，申请 IP 地址。

9.2.2　DHCP 的基础配置

DHCP 支持配置两种地址池：接口地址池和全局地址池。

1. 基于接口地址池

DHCP 基于接口地址池配置如图 9-6 所示。

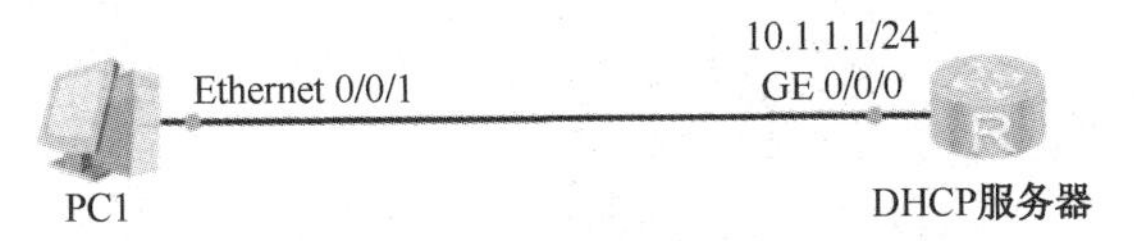

图 9-6　DHCP 基于接口地址池配置

```
[Huawei]dhcp enable
[Huawei]interface GigabitEthernet0/0/0
[Huawei-GigabitEthernet0/0/0]dhcp select interface
[Huawei-GigabitEthernet0/0/0]dhcp server dns-list 10.1.1.2
[Huawei-GigabitEthernet0/0/0]dhcp server excluded-ip-address 10.1.1.2
[Huawei-GigabitEthernet0/0/0]dhcp server lease day 3
```

注释：

dhcp enable 命令用来启动 DHCP 功能。在配置 DHCP 服务器时，必须先执行 dhcp enable 命令，才能配置 DHCP 的其他功能并生效。

dhcp select interface 命令用来关联接口和接口地址池，为连接到接口的主机提供配置信息。在本示例中，接口 GigabitEthernet 0/0/0 被加入接口地址池中。

dhcp server dns-list 命令用来指定接口地址池下的 DNS 服务器地址。

dhcp server excluded-ip-address 命令用来配置接口地址池中不参与自动分配的 IP 地址范围。

dhcp server lease 命令用来配置 DHCP 服务器接口地址池中 IP 地址的租用有效期限功能。默认情况下，接口地址池中 IP 地址的租用有效期限为 1 天。

2. 基于全局地址池

DHCP 基于全局地址池配置如图 9-7 所示。

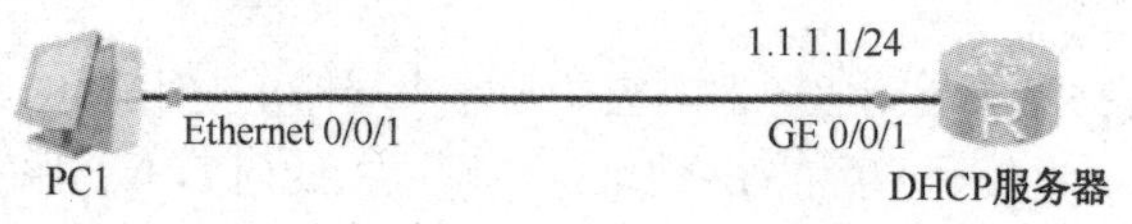

图 9-7 DHCP 基于全局地址池配置

```
[Huawei]dhcp enable
[Huawei]ip pool pool2        #ip pool命令用来创建全局地址池
[Huawei-ip-pool-pool2]network 1.1.1.0 mask 24  #network命令用来配置全局地址池下可分配的网段地址
[Huawei-ip-pool-pool2]gateway-list 1.1.1.1  #gateway-list命令用来配置DHCP服务器全局地址池的出口网关地址
[Huawei-ip-pool-pool2]lease day 10   #lease命令用来配置DHCP全局地址池下的地址租期。默认情况下，IP地址租期是1天
[Huawei-ip-pool-pool2]quit
[Huawei]interface GigabitEthernet0/0/1
[Huawei-GigabitEthernet0/0/1]dhcp select global  #dhcp select global命令用来使能接口的DHCP服务器功能
```

3. 获取 IP 地址

1）ipconfig

在 PC 的命令行中可以使用 ipconfig 自动获取 IP 地址。

2）ipconfig/release

断开当前的网络连接，主机 IP 变为 0.0.0.0，主机与网络断开，不能访问网络。

3）ipconfig/renew

更新适配器信息，请求连接网络，这条命令结束之后，主机会获得一个可用的 IP 地址，再次接入网络。

9.3 DHCP 中继

9.3.1 DHCP 中继的概述

随着网络规模的扩大，网络中就会出现用户处于不同网段的情况：

DHCP Client 和 DHCP 服务器必须在同一个二层广播域中才能接收到彼此发送的 DHCP 消息。DHCP 消息无法跨越二层广播域传递。

DHCP 中继示意图如图 9-8 所示。假设 ClientA 发送 DHCP Discover 报文寻找 DHCP 服务器，DHCP 消息（目的地址为 255.255.255.255）无法跨越二层广播域传递，故 RTA 丢弃该报文。DHCP 服务器未收到该消息，故无法为 ClientA 分配地址。

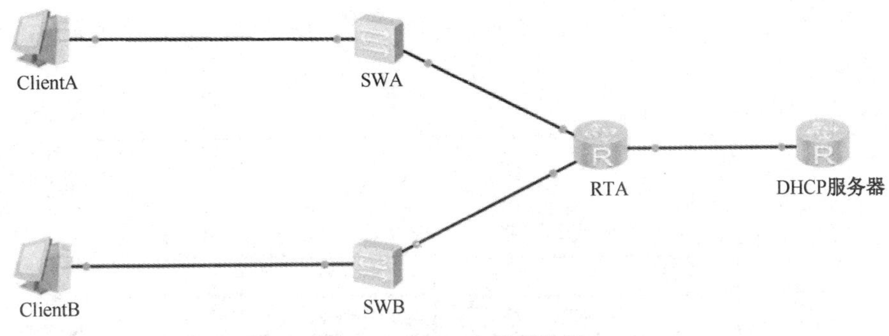

图 9-8　DHCP 中继示意图

一个实际的 IP 网络通常包含多个二层广播域，如果需要部署 DHCP，可以有以下两种方法：

方法一：在每一个二层广播域中部署一个 DHCP 服务器，该方法示意图如图 9-9 所示（代价太大，现实中一般不推荐此方法）。

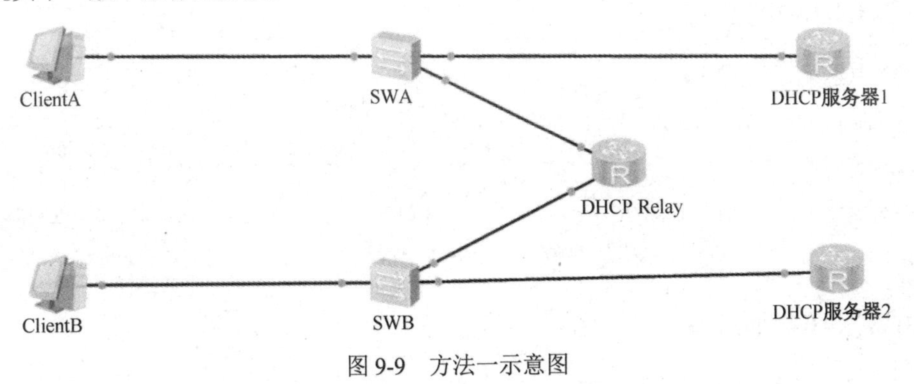

图 9-9　方法一示意图

方法二：部署一个 DHCP 服务器同时为多个二层广播域中的 DHCP Client 服务，该方法示意图如图 9-10 所示，这就需要引入 DHCP Relay。

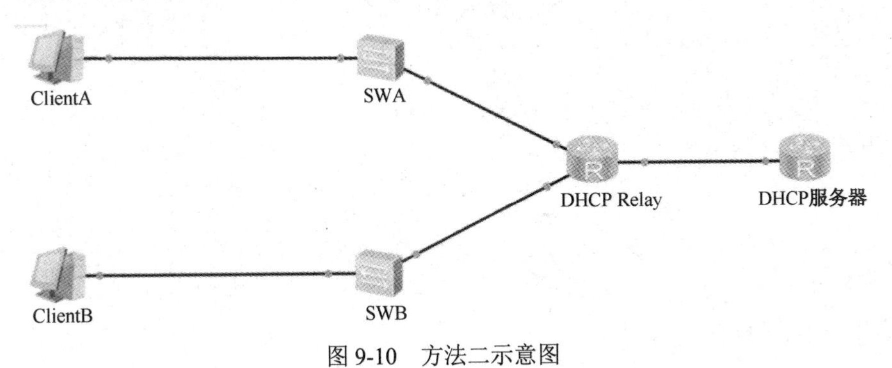

图 9-10　方法二示意图

9.3.2 DHCP 中继的工作原理

DHCP Relay 的基本作用就是专门在 DHCP Client 和 DHCP 服务器之间进行 DHCP 消息的中转。

DHCP 中继工作过程如图 9-11 所示。DHCP Client 利用 DHCP Relay 从 DHCP 服务器那里获取 IP 地址等配置参数时，DHCP Relay 必须与 DHCP Client 位于同一个二层广播域，但 DHCP 服务器可以与 DHCP Relay 位于同一个二层广播域，也可以与 DHCP Relay 位于不同的二层广播域。DHCP Client 与 DHCP Relay 之间是以广播方式交换 DHCP 消息的，而 DHCP Relay 与 DHCP

服务器之间是以单播方式交换 DHCP 消息的（这就意味着，DHCP Relay 必须事先知道 DHCP 服务器的 IP 地址）。

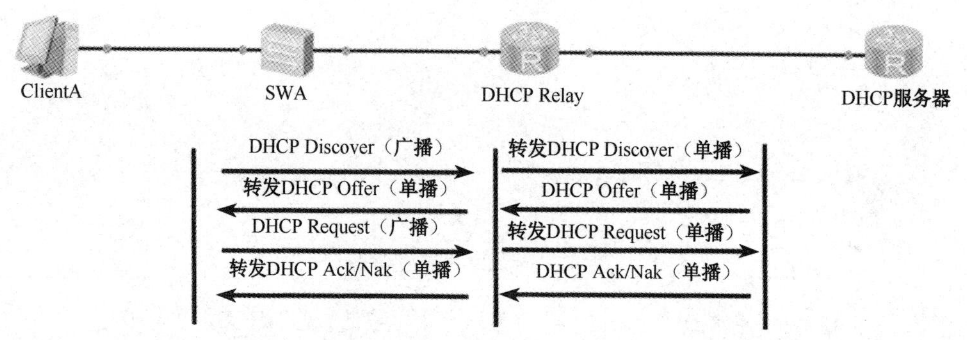

图 9-11 DHCP 中继工作过程

9.3.3 DHCP 中继配置

DHCP 中继配置如图 9-12 所示。

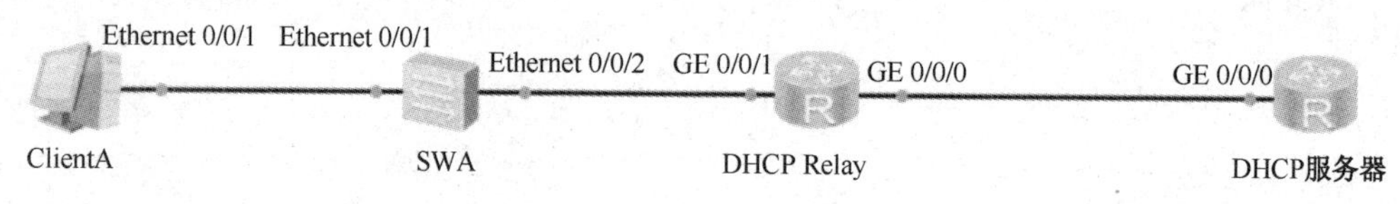

图 9-12 DHCP 中继配置

1. 配置 DHCP 服务器

（以基于全局地址池分配地址为例）

```
[HuaWei]dhcp enable
[HuaWei]ip pool DHCP-relay
[HuaWei-ip-pool-DHCP-relay]gateway-list 192.168.1.1
[HuaWei-ip-pool-DHCP-relay]network 192.168.1.0 mask 24
[HuaWei-ip-pool-DHCP-relay]dns-list 10.1.1.1
[HuaWei-ip-pool-DHCP-relay]quit
[HuaWei]interface g0/0/0
[Huawei-GigabitEthernet0/0/0]ip address 10.1.1.1 24
[Huawei-GigabitEthernet0/0/0]dhcp select global
[Huawei-GigabitEthernet0/0/0]quit
[HuaWei]ip route-static 192.168.1.0 24 10.1.1.2
```

2. 配置 DHCP 中继（GW）

```
[HuaWei]dhcp server group DHCP              #创建DHCP服务器组
[HuaWei-dhcp-server-group-DHCP]dhcp-server 10.1.1.1     #设置DHCP服务器地址
[HuaWei-dhcp-server-group-DHCP]quit
[HuaWei]dhcp enable
[HuaWei]interface g0/0/1
[Huawei-GigabitEthernet0/0/1]ip address 192.168.1.1 24
[Huawei-GigabitEthernet0/0/1]dhcp select relay                   #开启中继功能
[Huawei-GigabitEthernet0/0/1]dhcp relay server-select DHCP   #设定中继要使
用的服务器组
[Huawei-GigabitEthernet0/0/1]quit
```

```
[HuaWei]interface g0/0/0
[Huawei-GigabitEthernet0/0/0]ip address 10.1.1.2 24
```

9.4　DHCP Snooping

9.4.1　DHCP Snooping 概述

DHCP Snooping 是 DHCP 的一种安全特性，用于保证 DHCP 客户端从合法的 DHCP 服务器获取 IP 地址，并记录 DHCP 客户端 IP 地址与 MAC 地址等参数的对应关系，防止网络上针对 DHCP 的攻击。

目前 DHCP 协议（RFC2131）在应用的过程中遇到很多安全方面的问题，网络中存在一些针对 DHCP 的攻击，如 DHCP 服务器仿冒者攻击、DHCP 服务器的拒绝服务攻击，以及仿冒 DHCP 报文攻击等。

为了保证网络通信业务的安全性，可引入 DHCP Snooping 技术，在 DHCP Client 和 DHCP 服务器之间建立一道防火墙，以抵御网络中针对 DHCP 的各种攻击。

9.4.2　DHCP Snooping 的工作原理

DHCP Snooping 部署在交换机上，其作用类似于在 DHCP 客户端与 DHCP 服务器端之间构筑了一道虚拟的防火墙。

1. DHCP Snooping 的信任功能

DHCP Snooping 的信任功能能够保证客户端从合法的服务器获取 IP 地址。网络中如果存在私自架设的 DHCP 服务器仿冒者，则可能导致 DHCP 客户端获取错误的 IP 地址和网络配置参数，无法正常通信。DHCP Snooping 的信任功能可以控制 DHCP 服务器应答报文的来源，以防止网络中可能存在的 DHCP 服务器仿冒者为 DHCP 客户端分配 IP 地址及其他配置信息。

2. DHCP Snooping 的分析功能

开启 DHCP Snooping 功能后，设备能够通过分析 DHCP 的报文交互过程，生成 DHCP Snooping 绑定表，绑定表项包括客户端的 MAC 地址、获取到的 IP 地址、与 DHCP 客户端连接的接口及该接口所属的 VLAN 等信息。

9.4.3　DHCP 攻击

1. DHCP 服务器仿冒者攻击

1）攻击原理

由于 DHCP 服务器和 DHCP Client 之间没有认证机制，所以如果在网络上随意添加一台 DHCP 服务器，它就可以为客户端分配 IP 地址及其他网络参数。如果该 DHCP 服务器为用户分配错误的 IP 地址和其他网络参数，将会对网络造成非常大的危害。

2）解决方法

为了防止 DHCP 服务器仿冒者攻击，可配置设备接口的“信任（Trusted）/非信任（Untrusted）”工作模式。

将与合法 DHCP 服务器直接或间接连接的接口设置为信任接口，其他接口设置为非信任接口。此后，从“非信任（Untrusted）”接口上收到的 DHCP 回应报文将被直接丢弃，这样可以有效防止 DHCP 服务器仿冒者攻击。

2. 仿冒 DHCP 报文攻击

1）攻击原理

已获取 IP 地址的合法用户通过向服务器发送 DHCP Request 或 DHCP Release 报文用于续租或释放 IP 地址。如果攻击者冒充合法用户不断向 DHCP 服务器发送 DHCP Request 报文来续租 IP 地址，则会导致这些到期的 IP 地址无法正常回收，以致一些合法用户不能获得 IP 地址；而若攻击者仿冒合法用户的 DHCP Release 报文发往 DHCP 服务器，则将会导致用户异常下线。

2）解决方法

为了有效防止仿冒 DHCP 报文攻击，可利用 DHCP Snooping 绑定表的功能。设备通过将 DHCP Request 报文和 DHCP Release 报文与绑定表进行匹配操作能够有效判别报文是否合法（主要是检查报文中的 VLAN、IP、MAC、接口信息是否匹配动态绑定表），若匹配成功，则转发该报文，若匹配不成功，则丢弃。

3. DHCP Server 服务拒绝攻击

1）攻击原理

若设备接口 interface1 下存在大量攻击者恶意申请 IP 地址，则会导致 DHCP Server 中的 IP 地址快速耗尽而不能为其他合法用户提供 IP 地址分配服务。

另外，DHCP Server 通常仅根据 DHCP Request 报文中的 CHADDR（Client Hardware Address）字段来确认客户端的 MAC 地址。如果某一攻击者通过不断改变 CHADDR 字段向 DHCP Server 申请 IP 地址，同样会导致 DHCP Server 上的地址池被耗尽，从而无法为其他正常用户提供 IP 地址。

2）解决方法

为了抑制大量 DHCP 用户恶意申请 IP 地址，在使能设备的 DHCP Snooping 功能后，可配置设备或接口允许接入的最大 DHCP 用户数，当接入的用户数达到该值时，则不再允许任何用户通过此设备或接口成功申请到 IP 地址。

对通过改变 DHCP Request 报文中的 CHADDR 字段方式的攻击，可使能设备检测 DHCP Request 报文帧头 MAC 与 DHCP 数据区中的 CHADDR 字段是否一致功能，此后设备将检查发送的 DHCP Request 报文帧头 MAC 地址是否与 CHADDR 值相等，相等则转发，否则丢弃。

9.5 DHCPv6

9.5.1 DHCPv6 概述

DHCPv6 的作用与 IPv4 中的 DHCP 功能类似，但是又不完全一样。

（1）DHCPv6 有状态自动配置：DHCPv6 服务器自动配置 IPv6 地址/前缀及其他网络配置参数（DNS、NIS、SNTP 服务器地址等）。

DHCPv6 有状态自动配置交互过程如下：

① DHCPv6 客户端发送 Solicit 报文，请求 DHCPv6 服务器为其分配 IPv6 地址和网络配置参数；

② DHCPv6 服务器回复 Advertise 报文，该报文中携带了为客户端分配的 IPv6 地址及其他网络配置参数；

③ DHCPv6 客户端如果接收到多个服务器回复的 Advertise 报文，则会根据 Advertise 报文中的服务器优先级等参数来选择优先级最高的一台服务器，并向所有的服务器发送 Request 组播

报文；

④ 被选定的 DHCPv6 服务器回复 Reply 报文，确认将 IPv6 地址和网络配置参数分配给客户端使用。

（2）DHCPv6 无状态自动配置：主机 IPv6 地址仍然通过路由通告方式自动生成，DHCPv6 服务器只分配除 IPv6 地址以外的配置参数，包括 DNS 服务器地址等。

DHCPv6 无状态自动配置交互过程如下：

① DHCPv6 客户端以组播方式向 DHCPv6 服务器发送 Information-Request 报文，该报文中携带 Option Request 选项，用来指定 DHCPv6 客户端需要从 DHCPv6 服务器获取的配置参数。DHCPv6 服务器收到 Information-Request 报文后，为 DHCPv6 客户端分配网络配置参数，并单播发送 Reply 报文，将网络配置参数返回给 DHCPv6 客户端；

② DHCPv6 客户端根据收到的 Reply 报文中提供的参数完成 DHCPv6 客户端无状态配置。

（3）DHCPv6 PD 自动配置：下层网络路由器不需要再手工指定用户侧链路的 IPv6 地址前缀，只需要向上层网络路由器提出前缀分配申请，上层网络路由器便可以分配合适的地址前缀给下层网络路由器，下层网络路由器把获得的前缀（一般前缀长度小于 64 位）进一步自动细分成 64 位前缀长度的子网网段，把细分的地址前缀再通过路由通告（RA）发送至与 IPv6 主机直连的用户链路上，实现主机的地址自动配置，从而完成整个 IPv6 网络的层次化布局。

DHCPv6 PD（Prefix Delegation，前缀代理自动配置）交互过程如下：

① DHCPv6 客户端发送 Solicit 报文，请求 DHCPv6 服务器为其分配 IA_NA 地址和 IA_PD 前缀；

② DHCPv6 服务器回复 Advertise 报文，通知客户端可以为其分配的 IPv6 地址和前缀；

③ 客户端接收到多个服务器回复的 Advertise 报文，根据 Advertise 报文中的服务器优先级等参数，选择优先级最高的一台服务器（若服务器优先级一样，则选择带有该客户端需要的配置参数的 Advertise 报文），并向其发送 Request 报文，请求为其分配地址/前缀；

④ DHCPv6 服务器回复 Reply 报文，确认将 IPv6 地址/前缀分配给 DHCPv6 客户端；

⑤ DHCPv6 客户端在收到 PD 前缀后，与终端进行 RS/RA 报文交互，在 RA 报文中将携带获取到的 PD 前缀下发至终端。

9.5.2　DHCPv6 配置

DHCPv6 配置拓扑如图 9-13 所示，有两台路由器，即 R1 和 R2，R1 为 DHCP 服务器，R2 则通过 R1 自动获取地址。

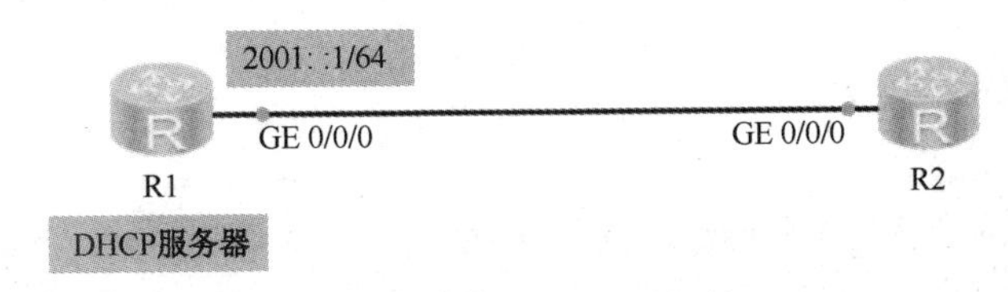

图 9-13　DHCPv6 配置拓扑

步骤 1：在 R1 上配置 DHCPv6 服务器功能。

```
[R1]dhcp enable
[R1]dhcpv6 pool pool1
[R1-dhcpv6-pool-pool1]address prefix 2001::/64
[R1-dhcpv6-pool-pool1]excluded-address 2001::1
[R1-dhcpv6-pool-pool1]quit
[R1]interface GigabitEthernet 0/0/0
[R1-GigabitEthernet0/0/0]dhcpv6 server pool1
```

步骤 2：在 R2 的 GE0/0/0 接口配置自动获取。

```
[R2]dhcp enable
[R2]interface GigabitEthernet 0/0/0
[R2-GigabitEthernet0/0/0]ipv6 address auto link-local
[R2-GigabitEthernet0/0/0]ipv6 address auto dhcp
```

步骤 3：结果验证。

```
[R2]display ipv6 interface brief
*down: administratively down
(l): loopback
(s): spoofing
Interface                    Physical              Protocol
GigabitEthernet0/0/0           up                    up
[IPv6 Address] 2001::2
```

9.6 基本配置实验

由于某公司网络主机数量较多，使用静态地址分配难以管理，因此需要架设 DHCP 服务器。实验拓扑如图 9-14 所示。

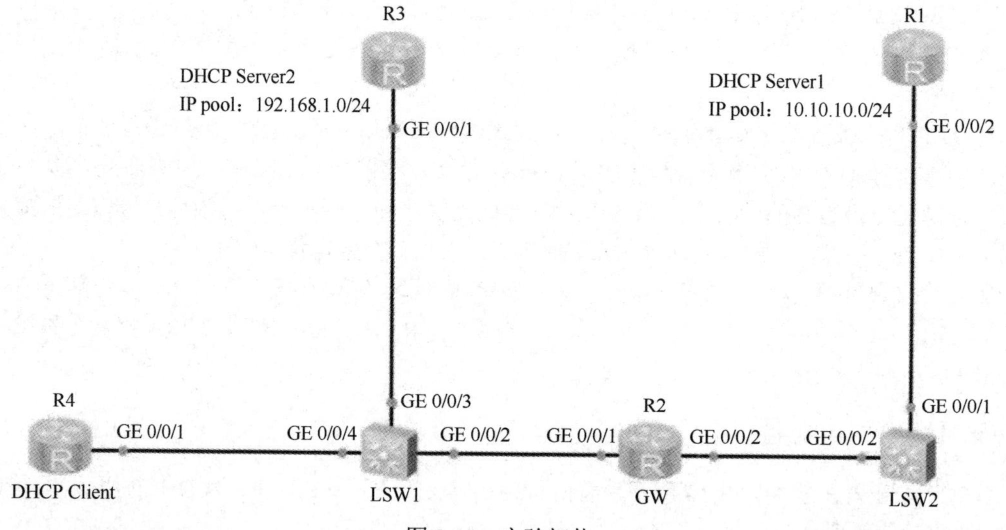

图 9-14 实验拓扑

1. 基本配置与 IP 编址

给所有设备配置 IP 地址和掩码。

```
[R1]interface GigabitEthernet 0/0/2
[R1-GigabitEthernet0/0/2]ip address 10.0.12.1 24
[R1-GigabitEthernet0/0/2]quit
[R1]interface loopback 0
[R1-LoopBack0]ip address 1.1.1.1 32
[R2]interface GigabitEthernet 0/0/2
[R2-GigabitEthernet0/0/2]ip address 10.0.12.2 24
[R2-GigabitEthernet0/0/2]quit
[R2]interface GigabitEthernet 0/0/1
[R2-GigabitEthernet0/0/1]ip address 10.10.10.1 24
[R3]interface GigabitEthernet 0/0/1
```

```
[R3-GigabitEthernet0/0/1]ip address 192.168.1.1 24
```

在 R4 的接口上配置 DHCP 客户端，使用 DHCP 方式获得 IP 地址。

```
[R4]dhcp enable
[R4]interface GigabitEthernet 0/0/1
[R4-GigabitEthernet0/0/1] ip address dhcp-alloc
```

验证 R2 和 R1 的互通。

```
[R1]ping 10.0.12.2
```

2. 配置 R1 和 R2 之间的路由

R1 发布自己的环回口路由给 R2，R2 将自己连接 LSW1 的接口路由发布给 R1，实现局域网网关和外网的互通。

```
[R1]ospf 1
[R1-ospf-1]area 0
[R1-ospf-1-area-0.0.0.0]network 1.1.1.1 0.0.0.0
[R1-ospf-1-area-0.0.0.0]network 10.0.12.0 0.0.0.255
[R2]ospf 1
[R2-ospf-1]silent-interface GigabitEthernet 0/0/1
[R2-ospf-1]area 0
[R2-ospf-1-area-0.0.0.0]network 10.10.10.0 0.0.0.255
[R2-ospf-1-area-0.0.0.0]network 10.0.12.0 0.0.0.255
```

将 R2 连接交换机的接口设置为 silent 接口，可以保证该网段的发布，但不会在这个接口建立任何邻居。验证两个网络的互通：

```
[R2]ping -a 10.10.10.1 1.1.1.1
```

3. 配置 IP Pool

分别在 R1 和 R3 上创建两个地址池，R1 的地址池范围为 10.10.10.0/24，网关为 R2 的 GE0/0/1 接口地址 10.10.10.1，DNS 地址使用 1.1.1.1，为了保证该网络中一些静态地址不被分配，保留 10.10.10.2～10.10.10.10 不被 DHCP 动态分配。R3 的地址池范围为 192.168.1.0/24，网关地址为 R3 的 GE0/0/1 接口地址 192.168.1.1，DNS 地址使用 192.168.1.1，保留 192.168.1.2～192.168.1.10 不被 DHCP 动态分配，两台服务器的地址租期设置为 3 天。

```
[R1]ip pool DHCP
[R1-ip-pool-DHCP]gateway-list 10.10.10.1
[R1-ip-pool-DHCP]network 10.10.10.0 mask 255.255.255.0
[R1-ip-pool-DHCP]excluded-ip-address 10.10.10.2 10.10.10.10
[R1-ip-pool-DHCP]dns-list 1.1.1.1
[R1-ip-pool-DHCP]lease day 3
[R3]ip pool DHCP
[R3-ip-pool-DHCP]gateway-list 192.168.1.1
[R3-ip-pool-DHCP]network 192.168.1.0 mask 255.255.255.0
[R3-ip-pool-DHCP]excluded-ip-address 192.168.1.2 192.168.1.10
[R3-ip-pool-DHCP]dns-list 192.168.1.1
[R3-ip-pool-DHCP]lease day 3
```

4. 配置基于全局地址池的 DHCP 服务器

在上一步已经配置好 DHCP 地址池的各个参数，但是此时并不能被客户端所使用，我们需要在全局和接口上配置启用 DHCP 功能：

```
[R3]dhcp enable
```

```
[R3]interface GigabitEthernet 0/0/1
[R3-GigabitEthernet0/0/1]dhcp select global
```

在配置好R3的DHCP之后，R4应该可以正常获取到地址：

```
<R4>display ip interface GigabitEthernet 0/0/1
GigabitEthernet0/0/1 current state: UP
Line protocol current state : UP
The Maximum Transmit Unit: 1500 bytes
input packets: 0, bytes: 0, multicasts: 0
output packets: 17, bytes : 5605, multicasts: 0
Directed-broadcast packets:
 received packets:            0, sent packets:         17
 forwarded packets:           0, dropped packets:      0
  ARP packet input number:    0
  Request packet:             0
  Reply packet:               0
  Unknown packet:             0
Internet Address is allocated by DHCP, 192.168.1.254/24
Broadcast address : 192.168.1.255
...
```

可以看到，这个接口所使用的IP地址是通过DHCP方式获取的，IP地址为192.168.1.254。

5. 配置DHCP中继

R3作为临时测试的DHCP服务器配置已经完成，但实际想使用的DHCP服务器为R1，因为DHCP Discover消息无法从客户端直接发给R1，因此在R2上需要配置DHCP中继，让R2作为LSW1所连接的LAN的网关，帮助这些客户端传递DHCP请求。

先在R1上启用DHCP：

```
[R1]dhcp enable
[R1]interface GigabitEthernet 0/0/2
[R1-GigabitEthernet0/0/2]dhcp select global
```

在R2上指定DHCP的服务器地址为10.0.12.1，在接口上配置DHCP中继：

```
[R2]dhcp enable
[R2]dhcp server group DHCP
[R2-dhcp-server-group-DHCP]dhcp-server 10.0.12.1
[R2-dhcp-server-group-DHCP]quit
[R2]interface GigabitEthernet 0/0/1
[R2-GigabitEthernet0/0/1]dhcp select relay
[R2-GigabitEthernet0/0/1]dhcp relay server-select DHCP
```

查看R4的路由并测试R4到R1的环回口互通：

```
<R4>display ip routing-table
Route Flags: R - relay, D - download to fib
------------------------------------------------------------------------------
Routing Tables: Public
         Destinations : 8        Routes : 8

Destination/Mask  Proto  Pre  Cost Flags NextHop         Interface

      0.0.0.0/0   Unr    60   0     D   10.10.10.1     GigabitEthernet0/0/0
   10.10.10.0/24  Direct 0    0     D   10.10.10.254 GigabitEthernet0/0/0
```

```
     10.10.10.254/32  Direct  0    0    D    127.0.0.1    GigabitEthernet0/0/0
     10.10.10.255/32  Direct  0    0    D    127.0.0.1    GigabitEthernet0/0/0
          127.0.0.0/8  Direct  0    0    D    127.0.0.1    InLoopBack0
         127.0.0.1/32  Direct  0    0    D    127.0.0.1    InLoopBack0
  127.255.255.255/32  Direct  0    0    D    127.0.0.1    InLoopBack0
  255.255.255.255/32  Direct  0    0    D    127.0.0.1    InLoopBack0
   <R4>ping 1.1.1.1
```

习　　题

一、选择题

1．当 DHCP 客户端申请的 IP 地址已经被占用时，DHCP 服务器会使用（　　）报文作为应答。

A．DHCP Discover　　B．DHCP Release

C．DHCP Ack　　D．DHCP Nak

2．DHCP 客户端想要离开网络时发送（　　）DHCP 报文。

A．DHCP Ack　　B．DHCP Release

C．DHCP Request　　D．DHCP Discover

3．DHCPv6 请求报文目的地址为（　　）。

A．FF02::1　　B．FF01:1:2　　C．FF02::2　　D．FF02::1:2

4．DHCP 包含（　　）报文类型。(多选)

A．DHCP Offer　　B．DHCP Discover

C．Forward Delay　　D．DHCP Request

5．以下关于 IPv6 无状态地址自动配置和 DHCPv6 说法正确的有（　　）。(多选)

A．IPv6 无状态地址自动配置和 DHCPv6 均可以为主机分配 DNS 地址等相关配置信息

B．IPv6 无状态地址自动配置使用 RA 和 RS 报文

C．DHCPv6 比无状态自动配置可管理性更好

D．DHCPv6 又可以分为 DHCPv6 有状态自动配置和 DHCPv6 无状态自动配置

6．动态主机配置协议（DHCP）可以分配（　　）网络参数。(多选)

A．网关地址　　B．操作系统　　C．IP 地址　　D．DNS 地址

7．DHCPv6 客户端发送的 DHCPv6 请求报文的目的端口号为（　　）。

A．546　　B．547　　C．548　　D．549

8．一台 Windows 主机初次启动，如果无法从 DHCP 服务器处获取地址，那么此主机可能会使用（　　）IP 地址。

A．0.0.0.0　　B．169.254.2.33　　C．127.0.0.1　　D．255.255.255.255

二、简答题

1．DHCP 的作用是什么？

2．DHCP 的报文类型有哪些?

3．地址池中的哪些 IP 地址一般会被保留?

4．DHCP 服务器的 IP 地址租期默认是多久?

5．DHCP Offer 报文的作用是什么？

6．DHCP 客户端通过发送什么来释放 IP 地址？

第10章　ACL与NAT

在网络设备中，为了过滤数据包，需要配置一系列规则，以决定什么样的数据包能够通过。在内网（私有网络）使用的地址称为私有地址。私有地址不能出现在公网（公有网络）上，因为多个内网可能用同一个 IP 地址，访问公网时会出错。本章主要介绍通过访问控制列表（Access Control List，ACL）定义相关规则，以及利用NAT技术将私有地址转换为公网地址。

本章导读：

- 访问控制列表
- ACL的工作原理
- ACL配置
- 网络地址转换
- NAT的工作原理
- NAT配置

10.1　ACL（访问控制列表）

10.1.1　ACL概述

ACL是由permit、deny语句组成的一系列有顺序的规则，这些规则根据数据包的源地址、目的地址、端口号等来对数据包进行过滤。ACL通过这些规则对数据包进行分类，将这些规则应用到网络设备上，网络设备根据这些规则判断哪些数据包可以接收，哪些数据包需要拒绝。

10.1.2　ACL的工作原理

ACL（访问控制列表）是一种用于控制网络资源访问权限的技术。它可以限制用户或用户组对某些资源的访问，从而保证网络安全。ACL的工作原理是通过对网络资源进行访问控制，实现对网络资源的保护。

1. ACL分类

（1）基本ACL（编号2000～2999）：只能匹配源IP地址。

（2）高级ACL（编号3000～3999）：可以匹配源IP地址、目的IP地址、源端口、目的端口等三层和四层的字段。

（3）二层ACL（编号4000～4999）：根据数据包的源MAC地址、目的MAC地址、802.1q优先级、二层协议类型等二层信息制定规则。

2. ACL的应用原则

（1）一个接口的同一个方向只能调用一个ACL。

（2）一个ACL里面可以有多个规则，按照规则ID从小到大排序，从上往下依次执行。

（3）数据包一旦被某规则匹配，就不再继续向下匹配了。

10.1.3　ACL 配置

1. 基本 ACL 配置

基本 ACL 配置拓扑如图 10-1 所示。

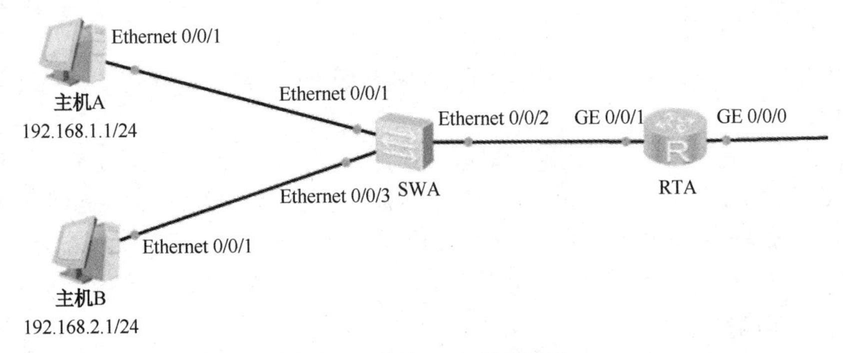

图 10-1　基本 ACL 配置拓扑

```
    [RTA]acl 2000
    [RTA-acl-basic-2000]rule deny source 192.168.1.0 0.0.0.255
    [RTA-acl-basic-2000]quit
    [RTA]interface GigabitEthernet 0/0/0
    [RTA-GigabitEthernet 0/0/0]traffic-filter outbound acl 2000 #出方向流量过
滤调用acl 2000
```

2. 高级 ACL 配置

高级 ACL 配置拓扑如图 10-2 所示。

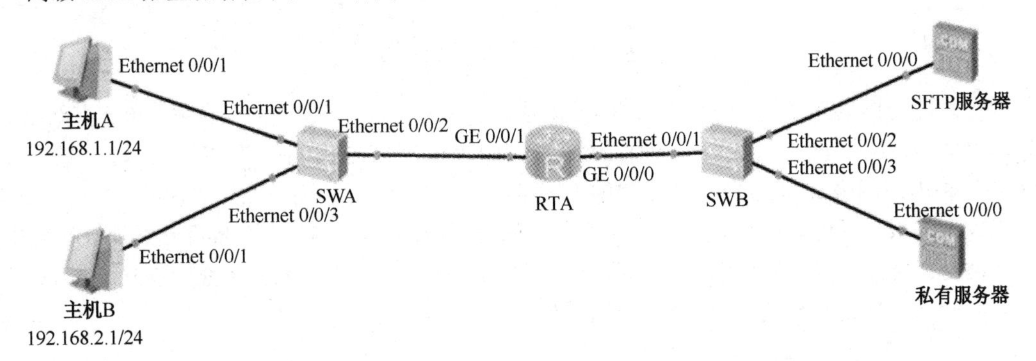

图 10-2　高级 ACL 配置拓扑

```
    [RTA]acl 3000
    [RTA-acl-adv-3000]rule deny tcp source 192.168.1.0 0.0.0.255 destination
172.16.10.1 0.0.0.0 destination-port eq 21
    [RTA-acl-adv-3000]rule deny tcp source 192.168.2.0 0.0.0.255 destination
172.16.10.2 0.0.0.0
    [RTA-acl-adv-3000]rule permit ip
    [RTA-acl-adv-3000]quit
    [RTA]interface GigabitEthernet 0/0/0
    [RTA-GigabitEthernet 0/0/0]traffic-filter outbound acl 3000
```

10.2 NAT（网络地址转换）

10.2.1 NAT概述

1. NAT产生的原因

为了路由和管理方便，IPv4 的 43 亿地址空间被按照不同前缀长度划分为 A、B、C、D 类地址网络和保留地址。

就这样，IPv4 地址一次一段地向超大型企业/组织、中型企业或教育机构分配。这种分配策略造成 IP 地址浪费严重，很多被分配出去的地址没有被利用，地址消耗很快，以至于网络专家们意识到，IPv4 地址很快就要耗光了。于是，人们开始考虑 IPv4 的替代方案，同时采取一系列措施来减缓 IPv4 地址的消耗。正是在这样一个背景之下，网络地址转换（NAT）登场。

2. NAT应用场景

NAT 应用场景如图 10-3 所示。

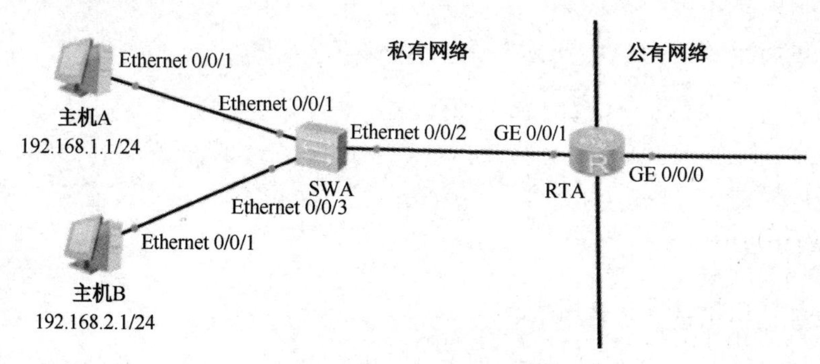

图 10-3 NAT 应用场景

网络地址转换就是替换 IP 报文头部的地址信息。网络被分为私有网络（私网）和公有网络（公网）两个部分，NAT 网关设置在私网到公网的路由出口位置，双向流量必须都要经过 NAT 网关。NAT 通过将内部网络 IP 地址替换为出口的 IP 地址，提供公网可达性和上层协议的连接能力。

当收到的报文源地址为私网地址、目的地址为公网地址时，NAT 可以将源私网地址转换成一个公网地址，这样公网目的地就能够收到报文，并做出响应。此外，网关上还会创建一个 NAT 映射表，以便判断从公网收到的报文应该发往的私网目的地址。

10.2.2 NAT的工作原理

1. NAT的分类

1）静态 NAT

静态 NAT 可以建立固定的一对一的公网 IP 地址和私网 IP 地址的映射，特定的私网 IP 地址只会被特定的公网 IP 地址替换。这样就保证了重要主机使用固定的公网 IP 地址访问外部网络。

2）动态 NAT

企业内的主机使用私网 IP 地址可以实现内网主机间的通信，但不能和外网通信。设备通过配置动态 NAT 功能可以把需要访问外网的私网 IP 地址替换为公网 IP 地址，并建立映射关系，待返回报文到达设备时再“反向”把公网 IP 地址替换回私网 IP 地址，然后转发给主机，从而实现内网用户和外网的通信。

动态 NAT 在转换地址时，做不到用固定的公网 IP 地址和端口号替换同一个私网 IP 地址和端口号。动态 NAT 通过使用地址池来实现，而一些重要主机对外通信时需要使用固定的公网 IP 地址和端口号，此时动态 NAT 无法满足要求。

3）NAPT

网络地址端口转换（Network Address Port Translation，NAPT）可以实现并发的地址转换。它允许多个内部地址映射到同一个公有地址上，因此也可以称为“多对一地址转换”或地址复用。NAPT 方式属于多对一地址转换，它通过使用“IP 地址＋端口号”的形式进行转换，使多个私网用户可共用一个公网 IP 地址访问外网。

4）Easy IP

Easy IP 适用于小规模局域网中主机访问 Internet 的场景。小规模局域网通常部署在小型网吧或办公室中，这些地方内部主机不多，出接口可以通过拨号方式获取一个临时公网 IP 地址。通过 Easy IP 可以实现内部主机使用这个临时公网 IP 地址访问 Internet。

2. NAT 服务器

NAT 具有“屏蔽”内部主机的作用，但有时内网需要向外网提供服务，如提供 WWW 服务或 FTP 服务。这种情况下需要内网的服务器不被“屏蔽”，外网用户可以随时访问内网。NAT 服务器可以很好地解决这个问题，当外网访问内网时，它通过事先配置好的“公网 IP 地址+端口号”与“私网 IP 地址+端口号”间的映射关系，将服务器的“公网 IP 地址+端口号”根据映射关系替换成对应的“私网 IP 地址+端口号”。

10.2.3 NAT 配置

1. 静态 NAT 配置

静态 NAT 配置拓扑如图 10-4 所示，其配置思路及步骤如下：

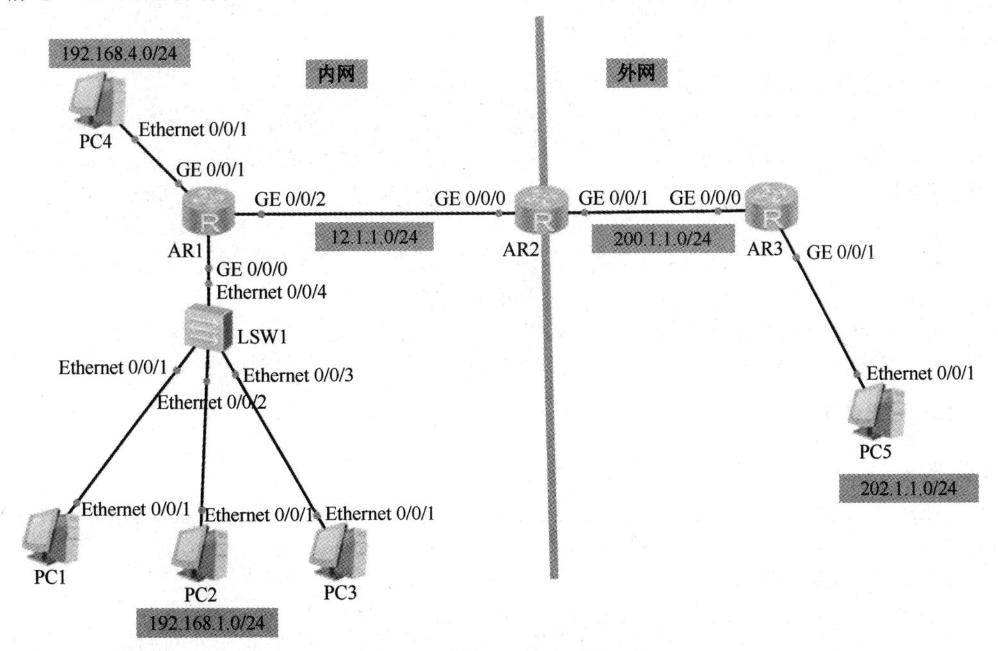

图 10-4　静态 NAT 配置拓扑

（1）先做基本配置，保证内网互通（可以运行路由协议使其互通，配置步骤省略）。

（2）保证内网能够到达外网（这里可以使用默认路由）。

```
    [AR1]ip route-static 0.0.0.0 0 12.1.1.2      #这里的“12.1.1.2”为路由器AR2
GE0/0/0接口IP
    [AR2]ip route-static 0.0.0.0 0 200.1.1.2     #这里的“200.1.1.2”为路由器AR3
GE0/0/0接口IP
```

（3）在AR2边界设备的出接口处，将私网IP地址转换成公网IP地址。

```
    [AR2]interface g0/0/1
    nat static global 200.1.1.100 inside 192.168.1.1     #将PC1的私网IP地址映
射成200.1.1.100这个公网IP地址
    nat static global 200.1.1.101 inside 192.168.1.2     #将PC2的私网IP地址映
射成200.1.1.101这个公网IP地址
    nat static global 200.1.1.102 inside 192.168.1.3     #将PC3的私网IP地址映
射成200.1.1.102这个公网IP地址
```

2. 动态NAT配置

参照图10-4，动态NAT配置思路及步骤如下：

（1）在AR2路由器上首先要有一个地址池，先创建地址池。

```
    [AR2]nat address-group 1 200.1.1.50 200.1.1.59 #在这里定义地址池范围为
200.1.1.50～200.1.1.59
```

（2）若想让某个网段转发数据，要先用ACL技术进行匹配，将某个网段匹配出来。

```
    [AR2]acl 2000
    rule permit source 192.168.1.0 0.0.0.255
```

（3）在边界网关出接口处，绑定ACL规则及地址池。

```
    [AR2]interface g0/0/1
    nat outbound 2000 address-group 1 no-pat  #这里的“no-pat”指的是不做端口转换
```

3. NAPT配置

NAPT配置思路同动态NAT配置大致相同，只需将上文中的“no-pat”去掉。

配置思路及步骤如下：

（1）在AR2路由器上首先要有一个地址池，先创建地址池。

```
    [AR2]nat address-group 1 200.1.1.50 200.1.1.59 #在这里定义地址池范围为
200.1.1.50～200.1.1.59
```

（2）若想让某个网段转发数据，要先用ACL技术进行匹配，将某个网段匹配出来。

```
    [AR2]acl 2000
    rule permit source 192.168.1.0 0.0.0.255
```

（3）在边界网关出接口处，绑定ACL规则及地址池。

```
    [AR2]interface g0/0/1
    [AR2-GigabitEthernet 0/0/1]nat outbound 2000 address-group 1
```

4. Easy IP配置

参照图10-4，Easy IP的配置思路及步骤如下：

只需在边界设备出接口处，直接绑定ACL策略即可（不标明地址池，表示直接转换成出接口IP）。

```
    [AR2]interface g0/0/1
    [AR2-GigabitEthernet 0/0/1]nat outbound 2000
```

5. NAT服务器配置

NAT服务器配置思路及步骤如下：

NAT 服务器配置拓扑如图 10-5 所示，AR2 连接一台 HTTP 服务器，AR3 连接一台 HTTP 客户端。如今外网的客户端想要访问内网服务器。

假设 NAT 服务器让客户端访问某个公网 IP 地址，使其达到访问内网服务器 192.168.3.1 的作用。我们将这个公网 IP 地址设置为 200.1.1.3。

```
[AR2]interface g0/0/1
[AR2-GigabitEthernet 0/0/1]nat server protocol tcp global 200.1.1.3 80
inside 192.168.3.1 80
#这里的“80”指的是HTTP服务器端口号，配置完该命令后，在客户端访问200.1.1.3即可访问
HTTP服务器
```

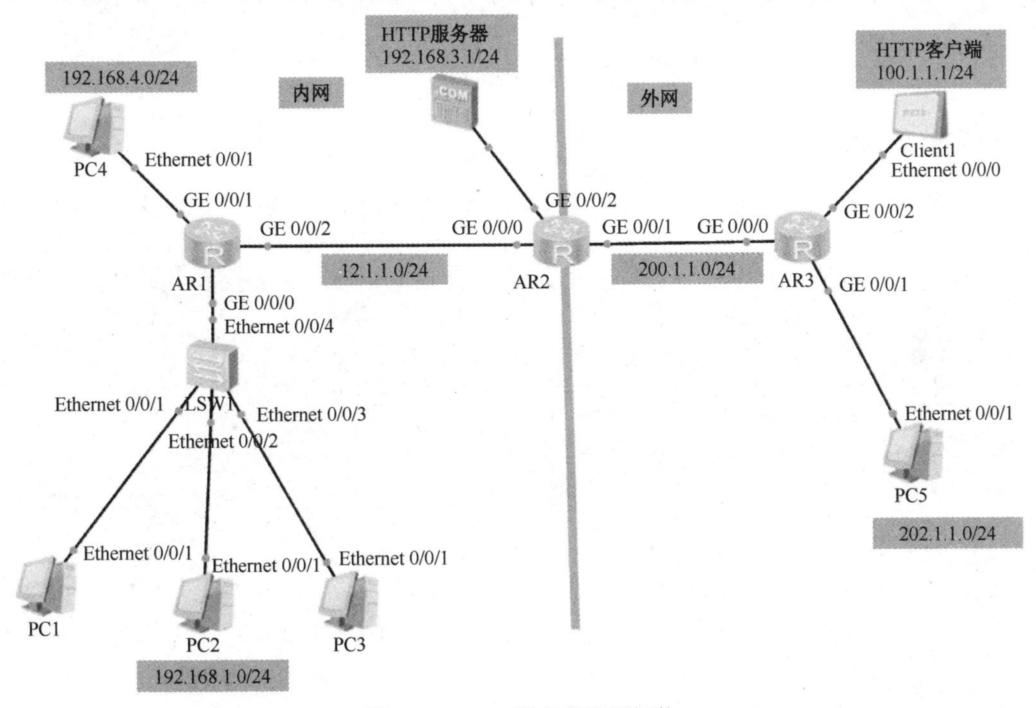

图 10-5 NAT 服务器配置拓扑

根据上述所学 NAT 服务器知识进行思考：

根据图 10-5，我们可以实现 HTTP 客户端能够访问 HTTP 服务器，那么客户端可以 ping 通服务器吗？如果不能 ping 通，如何使其 ping 通？

```
[AR2]interface g0/0/1
[AR2-GigabitEthernet 0/0/1]nat server protocol icmp global 200.1.1.3 inside
192.168.3.1 #这里运用了icmp协议
```

在客户端 ping 200.1.1.3 即可 ping 通。

10.3 基本配置实验

为了节省 IP 地址，通常企业内部使用的是私有地址。然而，企业用户不仅需要访问私网，也需要访问公网。作为企业的网络管理员，需要在两个企业分支机构的边缘路由器 R1 和 R3 上通过配置 NAT 功能，使私网用户可以访问公网。本实验中，需要在 R1 上配置动态 NAT、在 R3 上配置 Easy IP，实现地址转换。实验拓扑如图 10-6 所示。

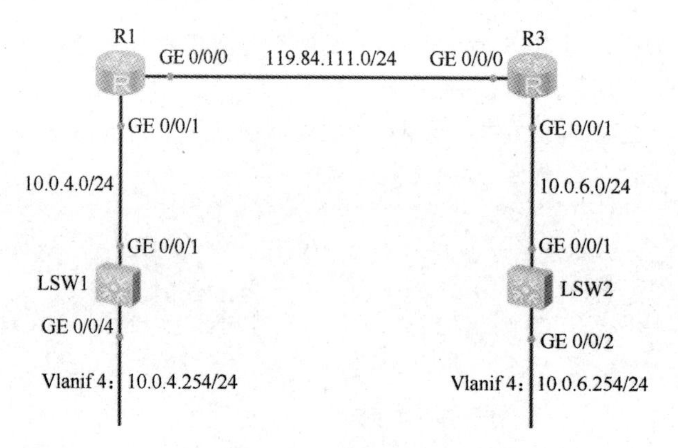

图 10-6　实验拓扑

1. 配置 IP 地址

在 LSW1 和 LSW2 上将连接路由器的端口配置为 Trunk 端口，并通过修改 PVID 使物理端口加入 Vlanif 三层接口。

```
[LSW1]interface GigabitEthernet 0/0/1
[LSW1-GigabitEthernet0/0/1]port link-type trunk
[LSW1-GigabitEthernet0/0/1]port trunk pvid vlan 4
[LSW1-GigabitEthernet0/0/1]port trunk allow-pass vlan all
[LSW1-GigabitEthernet0/0/1]quit
[LSW1]interface Vlanif 4
[LSW1-Vlanif 4]ip address 10.0.4.254 24
[LSW2]interface GigabitEthernet 0/0/1
[LSW2-GigabitEthernet0/0/1]port link-type trunk
[LSW2-GigabitEthernet0/0/1]port trunk pvid vlan 6
[LSW2-GigabitEthernet0/0/1]port trunk allow-pass vlan all
[LSW2-GigabitEthernet0/0/1]quit
[LSW2]interface Vlanif 6
[LSW2-Vlanif 6]ip address 10.0.6.254 24
[R1]interface GigabitEthernet0/0/0
[R1-GigabitEthernet0/0/0]ip address 119.84.111.1 24
[R1-GigabitEthernet0/0/0]quit
[R1]interface GigabitEthernet0/0/1
[R1-GigabitEthernet0/0/1]ip address 10.0.4.1 24
[R3]interface GigabitEthernet0/0/0
[R3-GigabitEthernet0/0/0]ip address 119.84.111.3 24
[R3-GigabitEthernet0/0/0]quit
[R3]interface GigabitEthernet0/0/1
[R3-GigabitEthernet0/0/1]ip address 10.0.6.3 24
```

测试 R1 与 LSW1 和 R3 的连通性。

```
<R1>ping 10.0.4.254
  PING 10.0.4.254: 56  data bytes, press CTRL_C to break
    Reply from 10.0.4.254: bytes=56 Sequence=1 ttl=255 time=23 ms
    Reply from 10.0.4.254: bytes=56 Sequence=2 ttl=254 time=1 ms
    Reply from 10.0.4.254: bytes=56 Sequence=3 ttl=254 time=1 ms
    Reply from 10.0.4.254: bytes=56 Sequence=4 ttl=254 time=10 ms
    Reply from 10.0.4.254: bytes=56 Sequence=5 ttl=254 time=1 ms
```

```
--- 10.0.4.254 ping statistics ---
  5 packet(s) transmitted
  5 packet(s) received
  0.00% packet loss
round-trip min/avg/max = 1/7/23 ms
<R1>ping 119.84.111.3
 PING 119.84.111.3: 56  data bytes, press CTRL_C to break
  Reply from 119.84.111.3: bytes=56 Sequence=1 ttl=255 time=1 ms
  Reply from 119.84.111.3: bytes=56 Sequence=2 ttl=255 time=10 ms
  Reply from 119.84.111.3: bytes=56 Sequence=3 ttl=255 time=1 ms
  Reply from 119.84.111.3: bytes=56 Sequence=4 ttl=255 time=1 ms
  Reply from 119.84.111.3: bytes=56 Sequence=5 ttl=255 time=10 ms
 --- 119.84.111.3 ping statistics ---
  5 packet(s) transmitted
  5 packet(s) received
  0.00% packet loss
  round-trip min/avg/max = 1/4/10 ms
```

2. 配置 ACL

在 R1 上配置高级 ACL，匹配特定的流量进行网络地址转换，特定流量为 LSW1 向 R3 发起的 Telnet 连接的 TCP 流量，以及源 IP 地址为 10.0.4.0/24 网段的数据流。

```
[R1]acl 3000
[R1-acl-adv-3000]rule 5 permit tcp source 10.0.4.254 0.0.0.0 destination 
119.84.111.3 0.0.0.0 destination-port eq 23
[R1-acl-adv-3000]rule 10 permit ip source 10.0.4.0 0.0.0.255 destination any
[R1-acl-adv-3000]rule 15 deny ip
```

在 R3 上配置基本 ACL，匹配需要进行网络地址转换的流量为源 IP 地址为 10.0.6.0/24 网段的数据流。

```
[R3]acl 2000
[R3-acl-basic-2000]rule permit source 10.0.6.0 0.0.0.255
```

3. 配置动态 NAT

在 LSW1 和 LSW2 上配置默认静态路由，指定下一跳为私网的网关。

```
[LSW1]ip route-static 0.0.0.0 0.0.0.0 10.0.4.1
[LSW2]ip route-static 0.0.0.0 0.0.0.0 10.0.6.3
```

在 R1 上配置动态 NAT：首先配置地址池，然后在 GE0/0/0 接口下将 ACL 与地址池关联起来，使得匹配 ACL 3000 的数据报文的源地址选用地址池中的某个地址进行网络地址转换。

```
[R1]nat address-group 1 119.84.111.240 119.84.111.243
[R1]interface GigabitEthernet 0/0/0
[R1-GigabitEthernet0/0/0]nat outbound 3000 address-group 1
```

将 R3 配置为 Telnet 服务器。

```
[R3]telnet server enable
[R3]user-interface vty 0 4
[R3-ui-vty0-4]authentication-mode password
[R3-ui-vty0-4]set authentication password cipher
Warning: The "password" authentication mode is not secure, and it is strongly 
recommended to use "aaa" authentication mode.
Enter Password(<8-128>):huawei123
```

```
Confirm password:huawei123
[R3-ui-vty0-4]quit
```

配置完成后，查看地址池配置是否正确。

```
<R1>display nat address-group
  NAT Address-Group Information:
 --------------------------------------
 Index   Start-address      End-address
 --------------------------------------
 1      119.84.111.240   119.84.111.243
 --------------------------------------
  Total : 1
```

在 LSW1 上测试内网到外网的连通性。

```
<LSW1>ping 119.84.111.3
  PING 119.84.111.3: 56  data bytes, press CTRL_C to break
    Request time out
    Reply from 119.84.111.3: bytes=56 Sequence=2 ttl=254 time=1 ms
    Reply from 119.84.111.3: bytes=56 Sequence=3 ttl=254 time=1 ms
    Reply from 119.84.111.3: bytes=56 Sequence=4 ttl=254 time=1 ms
    Reply from 119.84.111.3: bytes=56 Sequence=5 ttl=254 time=1 ms
  --- 119.84.111.3 ping statistics ---
    5 packet(s) transmitted
    4 packet(s) received
    20.00% packet loss
    round-trip min/avg/max = 1/1/1 ms
```

在 LSW1 上发起到达远端公网设备的 Telnet 连接。

```
<LSW1>telnet 119.84.111.3
Trying 119.84.111.3 ...
Press CTRL+K to abort
Connected to 119.84.111.3 ...
Login authentication
Password:
<R3>
```

Telnet 连接成功后，不要结束该 Telnet 会话。此时，在 R1 上查看 ACL 和 NAT 会话的详细信息。

```
<R1>display acl 3000
Advanced ACL 3000, 3 rules
Acl's step is 5
rule 5 permit tcp source 10.0.4.254 0 destination 119.84.111.3 0 destination-
port eq telnet (1 matches)
rule 10 permit ip source 10.0.4.0 0.0.0.255 (1 matches)
rule 15 deny ip
<R1>display nat session all
  NAT Session Table Information:
     Protocol              : ICMP(1)
     SrcAddr   Vpn         : 10.0.4.254
     DestAddr  Vpn         : 119.84.111.3
     Type Code IcmpId      : 8   0   44003
     NAT-Info
       New SrcAddr         : 119.84.111.242
       New DestAddr        : ----
```

```
      New IcmpId              : 10247
    Protocol                  : TCP(6)
    SrcAddr Port Vpn          : 10.0.4.254      49646
    DestAddr Port Vpn         : 119.84.111.3    23
    NAT-Info
      New SrcAddr             : 119.84.111.242
      New SrcPort             : 10249
      New DestAddr            : ----
      New DestPort            : ----
  Total : 2
```

由于 ICMP 会话的生存周期只有 20 秒，所以如果 NAT 会话的显示结果中没有 ICMP 会话的信息，则可以执行以下命令延长 ICMP 会话的生存周期，执行 PING 命令后可查看到 ICMP 会话的信息。

```
[R1]firewall-nat session icmp aging-time 300
#在R3的GE0/0/0接口配置Easy IP，并关联ACL 2000。
[R3-GigabitEthernet0/0/0]nat outbound 2000
```

测试 LSW2 能否经过 R3 连通 R1，并查看配置的 NAT Outbound 信息。

```
<LSW2>ping 119.84.111.1
  PING 119.84.111.1: 56  data bytes, press CTRL_C to break
    Reply from 119.84.111.1: bytes=56 Sequence=1 ttl=254 time=1 ms
    Reply from 119.84.111.1: bytes=56 Sequence=2 ttl=254 time=1 ms
    Reply from 119.84.111.1: bytes=56 Sequence=3 ttl=254 time=1 ms
    Reply from 119.84.111.1: bytes=56 Sequence=4 ttl=254 time=1 ms
    Reply from 119.84.111.1: bytes=56 Sequence=5 ttl=254 time=1 ms
  --- 119.84.111.1 ping statistics ---
    5 packet(s) transmitted
    5 packet(s) received
    0.00% packet loss
round-trip min/avg/max = 1/1/1 ms
<R3>display acl 2000
Basic ACL 2000, 1 rule
Acl's step is 5
 rule 5 permit source 10.0.6.0 0.0.0.255 (1 matches)
<R3>display nat outbound acl 2000
 NAT Outbound Information: ---------------------------------------------
Interface              Acl    Address-group/IP/Interface      Type
------------------------------------------------------------------------
GigabitEthernet0/0/0 2000             119.84.111.3    easyip
------------------------------------------------------------------------
  Total : 1
```

习　　题

一、选择题

1．NAT 在系统中的位置属于哪一层？（　　）

A．物理层　　B．数据链路层　　C．网络层　　D．传输层

2．NAT 的基本工作方式有哪些？（　　）（多选）

A．一对一　　B．一对多　　C．多对一　　D．多对多

3．规则冲突时，若匹配顺序为 auto，下列哪条规则会被优先考虑？（　　）

A．描述的地址范围越小的规则，将会被优先考虑

B．描述的地址范围越大的规则，将会被优先考虑

C．先配置的规则会被优先考虑

D．后配置的规则会被优先考虑

4．rule deny tcp source 129.9.0.0 0.0.255.255 destination 202.38.160.0 0.0.0.255 destination-port equal www，这条规则表示什么意思？（　　）

A．禁止 129.9.0.0/16 访问 202.38.160.0/24 的请求

B．禁止 129.9.0.0/16 访问 202.38.160.0/24 的 TCP 请求

C．禁止 129.9.0.0/16 访问 202.38.160.0/24 端口号等于 80 的 TCP 请求

D．以上都不对

5．标准 ACL 只使用（　　）定义规则。

A．源端口号　　B．目的端口号　　C．源 IP 地址

D．目的 IP 地址　　E．协议号

6．下面有关 NAT 的叙述正确的是（　　）。

A．NAT 是英文“地址转换”的缩写

B．地址转换又称地址代理，用来实现私有地址与公用网络地址之间的转换

C．当内部网络的主机访问外部网络的时候，一定不需要 NAT

D．地址转换为解决 IP 地址紧张问题提供了一条有效途径

7．让一台 IP 地址是 10.0.0.1 的主机访问 Internet 的必要技术是（　　）。

A．静态路由　　B．动态路由　　C．路由引入　　D．NAT

8．防火墙支持 EASY IP 的 NAT，这里的 EASY IP 是指（　　）。

A．地址转换中地址池中只有一个 IP 地址作为转换的源 IP 地址

B．地址转换以出接口的 IP 作为地址转换的目的 IP 地址

C．地址转换中地址池中有多个 IP 地址作为转换的源 IP 地址

D．地址转换以入接口的 IP 作为地址转换的目的 IP 地址

9．当 VRP 中 ACL 有多条匹配规则的时候，关于匹配顺序，以下哪种说法是正确的？（　　）

A．默认情况下，按照“深度优先”的原则进行匹配

B．默认情况下，按照先匹配 permit，后匹配 deny 的次序进行匹配

C．默认情况下，按照 Rule-ID，从小到大进行匹配

D．只有一种匹配顺序，无法修改

10．下列选项中，哪一项才是一条合法的基本 ACL 规则？（　　）

A．rule permit ip　　B．rule deny ip

C．rule permit source any　　D．rule deny tcp source any

二、简答题

1．简述 NAT 的工作方式及区别。

2．网络地址转换的优点与缺点有哪些？

3．什么是 ACL？简述其工作场景。

4．ACL 的分类有哪些？

5．当 ACL 中有多条匹配规则的时候，其匹配顺序是怎样的？

6．简述 NAT 的分类。

7．高级 ACL 可以基于哪些条件来定义规则？

8．何种 NAT 可以让外部网络主动访问内网服务器？

第 11 章　广域网技术

广域网，通常跨越很大的物理范围，所覆盖的范围从几十千米到几千千米，能连接多个城市或国家进行远距离通信，形成国际性的远程网络。广域网的通信子网可以利用分组交换网、卫星通信网和无线分组交换网，将分布在不同地区的局域网或计算机系统互连起来，达到资源共享的目的。

本章导读：

- HDLC 协议
- PPP 协议
- PPPoE 协议

11.1　HDLC 协议

11.1.1　HDLC 协议概述

高级数据链路控制（High-level Data Link Control，HDLC）是一种典型的面向比特的同步数据控制协议，采用全双工通信、CRC 校验，其传输控制功能与处理功能分离，有较大的灵活性。

HDLC 的最大特点是不需要规定数据必须是字符集，对任何一种比特流，均可以实现透明的传输。

1. 串行链路传输方式

串行链路普遍用于广域网中。串行链路中定义了两种数据传输方式：异步传输和同步传输。

1）异步传输

异步传输以字节为单位传输数据，并且需要采用额外的起始位和停止位标记每个字节的开始和结束。起始位为二进制值 0，停止位为二进制值 1。在这种传输方式下，起始位和停止位占据发送数据的相当大的比例，每个字节的发送都需要额外的开销。

2）同步传输

同步传输以帧为单位传输数据，在通信时需要使用时钟来同步本端和对端的设备。DCE（数据通信设备）提供了一个用于同步 DCE 和 DTE 之间数据传输的时钟信号。DTE（数据终端设备）通常使用 DCE 产生的时钟信号。

2. HDLC 协议的特点

HDLC 协议只支持点到点链路，不支持点到多点链路。

HDLC 协议不支持 IP 地址协商，不支持认证。协议内部通过 Keepalive 报文来检测链路状态。

HDLC 协议只能封装在同步链路上，如果是同异步串口，那么只有当同异步串口工作在同步模式下才可以应用 HDLC 协议。

3. HDLC 数据帧

（1）信息帧用于传送有效信息或数据，通常简称 I 帧。

（2）监控帧用于差错控制和流量控制，通常称为 S 帧。S 帧的标志是控制字段的前两个比特位为“10”。S 帧不带信息字段，只有 6 字节，即 48 比特。

（3）无编号帧（U 帧）用于提供对链路的建立、拆除及多种控制功能。

11.1.2 HDLC 的基础配置

HDLC 的基础配置拓扑如图 11-1 所示。

图 11-1 HDLC 的基础配置拓扑

```
    [RTA]interface Serial 0/0/1
    [RTA-Serial0/0/1]link-protocol hdlc
    Warning: The encapsulation protocol of the link will be changed. Continue?
[Y/N]:y
    [RTA-Serial0/0/1]ip address 10.0.1.1 30
```

11.1.3 HDLC 的地址借用

HDLC 的地址借用配置拓扑如图 11-2 所示。

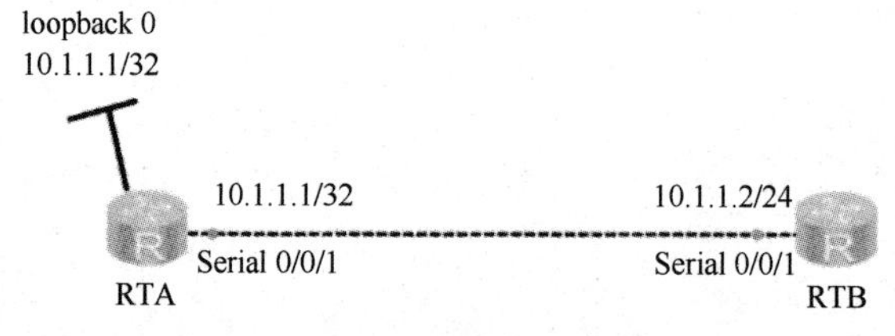

图 11-2 HDLC 的地址借用配置拓扑

```
    [RTA]interface loopack 0
    [RTA-LoopBack0]ip address 10.1.1.1 32
    [RTA-LoopBack0]quit
    [RTA]interface Serial 0/0/1
    [RTA-Serial0/0/1]link-protocol hdlc
    Warning: The encapsulation protocol of the link will be changed. Continue?
[Y/N]:y
    [RTA-Serial0/0/1]ip address unnumbered interface loopback 0
    [RTA]ip route-static 10.1.1.0 24 Serial 0/0/1
```

11.2 PPP 协议

11.2.1 PPP 协议概述

1. PPP 协议的优势

点到点的直接连接是广域网连接的一种比较简单的形式。点到点连接线路上链路层封装的协议主要有 PPP 和 HDLC，但是 HDLC 协议只支持同步方式，而 PPP 协议支持同步和异步两种方式。

PPP 协议处于 OSI 参考模型的第二层，主要用于支持全双工的同、异步链路，进行点到点的数据传输。由于其能够提供用户认证，易于扩充，并且支持同、异步通信，因而获得广泛应用。

2. PPP 协议的架构

1）LCP 协议

链路控制协议（Link Control Protocol，LCP）主要用来建立、监控和拆除数据链路。

2）NCP 协议

网络层控制协议（Network Control Protocol，NCP）主要用来协商在该数据链路上所传输的数据包的格式与类型。

11.2.2 PPP 的工作原理

1. PPP 建立链路的过程

PPP 运行的过程如图 11-3 所示。

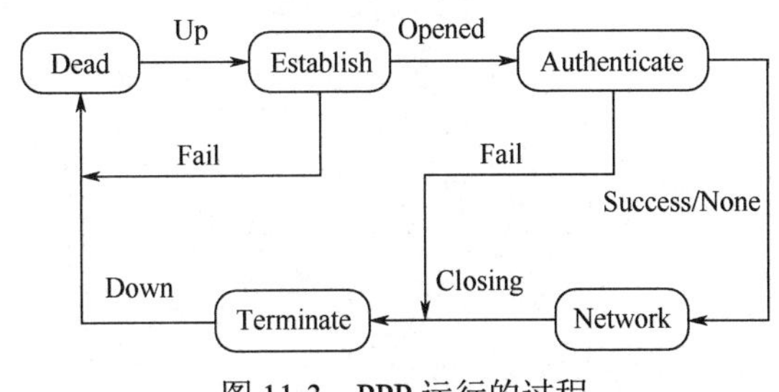

图 11-3　PPP 运行的过程

（1）在 Dead 阶段，通信双方开始建立 PPP 链路，先进入 Establish 阶段。

（2）在 Establish 阶段，PPP 链路进行 LCP 协商。LCP 协商内容包括工作方式是 SP（Single-link PPP）还是 MP（Multilink PPP）、最大接收单元（MRU）、验证方式、魔术字（Magic Number）和异步字符映射等。LCP 协商成功后进入 Opened 状态，表示底层链路已经建立。

（3）如果配置了验证，将进入 Authenticate 阶段，开始 CHAP 或 PAP 验证。如果没有配置验证，则直接进入 Network 阶段。

（4）在 Authenticate 阶段，如果验证失败，则进入 Terminate 阶段，拆除链路，LCP 状态转为 Down。如果验证成功，则进入 NCP 协商阶段，此时 LCP 状态仍为 Opened，而 NCP 状态从 Initial 转到 Starting。

（5）在 Network 阶段，PPP 链路进行 NCP 协商。NCP 协商支持 IPCP（IP Control Protocol）、MPLSCP（MPLS Control Protocol）等协商。IPCP 协商内容主要包括双方的 IP 地址。通过 NCP 协商来选择和配置一个网络层协议，只有相应的网络层协议协商成功后，该网络层协议才可以通过这条 PPP 链路发送报文。

（6）PPP 链路将一直保持通信，直至有明确的 LCP 或 NCP 帧，或发生了某些外部事件才关闭这条链路，如用户干预。

（7）在 Terminate 阶段，如果所有的资源都被释放，则通信双方将回到 Dead 阶段。

2. LCP 阶段

1）LCP 报文

LCP 用于链路层参数协商，有以下四种报文类型：

（1）Configure-Request（配置请求）：链路层协商过程中发送的第一个报文。该报文表明点对点双方开始进行链路层参数的协商。

（2）Configure-Ack（配置响应）：收到对端发来的 Configure-Request 报文，如果参数取值完全接受，则以此报文响应。

（3）Configure-Nak（配置不响应）：收到对端发来的 Configure-Request 报文，如果参数取值不被本端认可，则发送此报文并携带本端可接收的配置参数。

（4）Configure-Reject（配置拒绝）：收到对端发来的 Configure-Request 报文，如果本端不能识别对端发送的 Configure-Request 中的某些参数，则发送此报文并携带那些本端不能识别的配置参数。

PPP 报文封装格式如图 11-4 所示。

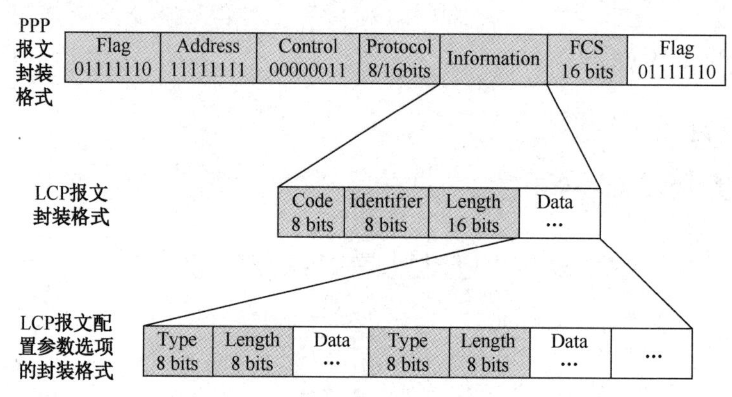

图 11-4　PPP 报文封装格式

在链路建立阶段，PPP 协议通过 LCP 报文进行链路的建立和协商。此时，LCP 报文作为 PPP 的净载荷被封装在 PPP 数据帧的信息域中，PPP 数据帧的协议域的值固定填充 0xC021。

在链路建立阶段的整个过程中，信息域的内容是变化的，其包括很多种类型的报文，因此这些报文也要通过相应的字段来区分。

① Code 域

Code 域的长度为 1 字节，主要用来标识 LCP 数据报文的类型。

在链路建立阶段，接收方接收到 LCP 数据报文。当其代码域的值无效时，就会向对端发送一个 LCP 的代码拒绝报文（Code-Reject 报文）。常见的 Code 值如表 11-1 所示。

表 11-1　常见的 Code 值

Code 值	报 文 类 型	Code 值	报 文 类 型
0x01	Configure-Request	0x07	Code-Reject
0x02	Configure-Ack	0x08	Protocol-Reject
0x03	Configure-Nak	0x09	Echo-Request
0x04	Configure-Reject	0x0A	Echo-Reply
0x05	Terminate-Request	0x0B	Discard-Request
0x06	Terminate-Ack	0x0C	Reserved

② Identifier 域

Identifier 域的长度为 1 字节，用来匹配请求和响应，当 Identifier 域值为非法时，该报文将被丢弃。

通常一个配置请求报文的 ID 从 0x01 开始逐步加 1。当对端接收到该配置请求报文后，无论使用何种报文回应对方，回应报文中的 ID 都必须要与接收报文中的 ID 一致。

③ Length 域

Length 域的值就是该 LCP 报文的总字节数据。它是 Code 域、Identifier 域、Length 域和 Data 域四个域长度的总和。

Length 域所指示字节数之外的字节将被当作填充字节而忽略，并且该域的内容不能超过 MRU 的值。

④ Data 域

Data 域所包含的是协商报文的内容，这个内容包括以下字段：

- Type 为协商选项类型。
- Length 为协商选项长度，指 Data 域的总长度，也就是包含 Type、Length 和 Data。
- Data 为协商选项的具体内容。

2）LCP 协商参数

LCP 报文携带的一些常见的配置参数有 MRU、认证协议，以及魔术字。LCP 协商参数如表 11-2 所示。

表 11-2　LCP 协商参数

参　数	作　用	默 认 值
最大接收单元（MRU）	PPP 数据帧中 Information 字段和 Padding 字段的总长度	1500 字节
认证协议	对端使用的认证协议	不认证
魔术字	一个随机产生的数字，用于检测链路环路。如果收到的 LCP 报文中的魔术字和本端产生的魔术字相同，则认为链路有环路	启用

3. NCP 阶段

1）IPCP 静态地址协商

IPCP 静态地址协商如图 11-5 所示。RTA 发送 Configure-Request（带有本端接口 IP），RTB 就 Configure-Ack 确认。

2）IPCP 动态地址协商

IPCP 动态地址协商如图 11-6 所示。RTA 发送 Configure-Request（带有 0.0.0.0），RTB 回复 Configure-Nak 确认，并且给 RTA 分配一个地址；RTA 再次发送带有刚分配地址的 Configure-Reguest，RTB 回复 Configure-Ack 确认；RTB 发送 Configure-Request（带有本端接口 IP），RTA 回复 Configure-Ack 确认。

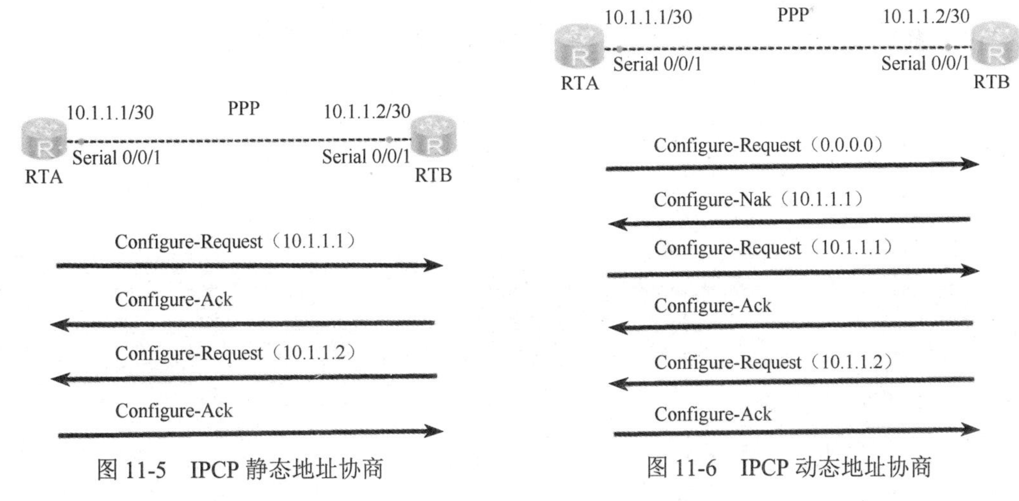

图 11-5　IPCP 静态地址协商　　图 11-6　IPCP 动态地址协商

11.2.3　PPP 的基础配置

PPP 的基础配置拓扑如图 11-7 所示。

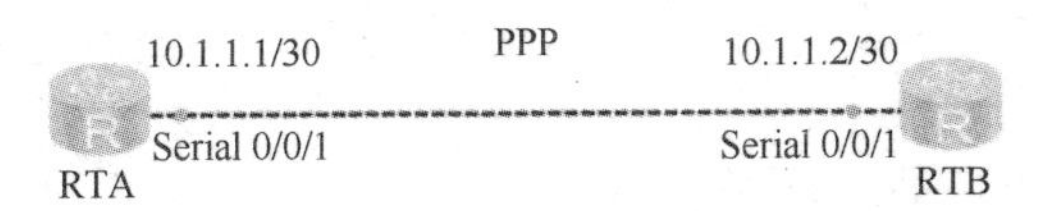

图 11-7　PPP 的基础配置拓扑

```
[RTA]interface Serial 0/0/1
[RTA-Serial0/0/1]link-protocol ppp
Warning: The encapsulation protocol of the link will be changed. Continue?
[Y/N]:y
[RTA-Serial0/0/1]ip address 10.1.1.1 30
```

11.2.4 PPP 认证

1. PAP 认证

1）PAP 认证原理

PAP 认证协议为两次握手验证，口令为明文。验证过程仅在链路初始建立阶段进行。PAP 认证过程如图 11-8 所示。

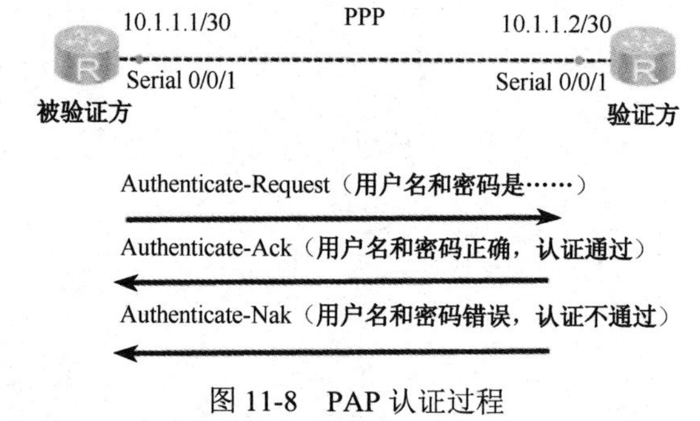

图 11-8　PAP 认证过程

当链路建立阶段结束后，用户名和密码将由被验证方在链路上重复发送给验证方，直到验证通过或中止连接。

如果必须在远端主机上使用明文密码进行模拟登录，则这种验证方式是最合适的。

2）PAP 认证配置

PAP 认证配置拓扑如图 11-9 所示（检验方为 RTA、被检验方为 RTB）。

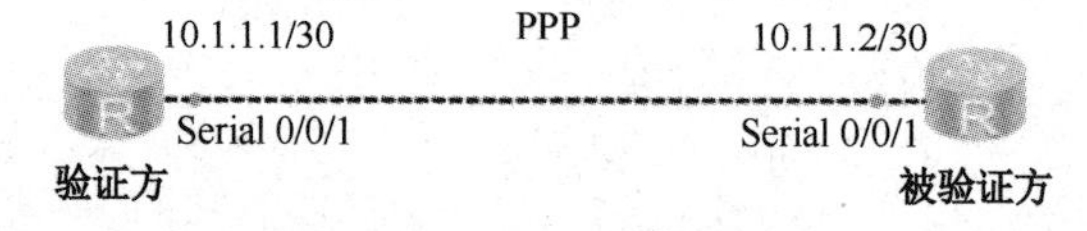

图 11-9　PAP 认证配置拓扑

```
[RTA]aaa
[RTA-aaa]local-user huawei password cipher huawei123  #用于创建一个本地用户，用户名为“huawei”，密码为“huawei123”，关键字“cipher”表示密码信息在配置文件中被加密
[RTA-aaa]local-user huawei service-type ppp  #用于设置用户“huawei”为PPP用户
[RTA-aaa]quit
[RTA]interface Serial 0/0/1
[RTA-Serial0/0/1]link-protocol ppp
[RTA-Serial0/0/1]ppp authentication-mode pap  #用于在认证方开启PAP认证的功能，即要求对端使用PAP认证
[RTA-Serial0/0/1]ip address 10.1.1.1 30
[RTB]interface Serial 0/0/1
[RTB-Serial0/0/1]link-protocol ppp
[RTB-Serial0/0/1]ppp pap local-user huawei password cipher huawei123
#用于在被认证方配置PAP使用的用户名和密码信息
[RTB-Serial0/0/1]ip address 10.1.1.2 30
```

2. CHAP 认证

1）CHAP 认证原理

CHAP（Challenge Handshake Authentication Protocol）为三次握手验证协议，其只在网络上传输用户名，而不传输用户密码，因此安全性要比 PAP 高。CHAP 的验证过程如图 11-10 所示。

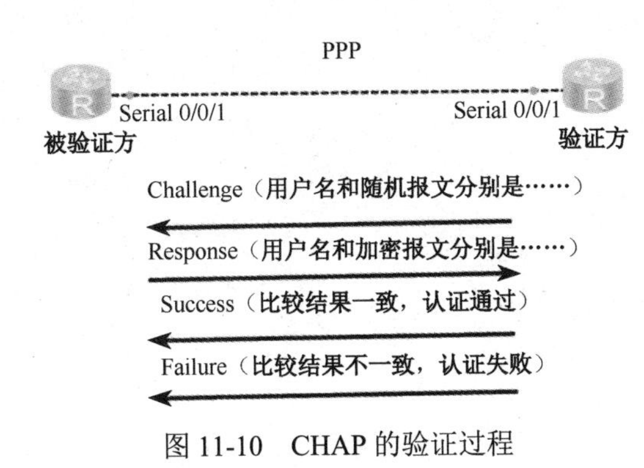

图 11-10　CHAP 的验证过程

CHAP 单向验证是指一端作为验证方，另一端作为被验证方。双向验证是单向验证的简单叠加，即两端都是既作为验证方又作为被验证方。在实际应用中一般只采用单向验证。

CHAP 单向验证过程分为两种情况：验证方配置了用户名和验证方没有配置用户名。推荐使用验证方配置用户名的方式，这样可以对验证方的用户名进行确认。

（1）验证方配置了用户名的验证过程。

验证方主动发起验证请求，验证方向被验证方发送一些随机产生的报文（Challenge），并同时将本端的用户名附带上一起发送给被验证方。

被验证方接到验证方的验证请求后，先检查本端接口上是否配置了 ppp chap password 命令，如果配置了该命令，则被验证方用报文 ID、命令中配置的用户名和密码，以及 MD5 算法对该随机报文进行加密，然后将生成的密文和自己的用户名发回验证方（Response）。如果接口上未配置 ppp chap password 命令，则根据此报文中验证方的用户名在本端的用户表查找该用户名对应的密码，用报文 ID、此用户的密钥（密码）和 MD5 算法对该随机报文进行加密，将生成的密文和被验证方自己的用户名发回验证方（Response）。

验证方用自己保存的被验证方密码和 MD5 算法对原随机报文加密，比较二者的密文，根据比较结果返回不同的响应。

（2）验证方没有配置用户名的验证过程。

验证方主动发起验证请求，然后向被验证方发送一些随机产生的报文（Challenge）。

被验证方接到验证方的验证请求后，利用报文 ID、ppp chap password 命令配置的 CHAP 密码和 MD5 算法对该随机报文进行加密，将生成的密文和自己的用户名发回验证方（Response）。

验证方用自己保存的被验证方密码和 MD5 算法对原随机报文加密，比较二者的密文，根据比较结果返回不同的响应。

2）CHAP 认证配置

CHAP 认证配置拓扑如图 11-11 所示（验证方为 RTA、被验证方为 RTB）。

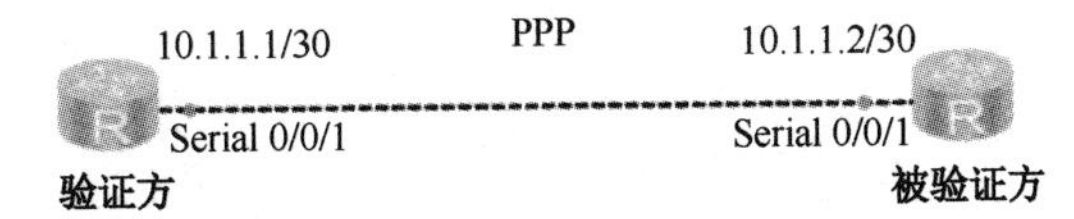

图 11-11　CHAP 认证配置拓扑

```
[RTA]aaa
[RTA-aaa]local-user huawei password cipher huawei123  #用于创建一个本地用户，用户名为“huawei”，密码为“huawei123”；关键字“cipher”表示密码信息在配置文件中加密保存
[RTA-aaa]local-user huawei service-type ppp  #用于设置用户“huawei”为PPP用户
[RTA-aaa]quit
[RTA]interface Serial 0/0/1
[RTA-Serial0/0/1]link-protocol ppp
[RTA-Serial0/0/1]ppp authentication-mode chap  #用于在验证方开启CHAP认证的功能，即要求对端使用CHAP认证
[RTB]interface Serial 0/0/1
[RTB-Serial0/0/1]link-protocol ppp
[RTB-Serial0/0/1]ppp chap user huawei  #用于在被验证方设置CHAP使用的用户名为“huawei”
[RTB-Serial0/0/1]ppp chap password cipher huawei123  #用于在被验证方设置CHAP使用的密码为“huawei123”
```

11.3 PPPoE 协议

11.3.1 PPPoE 协议概述

PPPoE（PPP over Ethernet）协议提供了在广播式网络（如以太网）中多台主机连接到远端的访问集中器（访问集中器也称为宽带接入服务器）上的一种标准。

PPPoE 服务器为网吧、小区、酒店、学校等特殊场合提供了灵活的网络接入控制方式，包括认证、计费等。

通过 PPPoE Client，同一局域网内的用户可以使用同一个账号拨入 Internet，且用户不需要安装 PPPoE 拨号软件，简化了用户的操作和企业的维护工作。

1. PPPoE 协议产生的背景

当用户接入服务器、服务提供商为多个用户同时提供服务时：

（1）用户希望接入成本低，不要或者很少改变配置即可接入成功。以太网无疑是最好的组网方式。

（2）服务提供商希望通过同一个接入服务器连接到远程站点上的多个主机，同时要求服务器能提供与使用 PPP 拨号上网类似的访问控制功能和支付功能。

PPP 协议的应用虽然很广泛，但是不能应用于以太网，因此提出了 PPPoE 技术。PPPoE 协议是对 PPP 的扩展，它可以使 PPP 协议应用于以太网。

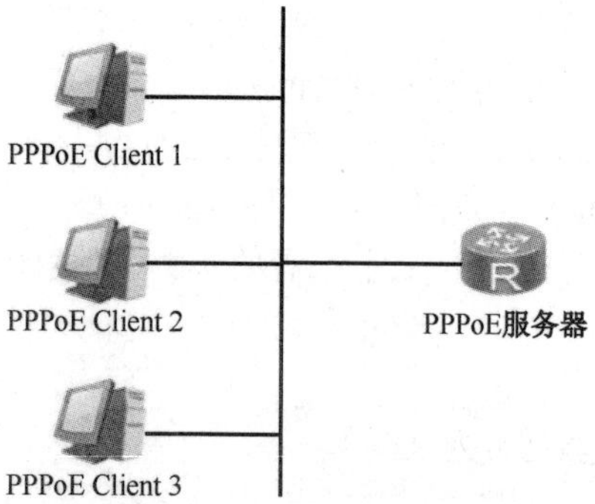

2. PPPoE 组网

PPPoE 组网如图 11-12 所示，在 PC 和运营商的路由器之间建立 PPPoE 会话，每个 PC 建立一个会话，并且每个 PC 单独使用一个账号，另外，PC 上必须安装 PPPoE 客户端拨号软件。

PPPoE Client 1
PPPoE Client 2
PPPoE Client 3
PPPoE服务器

图 11-12 PPPoE 组网

11.3.2　PPPoE 报文

1. PPPoE 报文格式

PPPoE 报文如图 11-13 所示，使用 Ethernet 格式进行封装。

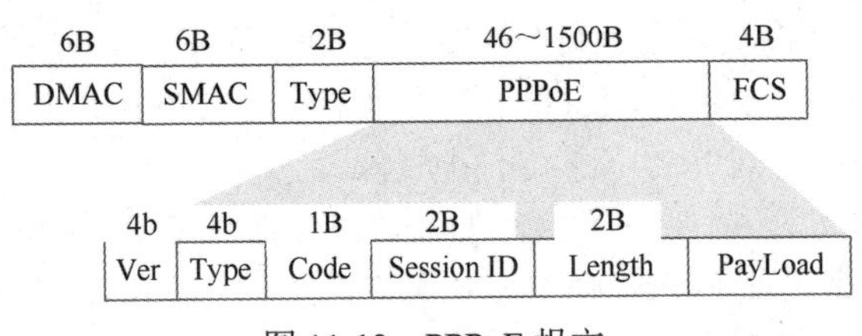

图 11-13　PPPoE 报文

Ethernet 中各字段的解释如下：

（1）DMAC：表示目的设备的 MAC 地址，通常为以太网单播目的地址或以太网广播地址（0xFFFFFFFF）。

（2）SMAC：表示源设备的以太网 MAC 地址。

（3）Type：表示协议类型字段，当值为 0x8863 时，表示承载的是 PPPoE 发现阶段的报文；当值为 0x8864 时，表示承载的是 PPPoE 会话阶段的报文。

PPPoE 的各个字段解释如下：

（1）Ver：表示 PPPoE 的版本号，值为 0x01。

（2）Type：表示类型，值为 0x01。

（3）Code：表示 PPPoE 报文类型，不同取值标识不同的 PPPoE 报文类型。

（4）Session ID：与以太网 SMAC 和 DMAC 一起定义了一个 PPPoE 会话。

（5）Length：表示 PPPoE 报文的 PayLoad 长度，不包括以太网头部和 PPPoE 头部的长度。

2. PPPoE 协议报文

PPPoE 协议报文类型如表 11-3 所示。

表 11-3　PPPoE 协议报文类型

额	描　述
PADI	PPPoE 发现初始报文
PADO	PPPoE 发现提供报文
PADR	PPPoE 发现请求报文
PADS	PPPoE 发现会话确认报文
PADT	PPPoE 发现终止报文

11.3.3　PPPoE 会话建立过程

1. PPPoE 会话建立阶段

（1）Discovery 阶段：地址发现阶段。

（2）PPPoE Session 阶段：PPPoE 会话阶段。

为了在以太网上建立点到点连接，每一个 PPPoE 会话必须知道通信对方的以太网地址，并建立一个唯一的会话标识符。PPPoE 通过地址发现协议查找对方的以太网地址。当某个主机希望发起一个 PPPoE 会话时，其首先通过地址发现协议来确定对方的以太网 MAC 地址并建立起一个

PPPoE 会话标识符 Session ID。

虽然 PPP 定义的是点到点的对等关系，但地址发现却是一种客户端—服务器关系。在地址发现的过程中，主机作为客户端，发现某个作为服务器的接入访问集中器（Access Concentrator，AC）的以太网地址。根据网络的拓扑结构，可能主机跟不止一个访问集中器通信。Discovery 阶段允许主机发现所有的访问集中器，并从中选择一个进行通信。当 Discovery 阶段成功完成之后，主机和访问集中器都具备了在以太网上建立点到点连接所需的所有信息。在开始建立一个 PPPoE 会话之前，Discovery 阶段一直保持无状态（stateless）。一旦开始建立 PPPoE 会话，主机和作为接入服务器的访问集中器都必须为一个 PPP 虚拟接口分配资源。

进入 PPPoE 会话阶段后，需要进行 LCP 协商，协商得到的 MTU 最大值为 1492 字节。因为以太帧长最大为 1500 字节，而 PPPoE 帧头为 6 字节、PPP 协议 ID 为 2 字节，因此 PPP 的 MTU 最大值为 1492 字节。当 LCP 断开连接时，主机和访问集中器之间停止 PPPoE 会话，如果主机需要重新开始 PPPoE 会话，则需要重新回到 PPPoE Discovery 阶段。LCP 协商成功后，还需要进行 NCP 协商，NCP 协商成功后，主机和接入服务器便可以通信了。

2. Discovery 阶段的基本原理

当主机开始通过 PPPoE 接入服务器时，其必须先识别接入端的以太网 MAC 地址，建立 PPPoE 的 Session_ID。这就是 Discovery 阶段的目的。Discovery 阶段由 4 个过程组成，完成之后通信双方都会知道 PPPoE 的 Session_ID 及对方的以太网地址，这些共同确定了唯一的 PPPoE 会话。

Discovery 阶段的 4 个过程如下：

（1）主机以广播形式发送 PADI（PPPoE Active Discovery Initial）报文，如图 11-14 所示，在此报文中包含主机想要得到的服务类型信息。

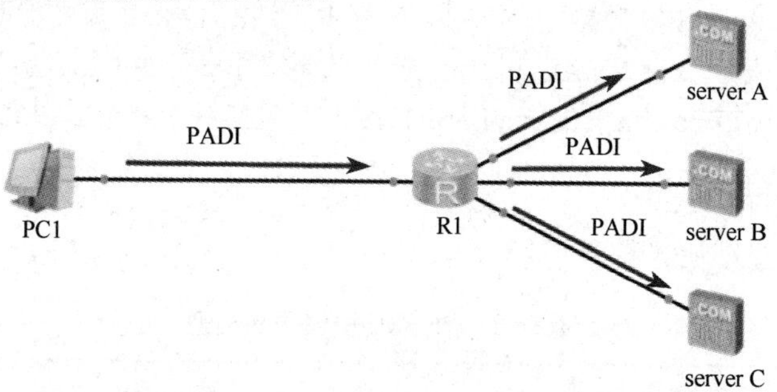

图 11-14　主机以广播形式发送 PADI 报文

（2）以太网内的所有服务器收到这个 PADI 报文后，将其中请求的服务与自己能提供的服务进行比较，可以提供此服务的服务器发回 PADO（PPPoE Active Discovery Offer）报文。

服务器发回 PADO 报文，如图 11-15 所示，服务器 A 和服务器 B 都可以提供服务，所以都会向主机发回 PADO 报文。

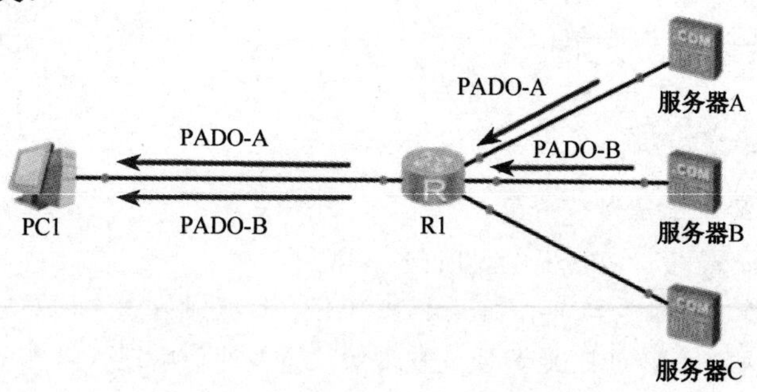

图 11-15　服务器发回 PADO 报文

（3）主机可能收到多个服务器的 PADO 报文，然后将依据 PADO 的内容从多个服务器中选择一个，并向它发回一个会话请求报文 PADR（PPPoE Active Discovery Request）。

主机选择一个服务器发送会话请求报文，如图 11-16 所示，主机选择服务器 A，并发回会话请求报文。

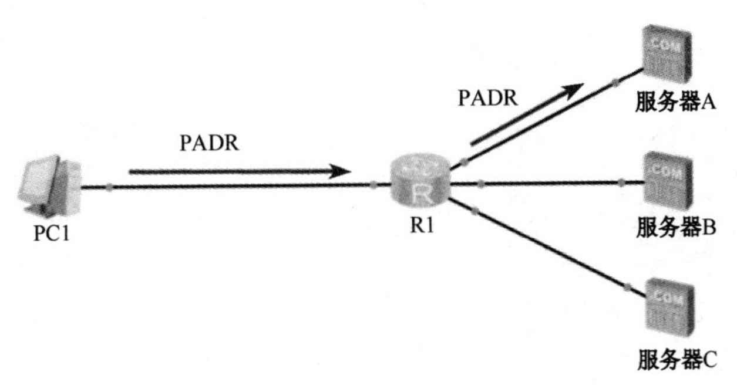

图 11-16　主机选择一个服务器发送会话请求报文

（4）服务器产生一个唯一的会话标识，该标识和主机的这段 PPPoE 会话，并把此会话标识通过会话确认报文 PADS（PPPoE Active Discovery Session-confirmation）发回给主机，如果没有错误，则双方进入 PPPoE Session 阶段。

服务器向主机发回 PADS 报文，如图 11-17 所示，服务器 A 收到 PADR 报文后，会向主机发送 PADS 报文。

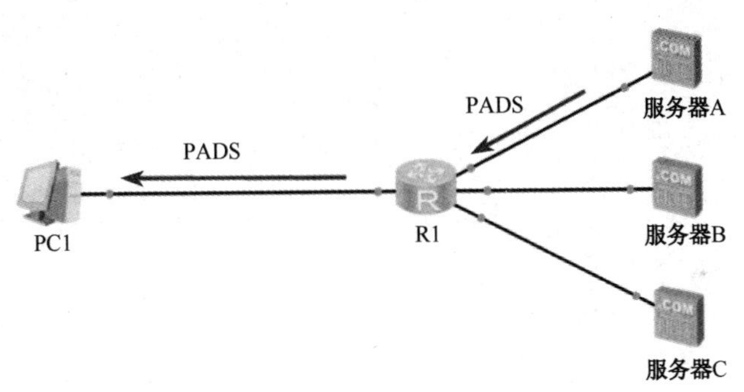

图 11-17　服务器向主机发回 PADS 报文

接入服务器发送确认数据包后，就可以进入 PPPoE 会话阶段。当主机接收到该确认数据包后，就可以进入 PPPoE 会话阶段。

3. PPPoE 会话阶段

PPPoE 会话开始后，PPP 报文作为 PPPoE 帧的净荷，封装在以太网帧发送到对端。这时所有的以太网数据包都是单播的。

设置 Ethernet_Type 域为 0x8864。

必须将 PPPoE 的 Code 设置为 0x00。

PPPoE 会话的 Session_ID 不允许发生改变，必须是 Discovery 阶段所指定的值。

PPPoE 的 PayLoad 包含一个 PPP 帧。PPP 帧的开始字段是 PPP Protocol-ID。

11.3.4　PPPoE 配置

PPPoE 配置拓扑如图 11-18 所示。

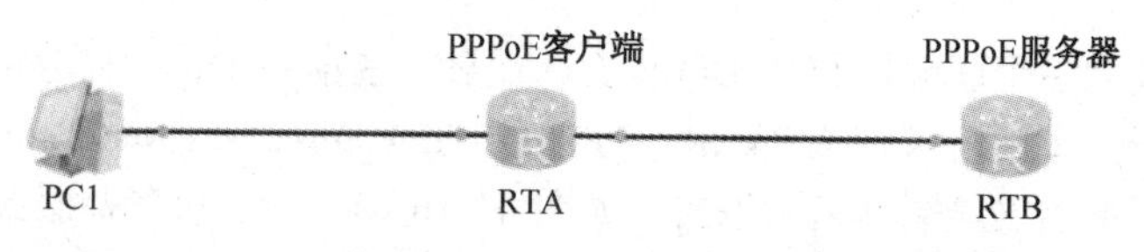

图 11-18 PPPoE 配置拓扑

PPPoE 的客户端配置包括以下 3 个步骤：

（1）首先需要配置一个拨号接口。

```
[RTA]dialer-rule
#用于进入Dialer-rule视图，在该视图下，可以通过拨号规则来配置发起PPPoE会话的条件
[RTA-dialer-rule]dialer-rule 1 ip permit
[RTA-dialer-rule]quit
[RTA]interface dialer 1   #用来创建并进入Dialer接口
[RTA-Dialer1]dialer user enterprise  #用于配置对端用户名，这个用户名必须与对端服务器上的PPP用户名相同
[RTA-Dialer1]dialer-group 1   #用来将接口置于一个拨号访问组
[RTA-Dialer1]dialer bundle 1  #用来指定Dialer接口使用的Dialer Bundle。设备通过Dialer Bundle将物理接口与拨号接口关联起来
[RTA-Dialer1]ppp chap user enterprise@huawei
[RTA-Dialer1]ppp chap password cipher huawei123
[RTA-Dialer1]ip address ppp-negotiate
```

（2）将 Dialer Bundle 和接口绑定。

```
[RTA]interface GigabitEthernet 0/0/1
[RTA-GigabitEthernet0/0/1]pppoe-client dial-bundle-number 1 on-demand
#实现Dialer Bundle和物理接口的绑定，用来指定PPPoE会话对应的Dialer Bundle，其中，number是与PPPoE会话相对应的Dialer Bundle编号；on-demand表示PPPoE会话工作在按需拨号模式。AR2200支持报文触发方式的按需拨号。目前系列路由器支持的按需拨号方式为报文触发方式，即当物理线路Up后，设备不会立即发起PPPoE呼叫，只有当有数据需要传送时，设备才会发起PPPoE呼叫，建立PPPoE会话。
[RTA-GigabitEthernet0/0/1]quit
```

（3）配置一条默认静态路由，该路由允许在路由表中没有找到相应匹配表项的流量都能通过拨号接口发起 PPPoE 会话。

```
[RTA]ip route-static 0.0.0.0 0 dialer 1
```

11.4 基本配置实验

实验拓扑如图 11-19 所示，公司总部有一台路由器 R2，R1 和 R3 分别是其他两个分部的路由器。现在需要将总部网络和分部网络通过广域网连接起来。在广域网链路上尝试使用 HDLC 和 PPP 协议，并在使用 PPP 协议时配置不同的认证方式保证安全。

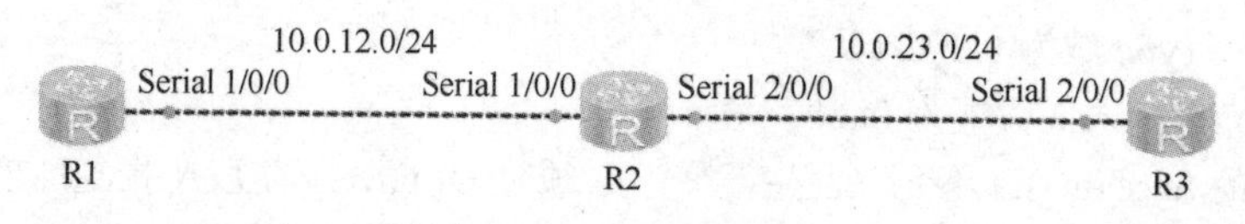

图 11-19 实验拓扑

1. 为 R1、R2 和 R3 的串行接口配置 IP 地址

```
[R1]interface Serial 1/0/0
[R1-Serial1/0/0]ip address 10.0.12.1 24
```

```
[R2]interface Serial 1/0/0
[R2-Serial1/0/0]ip address 10.0.12.2 24
[R2-Serial1/0/0]quit
[R2]interface Serial 2/0/0
[R2-Serial2/0/0]ip address 10.0.23.2 24
[R3]interface Serial 2/0/0
[R3-Serial2/0/0]ip address 10.0.23.3 24
```

2. 在串行接口上启用 HDLC 协议

```
[R1]interface Serial 1/0/0
[R1-Serial1/0/0]link-protocol hdlc
Warning: The encapsulation protocol of the link will be changed. Continue?
[Y/N]:y
[R2]interface Serial 1/0/0
[R2-Serial1/0/0]link-protocol hdlc
Warning: The encapsulation protocol of the link will be changed. Continue?
[Y/N]:y
[R2-Serial1/0/0]quit
[R2]interface Serial 2/0/0
[R2-Serial2/0/0]link-protocol hdlc
Warning: The encapsulation protocol of the link will be changed. Continue?
[Y/N]:y
[R3]interface Serial 2/0/0
[R3-Serial2/0/0]link-protocol hdlc
Warning: The encapsulation protocol of the link will be changed. Continue?
[Y/N]:y
```

配置完成后，查看串行接口的状态。以 R1 上的显示信息为例。

```
[R1]display interface Serial1/0/0
Serial1/0/0 current state : UP
Line protocol current state : UP
Last line protocol up time : 2016-03-10 11:25:08
Description:HUAWEI, AR Series, Serial1/0/0 Interface
Route Port,The Maximum Transmit Unit is 1500, Hold timer is 10(sec)
Internet Address is 10.0.12.1/24
Link layer protocol is nonstandard HDLC
Last physical up time   : 2016-03-22 22:03:46
Last physical down time : 2016-03-22 22:03:44
Current system time: 2016-03-22 22:05:39
Physical layer is synchronous, Baudrate is 64000 bps
Interface is DCE, Cable type is V35, Clock mode is DCECLK1
Last 300 seconds input rate 2 bytes/sec 16 bits/sec 0 packets/sec
Last 300 seconds output rate 2 bytes/sec 16 bits/sec 0 packets/sec
Input: 9949 packets, 139374 bytes
  Broadcast:               0,  Multicast:            0
  Errors:                  0,  Runts:                0
  Giants:                  0,  CRC:                  0
  Alignments:              0,  Overruns:             0
  Dribbles:                0,  Aborts:               0
  No Buffers:              0,  Frame Error:          0
```

```
Output: 9953 packets, 139474 bytes
  Total Error:            0,  Overruns:              0
  Collisions:             0,  Deferred:              0
DCD=UP DTR=UP DSR=UP RTS=UP CTS=UP
    Input bandwidth utilization  : 0.07%
    Output bandwidth utilization : 0.07%
```

确认该接口的物理状态和协议状态均已 UP 后，检测直连链路的连通性。

```
 <R2>ping 10.0.12.1
  PING 10.0.12.1: 56  data bytes, press CTRL_C to break
    Reply from 10.0.12.1: bytes=56 Sequence=1 ttl=255 time=44 ms
    Reply from 10.0.12.1: bytes=56 Sequence=2 ttl=255 time=39 ms
    Reply from 10.0.12.1: bytes=56 Sequence=3 ttl=255 time=39 ms
    Reply from 10.0.12.1: bytes=56 Sequence=4 ttl=255 time=40 ms
    Reply from 10.0.12.1: bytes=56 Sequence=5 ttl=255 time=39 ms
  --- 10.0.12.1 ping statistics ---
    5 packet(s) transmitted
    5 packet(s) received
    0.00% packet loss
round-trip min/avg/max = 39/40/44 ms
<R2>ping 10.0.23.3
  PING 10.0.23.3: 56  data bytes, press CTRL_C to break
    Reply from 10.0.23.3: bytes=56 Sequence=1 ttl=255 time=44 ms
    Reply from 10.0.23.3: bytes=56 Sequence=2 ttl=255 time=39 ms
    Reply from 10.0.23.3: bytes=56 Sequence=3 ttl=255 time=39 ms
    Reply from 10.0.23.3: bytes=56 Sequence=4 ttl=255 time=40 ms
    Reply from 10.0.23.3: bytes=56 Sequence=5 ttl=255 time=39 ms
  --- 10.0.23.3 ping statistics ---
    5 packet(s) transmitted
    5 packet(s) received
    0.00% packet loss
    round-trip min/avg/max = 39/40/44 ms
```

3. 配置 OSPF 协议

在三台路由器上都启用 OSPF 协议，并发布各自的直连路由。

```
[R1]ospf 1
[R1-ospf-1]area 0
[R1-ospf-1-area-0.0.0.0]network 10.0.12.0 0.0.0.255
[R2]ospf 1
[R2-ospf-1]area 0
[R2-ospf-1-area-0.0.0.0]network 10.0.12.0 0.0.0.255
[R2-ospf-1-area-0.0.0.0]network 10.0.23.0 0.0.0.255
[R3]ospf 1
[R3-ospf-1]area 0
[R3-ospf-1-area-0.0.0.0]network 10.0.23.0 0.0.0.255
```

配置完成后，检查设备是否通过 OSPF 协议学习到了相应的路由信息。

```
<R1>display ip routing-table
Route Flags: R - relay, D - download to fib
------------------------------------------------------------------------------
Routing Tables: Public
```

```
         Destinations : 8        Routes : 8
    Destination/Mask    Proto   Pre  Cost Flags NextHop         Interface
    10.0.12.0/24          Direct  0    0       D   10.0.12.1       Serial1/0/0
    10.0.12.1/32          Direct  0    0       D   127.0.0.1       Serial1/0/0
    10.0.12.255/32        Direct  0    0       D   127.0.0.1       Serial1/0/0
    10.0.23.0/24          OSPF   10   3124     D   10.0.12.2       Serial1/0/0
    127.0.0.0/8           Direct  0    0       D   127.0.0.1       InLoopBack0
    127.0.0.1/32          Direct  0    0       D   127.0.0.1       InLoopBack0
    127.255.255.255/32    Direct  0    0       D   127.0.0.1       InLoopBack0
    255.255.255.255/32    Direct  0    0       D   127.0.0.1       InLoopBack0
```

确认相应的路由信息都已通过 OSPF 协议学习到。

在 R1 上，执行 ping 命令，检测 R1 和 R3 的连通性。

```
    <R1>ping 10.0.23.3
      PING 10.0.23.3: 56  data bytes, press CTRL_C to break
        Reply from 10.0.23.3: bytes=56 Sequence=1 ttl=254 time=44 ms
        Reply from 10.0.23.3: bytes=56 Sequence=2 ttl=254 time=39 ms
        Reply from 10.0.23.3: bytes=56 Sequence=3 ttl=254 time=39 ms
        Reply from 10.0.23.3: bytes=56 Sequence=4 ttl=254 time=40 ms
        Reply from 10.0.23.3: bytes=56 Sequence=5 ttl=254 time=39 ms
      --- 10.0.23.3 ping statistics ---
        5 packet(s) transmitted
        5 packet(s) received
        0.00% packet loss
    round-trip min/avg/max = 39/40/44 ms
```

4. 修改串行接口的封装类型为 PPP

在 R1 和 R2 及 R2 和 R3 间修改串行接口使用 PPP 封装。链路两端必须配置相同的封装类型，否则接口状态会出现“Down”的情况。

```
    [R1]interface Serial 1/0/0
    [R1-Serial1/0/0]link-protocol ppp
    Warning: The encapsulation protocol of the link will be changed. Continue?
[Y/N]:y
    [R2]interface Serial 1/0/0
    [R2-Serial1/0/0]link-protocol ppp
    Warning: The encapsulation protocol of the link will be changed. Continue?
[Y/N]:y
    [R2-Serial1/0/0]quit
    [R2]interface Serial 2/0/0
    [R2-Serial2/0/0]link-protocol ppp
    Warning: The encapsulation protocol of the link will be changed. Continue?
[Y/N]:y
    [R3]interface Serial 2/0/0
    [R3-Serial2/0/0]link-protocol ppp
    Warning: The encapsulation protocol of the link will be changed. Continue?
[Y/N]:y
```

配置完成后，检测链路的连通性。

```
    <R2>ping 10.0.12.1
      PING 10.0.12.1: 56  data bytes, press CTRL_C to break
```

```
    Reply from 10.0.12.1: bytes=56 Sequence=1 ttl=255 time=22 ms
    Reply from 10.0.12.1: bytes=56 Sequence=2 ttl=255 time=27 ms
    Reply from 10.0.12.1: bytes=56 Sequence=3 ttl=255 time=27 ms
    Reply from 10.0.12.1: bytes=56 Sequence=4 ttl=255 time=27 ms
    Reply from 10.0.12.1: bytes=56 Sequence=5 ttl=255 time=27 ms
  --- 10.0.12.1 ping statistics ---
    5 packet(s) transmitted
    5 packet(s) received
    0.00% packet loss
round-trip min/avg/max = 22/26/27 ms
<R2>ping 10.0.23.3
  PING 10.0.23.3: 56  data bytes, press CTRL_C to break
    Reply from 10.0.23.3: bytes=56 Sequence=1 ttl=255 time=35 ms
    Reply from 10.0.23.3: bytes=56 Sequence=2 ttl=255 time=40 ms
    Reply from 10.0.23.3: bytes=56 Sequence=3 ttl=255 time=40 ms
    Reply from 10.0.23.3: bytes=56 Sequence=4 ttl=255 time=40 ms
    Reply from 10.0.23.3: bytes=56 Sequence=5 ttl=255 time=40 ms
  --- 10.0.23.3 ping statistics ---
    5 packet(s) transmitted
    5 packet(s) received
    0.00% packet loss
round-trip min/avg/max = 35/39/40 ms
```

如果无法ping通，请查看接口状态，并观察协议状态是否正常。

<R1>display interface Serial1/0/0

5. 检查路由表项的变化

PPP配置完成后，路由器之间会建立数据链路层的连接。本地路由器会向远端路由器发送一条主机路由信息，该路由信息中包含本地接口的IP地址，掩码为32位。

以R2为例，可以查看到R1和R3发送的主机路由。

```
[R2]display ip routing-table
Route Flags: R - relay, D - download to fib
------------------------------------------------------------------------------
Routing Tables: Public
        Destinations : 12       Routes : 12
Destination/Mask     Proto  Pre Cost  Flags NextHop      Interface
10.0.12.0/24         Direct 0    0      D   10.0.12.2    Serial1/0/0
10.0.12.1/32         Direct 0    0      D   10.0.12.1    Serial1/0/0
10.0.12.2/32         Direct 0    0      D   127.0.0.1    Serial1/0/0
10.0.12.255/32       Direct 0    0      D   127.0.0.1    Serial1/0/0
10.0.23.0/24         Direct 0    0      D   10.0.23.2    Serial2/0/0
10.0.23.2/32         Direct 0    0      D   127.0.0.1    Serial2/0/0
10.0.23.3/32         Direct 0    0      D   10.0.23.3    Serial2/0/0
10.0.23.255/32       Direct 0    0      D   127.0.0.1    Serial2/0/0
127.0.0.0/8          Direct 0    0      D   127.0.0.1    InLoopBack0
127.0.0.1/32         Direct 0    0      D   127.0.0.1    InLoopBack0
127.255.255.255/32   Direct 0    0      D   127.0.0.1    InLoopBack0
255.255.255.255/32   Direct 0    0      D   127.0.0.1    InLoopBack0
```

可以看出，路由表中已经包含通往R1和R3的路由。

6. 在 R1 和 R2 间的 PPP 链路启用 PAP 认证功能

配置 PAP 认证功能，并将 R1 配置为 PAP 认证方。

```
[R1]interface Serial 1/0/0
[R1-Serial1/0/0]ppp authentication-mode pap
[R1-Serial1/0/0]quit
[R1]aaa
[R1-aaa]local-user huawei password cipher huawei123
 info: A new user added
[R1-aaa]local-user huawei service-type ppp
```

将 R2 配置为 PAP 被认证方。

```
[R2]interface Serial 1/0/0
[R2-Serial1/0/0]ppp pap local-user huawei password cipher huawei123
```

配置完成后，检测 R1 和 R2 的连通性，并可以通过 debug 功能观察 PAP 认证报文的交互。

```
<R1>debugging ppp pap packet
<R1>terminal debugging
<R1>display debugging
PPP PAP packets debugging switch is on
<R1>system-view
[R1]interface Serial 1/0/0
[R1-Serial1/0/0]shutdown
[R1-Serial1/0/0]undo shutdown
Mar 10 2016 14:44:22.440.1+00:00 R1 PPP/7/debug2:
  PPP Packet:
      Serial1/0/0 Input  PAP(c023) Pkt, Len 22
      State ServerListen, code Request(01), id 1, len 18
      Host Len:  6  Name:huawei
[R1-Serial1/0/0]
Mar 10 2016 14:44:22.440.2+00:00 R1 PPP/7/debug2:
  PPP Packet:
      Serial1/0/0 Output PAP(c023) Pkt, Len 52
      State WaitAAA, code Ack(02), id 1, len 48
      Msg Len: 43  Msg:Welcome to use Access ROUTER, Huawei Tech.
[R1-Serial1/0/0]return
<R1>undo debugging all
Info: All possible debugging has been turned off
```

7. 在 R2 和 R3 间的 PPP 链路启用 CHAP 认证功能

将 R3 配置为 CHAP 的认证方。

```
[R3]interface Serial 2/0/0
[R3-Serial2/0/0]ppp authentication-mode chap
[R3-Serial2/0/0]quit
[R3]aaa
[R3-aaa]local-user huawei password cipher huawei123
 info: A new user added
[R3-aaa]local-user huawei service-type ppp
[R3-aaa]quit
[R3]interface Serial 2/0/0
[R3-Serial2/0/0]shutdown
```

```
[R3-Serial2/0/0]undo shutdown
```

注意，此时 R3 上会有如下提示：

Mar 10 2016 15:06:00+00:00 R3 %%01PPP/4/PEERNOCHAP(l)[5]:On the interface Serial2/0/0, authentication failed and PPP link was closed because CHAP was disabled on the peer.

[R3-Serial2/0/0]

Mar 10 2016 15:06:00+00:00 R3 %%01PPP/4/RESULTERR(l)[6]:On the interface Serial2/0/0, LCP negotiation failed because the result cannot be accepted.

表明与对端认证时失败。

将 R2 配置为 CHAP 的被认证方。

```
[R2]interface Serial 2/0/0
[R2-Serial2/0/0]ppp chap user huawei
[R2-Serial2/0/0]ppp chap password cipher huawei123
```

配置完成后，接口变为 Up 状态。执行 ping 命令测试连通性。

```
<R2>ping 10.0.23.3
  PING 10.0.23.3: 56  data bytes, press CTRL_C to break
    Reply from 10.0.23.3: bytes=56 Sequence=1 ttl=255 time=35 ms
    Reply from 10.0.23.3: bytes=56 Sequence=2 ttl=255 time=41 ms
    Reply from 10.0.23.3: bytes=56 Sequence=3 ttl=255 time=41 ms
    Reply from 10.0.23.3: bytes=56 Sequence=4 ttl=255 time=41 ms
    Reply from 10.0.23.3: bytes=56 Sequence=5 ttl=255 time=41 ms
  --- 10.0.23.3 ping statistics ---
    5 packet(s) transmitted
    5 packet(s) received
    0.00% packet loss
    round-trip min/avg/max = 35/39/41 ms
```

习　　题

一、选择题

1．下列关于 PPP 协议中 CHAP 认证功能描述正确的是（　　）。

A．CHAP 认证的被认证方接口下必须配置用户名

B．如果认证方没有配置用户名，则被认证方接口下也可以不配置密码

C．使用认证序列 ID、随机数和密钥通过 MD5 算法算出一个 Hash 值

D．需要三次报文交互进行认证，只在网络上传送用户名而不传送口令

2．下列对于 PPPoE 数据帧的描述正确的是（　　）。

A．一旦 PPPoE 会话建立，所有的以太网数据包都是单播的

B．Ethernet_Type 域固定为 0x8863

C．PPPoE 传递会话数据时，Code 必须设置为 0x0

D．PPP 会话的 Session_ID 不允许发生改变，必须是 Discovery 阶段所指定的

3．计算机分为广域网、城域网、局域网，其划分依据是（　　）。

A．拓扑结构　　B．控制方式

C．作用范围　　D．传输介质

4．以下不属于广域网技术的是（　　）。

A．以太网　　B．HDLC　　C．ATM　　D．PPP

5．下面关于 PPP 描述正确的是 （　　）。

A．PPP 支持将多条物理链路捆绑为逻辑链路以增大带宽

B．PPP 支持明文和密文认证

C．PPP 扩展性不好，不可以部署在以太网链路上

D．对物理层而言，PPP 支持异步链路和同步链路

E．PPP 支持多种网络层协议，如 IPCP 等。

6．PPPoE 客户端向服务器端发送 PADI 报文，服务器端回复 PADO 报文。其中， PADI 报文是一个什么帧？（　　）

A．组播　　B．广播　　C．单播　　D．任播

7．PPPoE 会话阶段会进行 PPP 协商，分为 LCP 协商、认证协商和（　　）三个阶段。

A．NCP　　B．IPCP　　C．CHAP　　D．PAP

8．HDLC 支持的网络类型有（　　）。

A．P2MP　　B．广播　　C．点到点　　D．组播

9．下列有关 HDLC 协议的说法正确的是（　　）。

A．面向比特的同步链路控制协议　　B．面向字节计数的同步链路控制协议

C．面向字符的同步链路控制协议　　D．异步链路控制协议

10．下面哪些参数是 LCP 阶段协商的参数？（　　）

A．魔术字　　B．协议类型　　C．MRU　　D．用户 IP

二、简答题

1．简述 PAP 和 CHAP 的区别。

2．HDLC 帧类型及其作用是什么？

3．PPP 的架构由哪些协议组成？简述其主要作用。

4．在 PPP 协商过程中，LCP 阶段会协商哪些参数？描述其作用。

5．简述 PPPoE 会话建立的过程中会经过哪几个阶段？并简述 Discovery 阶段的原理。

6．CHAP 认证中，认证方配置了用户名和没有配置用户名时的认证过程是否有差异？并简述其过程。

第12章　MPLS技术

MPLS（Multi-protocol Label Switching，多协议标签交换）技术提高了网络传输效率，增强了网络的可靠性，解决了IP转发带来的问题。

本章导读：

- MPLS体系结构
- MPLS数据报文结构
- MPLS基本网络结构
- 静态LSP
- 动态LSP
- MPLS VPN

12.1　MPLS概述

12.1.1　MPLS产生的背景

经过前面的学习，我们对于路由器的工作原理已经非常清楚了，一般来说，路由器收到一个数据包后，先进行解封装，然后根据目的IP地址查FIB（Forwarding Information Base）表转发，FIB表中的字段和路由表中的字段非常相似，只不过不存在路由表中标识某条路由的路由协议、路由协议优先级、开销等字段，保留了比较重要的目标网段/掩码、下一跳、出接口字段。例如，如果目的IP地址想要到达192.168.1.0/24网段，则要在FIB表中先找到这个网段对应的路由信息，然后路由器就要考虑，到达192.168.1.0/24的下一跳是哪个地址，再根据FIB表查看到达这个地址的路由是哪一条，匹配相应的路由，发现下一跳为自己的直连接口，就可以准备重新封装数据包，并把数据包发出去。

通过上述描述，发现路由器至少需要查两次表，效率是比较低的。当然，如果流量比较小，影响也不是很大。但是20世纪90年代中期，互联网流量快速增长，传统IP报文依赖路由器查询路由表转发，而由于硬件技术存在限制导致转发性能低，所以路由器的查表转发成为网络数据转发的瓶颈。

如何提高网络数据转发的效率成为一个新问题，ATM（Asynchronous Transfer Mode）技术应运而生。ATM采用定长标签（信元），并且只需要维护比路由表规模小得多的标签表，却能够提供比IP路由方式高得多的转发性能。然而，ATM协议相对复杂，且ATM网络部署成本高，这使得ATM技术很难普及。

因为传统的IP技术比较简单，并且成本比较低，部署起来也比较方便，所以MPLS技术应运而生。

12.1.2　MPLS的体系结构

在了解MPLS技术之前，我们先来了解一下设备的两个平面：控制平面和数据平面。

（1）控制平面负责产生和维护路由信息及标签信息。一般设备都具有独立控制和数据转发能力，既然要转发数据，就需要有转发表项，也就是我们之前学习过的路由表，大家都应该知道，路由表是由路由协议产生的，所以可以这样理解：路由器通过运行路由协议产生了路由表，不论是路由协议还是路由表，都属于控制平面，类似于后台控制层，具体的数据转发动作不是由控制平面完成的，而是通过数据平面完成的，控制平面只是用来产生转发表项。

（2）数据平面，即转发平面，负责普通 IP 报文及带 MPLS 标签报文的转发。控制平面产生的路由表不在数据平面，因此将路由表在数据平面映射出来一张表，叫作 FIB 表（转发信息表）。路由器从接口收到一个数据包，就会查 FIB 表进行数据转发，通过数据平面来完成。

MPLS 中定义了 Label（标签），同时在路由器中存在 LFIB 表（标签转发信息表）进行数据转发，MPLS 体系结构如图 12-1 所示。数据在经过路由器之后，有两个表项可以选择，至于需要选择哪一个表项，将在后续的数据通信过程中详细介绍。

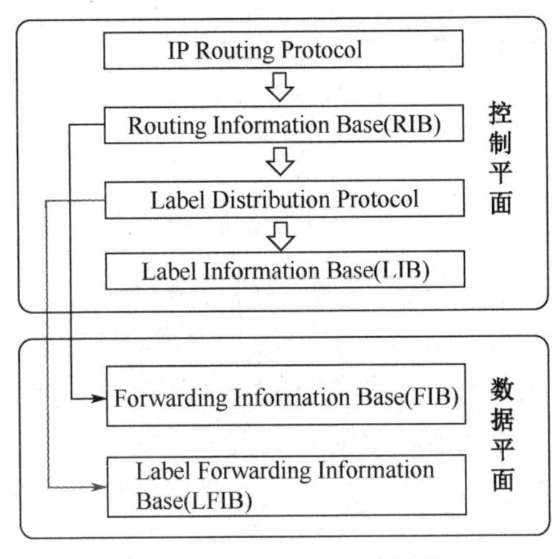

图 12-1　MPLS 体系结构

12.1.3　MPLS 的数据报文结构

MPLS 旨在通过标签进行数据包的转发，将 MPLS 头部添加在数据链路层头部和网络层头部之间，报文结构如图 12-2 所示。

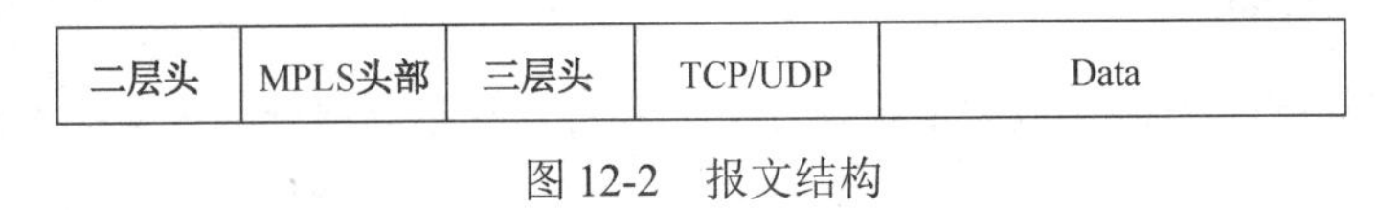

图 12-2　报文结构

MPLS 头部结构如图 12-3 所示。

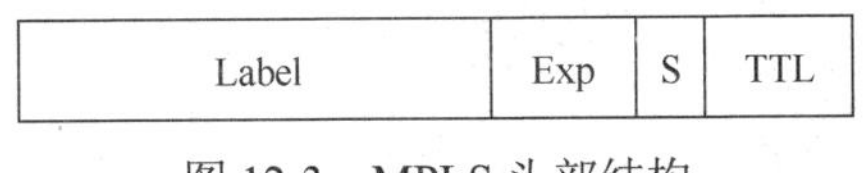

图 12-3　MPLS 头部结构

MPLS 头部的长度为 4 字节，分为 4 个字段：

（1）Label：20bit，标签值域，标签的总数。

（2）Exp：3bit，用于扩展。通常用作 CoS（Class of Service），当设备发生阻塞时，优先发送优先级高的报文。

（3）S：1bit，栈底标识。MPLS 支持多层标签，即标签嵌套。S 值为 1 时，表明为底层标签，这种情况后续在 MPLS VPN 中可以见到。

（4）TTL：8bit，与 IP 报文中的 TTL（Time To Live）意义相同。因为设备最先看到 MPLS 头部，TTL 的作用是防止数据包在设备之间因为环路来回传递。

12.1.4 MPLS 的基本网络结构

MPLS 基本网络结构如图 12-4 所示，在 IP 网络中存在一部分 MPLS 网络，可以让数据包实现从 IP 数据包变为 MPLS 数据包，再变为 IP 数据包。也就是说，我们需要先搭建好基本 IP 网络，然后确定 MPLS 网络进行标签交换网络的位置，在 IP 网络的基础上，开始部署 MPLS 网络，部署完成后，进行数据包传递。

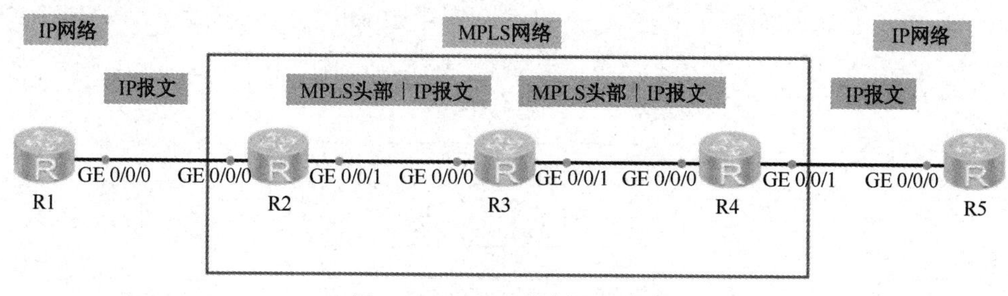

图 12-4　MPLS 基本网络结构

在 MPLS 网络中，既然需要标签来进行数据包的传递，那么问题来了，标签是如何出现的呢？

标签的出现有两种方式：一种是管理员手动设置标签，进行标签交换；另一种是通过协议进行标签的自动分配和传递。如果每台路由器的标签都设置完成，则在数据包的传递过程中，数据包每经过一台路由器都会进行标签交换，最终完成数据转发。

在标签交换的过程中，会根据送出接口的导向，最终到达目的地。数据包从进入 MPLS 网络一直到出 MPLS 网络的路径称为 LSP。

12.2 LSP

12.2.1 静态 LSP

1. 静态 LSP 链路角色

LSP（Label Switched Path，标签交换路径）为到达同一目的地址的报文在 MPLS 网络中经过的路径。

LSP 有两种类型，即静态 LSP 和动态 LSP。其中，静态 LSP 的特点是由标签管理员手动配置的；动态 LSP 的特点是由标签协议自动分配的。

在 MPLS 网络中，路由器的角色分为两种：

（1）LER（Label Edge Router，标签压入/弹出路由器）：在 MPLS 网络中，用于标签的压入或弹出，如图 12-4 中的 R2 和 R4。

（2）LSR（Label Switched Router，标签交换路由器）：在 MPLS 网络中，用于标签的交换，如图 12-4 中的 R3。

FEC（Forwarding Equivalent Class，转发等价类）一般指具有相同转发处理方式的报文。在 MPLS 网络中，到达同一目的地址的所有报文就是一个 FEC。FEC 的划分方式非常灵活，可以是以源地址、目的地址、源端口、目的端口、协议类型或 VPN 等为划分依据的任意组合。

根据数据流的方向，LSP 的入口 LER 被称为入节点（Ingress）；位于 LSP 中间的 LSR 被称为中间节点（Transit）；LSP 的出口 LER 被称为出节点（Egress）。MPLS 报文由 Ingress 发往 Transit，则 Ingress 是 Transit 的上游节点，Transit 是 Ingress 的下游节点；同理，Transit 是 Egress 的上游节点，Egress 是 Transit 的下游节点。

2. 静态 LSP 链路配置

接下来，我们进行静态 LSP 的配置，静态 LSP 实验拓扑如图 12-5 所示，共有 5 台路由器，其中，R2、R3、R4 属于 MPLS 网络，R1 上设置 Loopback1=1.1.1.1/32，R5 上设置 Loopback1=5.5.5.5/32，最终实现两个 Loopback 接口之间的通信。整个拓扑通过 OSPF Area 0 实现全网互通。

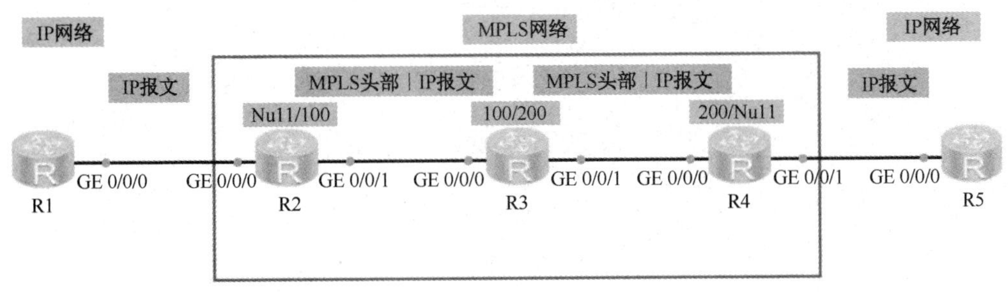

图 12-5　静态 LSP 实验拓扑

IP 地址规划如表 12-1 所示。

表 12-1　IP 地址规划

设　备	接　口	IP　地　址
R1	GE0/0/0	12.1.1.1/24
	Loopback 1	1.1.1.1/32
R2	GE0/0/0	12.1.1.2/24
	GE0/0/1	23.1.1.2/24
	Loopback 1	2.2.2.2/32
R3	GE0/0/0	23.1.1.3/24
	GE0/0/1	34.1.1.3/24
	Loopback 1	3.3.3.3/32
R4	GE0/0/0	34.1.1.4/24
	GE0/0/1	45.1.1.4/24
	Loopback 1	4.4.4.4/32
R5	GE0/0/0	45.1.1.5/24
	Loopback 1	5.5.5.5/32

步骤 1：完成设备接口 IP 地址配置。

R1：

```
[R1]interface LoopBack 1
[R1-LoopBack1]ip address 1.1.1.1 32
[R1-LoopBack1]quit
[R1]interface GigabitEthernet 0/0/0
[R1-GigabitEthernet0/0/0]ip address 12.1.1.1 24
[R1-GigabitEthernet0/0/0]quit
```

R2：

```
[R2]interface LoopBack 1
[R2-LoopBack1]ip address 2.2.2.2 32
[R2-LoopBack1]quit
[R2]interface GigabitEthernet 0/0/0
[R2-GigabitEthernet0/0/0]ip address 12.1.1.2 24
[R2-GigabitEthernet0/0/0]quit
```

```
[R2]interface GigabitEthernet 0/0/1
[R2-GigabitEthernet0/0/1]ip address 23.1.1.2 24
[R2-GigabitEthernet0/0/1]quit
```

R3：

```
[R3]interface LoopBack 1
[R3-LoopBack1]ip address 3.3.3.3 32
[R3-LoopBack1]quit
[R3]interface GigabitEthernet 0/0/0
[R3-GigabitEthernet0/0/0]ip address 23.1.1.3 24
[R3-GigabitEthernet0/0/0]quit
[R3]interface GigabitEthernet 0/0/1
[R3-GigabitEthernet0/0/1]ip address 34.1.1.3 24
[R3-GigabitEthernet0/0/1]quit
```

R4：

```
[R4]interface LoopBack 1
[R4-LoopBack1]ip address 4.4.4.4 32
[R4-LoopBack1]quit
[R4]interface GigabitEthernet 0/0/0
[R4-GigabitEthernet0/0/0]ip address 34.1.1.4 24
[R4-GigabitEthernet0/0/0]quit
[R4]interface GigabitEthernet 0/0/1
[R4-GigabitEthernet0/0/1]ip address 45.1.1.4 24
[R4-GigabitEthernet0/0/1]quit
```

R5：

```
[R5]interface LoopBack 1
[R5-LoopBack1]ip address 5.5.5.5 32
[R5-LoopBack1]quit
[R5]interface GigabitEthernet 0/0/0
[R5-GigabitEthernet0/0/0]ip address 45.1.1.5 24
[R5-GigabitEthernet0/0/0]quit
```

步骤 2：完成 OSPF 配置。

R1：

```
[R1]ospf 1
[R1-ospf-1]area 0
[R1-ospf-1-area-0.0.0.0]network 1.1.1.1 0.0.0.0
[R1-ospf-1-area-0.0.0.0]network 12.1.1.0 0.0.0.255
```

R2：

```
[R2]ospf 1
[R2-ospf-1]area 0
[R2-ospf-1-area-0.0.0.0]network 2.2.2.2 0.0.0.0
[R2-ospf-1-area-0.0.0.0]network 23.1.1.0 0.0.0.255
[R2-ospf-1-area-0.0.0.0]network 12.1.1.0 0.0.0.255
```

R3：

```
[R3]ospf 1
[R3-ospf-1]area 0
[R3-ospf-1-area-0.0.0.0]network 3.3.3.3 0.0.0.0
[R3-ospf-1-area-0.0.0.0]network 34.1.1.0 0.0.0.255
[R3-ospf-1-area-0.0.0.0]network 23.1.1.0 0.0.0.255
```

R4：

```
[R4]ospf 1
[R4-ospf-1]area 0
[R4-ospf-1-area-0.0.0.0]network 4.4.4.4 0.0.0.0
[R4-ospf-1-area-0.0.0.0]network 45.1.1.0 0.0.0.255
[R4-ospf-1-area-0.0.0.0]network 34.1.1.0 0.0.0.255
```

R5：

```
[R5]ospf 1
[R5-ospf-1]area 0
[R5-ospf-1-area-0.0.0.0]network 5.5.5.5 0.0.0.0
[R5-ospf-1-area-0.0.0.0]network 45.1.1.0 0.0.0.255
```

步骤 3：按图 12-5，配置从 1.1.1.1/32 到 5.5.5.5/32 的静态 LSP。

R2：

```
[R2]mpls lsr-id 2.2.2.2
[R2]mpls
[R2]interface GigabitEthernet 0/0/1
[R2-GigabitEthernet0/0/1]mpls
[R2-GigabitEthernet0/0/1]quit
[R2]static-lsp ingress 1 destination 5.5.5.5 32 nexthop 23.1.1.3
outgoing-interface g0/0/1 out-label 100
```

R3：

```
[R3]mpls lsr-id 3.3.3.3
[R3]mpls
[R3]inter GigabitEthernet 0/0/0
[R3-GigabitEthernet0/0/0]mpls
[R3-GigabitEthernet0/0/0]quit
[R3]interface GigabitEthernet 0/0/1
[R3-GigabitEthernet0/0/1]mpls
[R3-GigabitEthernet0/0/1]quit
[R3]static-lsp transit 1 incoming-interface g0/0/0 in-label 100 nexthop
34.1.1.4 outgoing-interface g0/0/1 out-label 200
```

R4：

```
[R4]mpls lsr-id 4.4.4.4
[R4]mpls
[R4]interface GigabitEthernet 0/0/0
[R4-GigabitEthernet0/0/0]mpls
[R4-GigabitEthernet0/0/0]quit
[R4]static-lsp egress 1 incoming-interface g0/0/0 in-label 200
```

步骤 4：结果验证，在 R1 上使用 Loopack1 接口的 IP 地址进行 Ping 测试，如图 12-6 所示，并且进行抓包验证，如图 12-7 所示。

```
[R1]ping -a 1.1.1.1 5.5.5.5
  PING 5.5.5.5: 56  data bytes, press CTRL_C to break
    Reply from 5.5.5.5: bytes=56 Sequence=1 ttl=252 time=60 ms
    Reply from 5.5.5.5: bytes=56 Sequence=2 ttl=252 time=40 ms
    Reply from 5.5.5.5: bytes=56 Sequence=3 ttl=252 time=50 ms
    Reply from 5.5.5.5: bytes=56 Sequence=4 ttl=252 time=50 ms
    Reply from 5.5.5.5: bytes=56 Sequence=5 ttl=252 time=40 ms

  --- 5.5.5.5 ping statistics ---
    5 packet(s) transmitted
    5 packet(s) received
    0.00% packet loss
    round-trip min/avg/max = 40/48/60 ms
```

图 12-6　Ping 测试

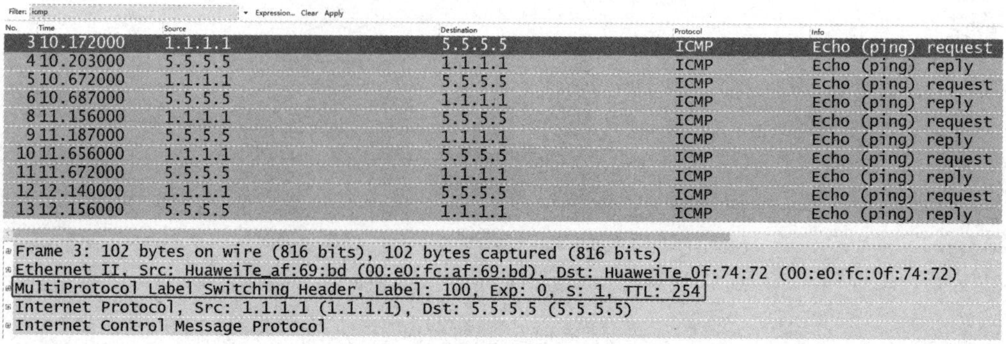

Filter: icmp Expression... Clear Apply

No.	Time	Source	Destination	Protocol	Info
3	10.172000	1.1.1.1	5.5.5.5	ICMP	Echo (ping) request
4	10.203000	5.5.5.5	1.1.1.1	ICMP	Echo (ping) reply
5	10.672000	1.1.1.1	5.5.5.5	ICMP	Echo (ping) request
6	10.687000	5.5.5.5	1.1.1.1	ICMP	Echo (ping) reply
8	11.156000	1.1.1.1	5.5.5.5	ICMP	Echo (ping) request
9	11.187000	5.5.5.5	1.1.1.1	ICMP	Echo (ping) reply
10	11.656000	1.1.1.1	5.5.5.5	ICMP	Echo (ping) request
11	11.672000	5.5.5.5	1.1.1.1	ICMP	Echo (ping) reply
12	12.140000	1.1.1.1	5.5.5.5	ICMP	Echo (ping) request
13	12.156000	5.5.5.5	1.1.1.1	ICMP	Echo (ping) reply

```
Frame 3: 102 bytes on wire (816 bits), 102 bytes captured (816 bits)
Ethernet II, Src: HuaweiTe_af:69:bd (00:e0:fc:af:69:bd), Dst: HuaweiTe_0f:74:72 (00:e0:fc:0f:74:72)
MultiProtocol Label Switching Header, Label: 100, Exp: 0, S: 1, TTL: 254
Internet Protocol, Src: 1.1.1.1 (1.1.1.1), Dst: 5.5.5.5 (5.5.5.5)
Internet Control Message Protocol
```

图 12-7 抓包验证

通过验证，我们可以发现数据包在经过 MPLS 网络时，会给数据包打上 MPLS 标签，完成数据转发。

12.2.2 动态 LSP

1. LDP 协议

静态 LSP 的特点是配置简单，标签固定，适用于网络比较稳定的场景，但是如果网络要求的 LSP 比较多，同时网络拓扑很大，静态 LSP 的缺陷就暴露出来了，因此我们需要动态 LSP 进行支撑。动态 LSP 中标签是通过 LDP 协议实现自动分配的。

标签分发协议（Label Distribution Protocol，LDP）是 MPLS 的一种控制协议，相当于传统网络中的信令协议，负责转发 FEC 的分类、标签的分配，以及 LSP 的建立和维护等操作。LDP 规定了标签分发过程中的各种消息及相关处理过程。

动态 LSP 的特点是组网简单，易于管理和维护；支持基于路由动态建立 LSP，当网络拓扑发生变化时，能及时反映网络状况。

LDP 是如何建立动态 LSP 的？标签又是如何分配的呢？接下来我们看一下 LDP 的工作过程。

2. 邻居发现和邻居建立

LDP 与大多数协议一样，都需要先建立邻居关系，第一步是邻居发现。MPLS 路由器通过发送 Hello 报文来发现邻居，同时 Hello 报文是 UDP 封装的，目的是让 LDP 快速发现邻居，因为 UDP 是无连接的协议。为了保证邻居的有效性和可靠性，Hello 消息周期发送，周期时间为 5s，使用组播 224.0.0.2 作为目的 IP 地址，224.0.0.2 是发送给所有路由器的。

LDP 的 Hello 消息中，带有 Transport Address 字段，该字段与设备配置的 LSR ID 一致，表明与对端建立邻居关系时所使用的 IP 地址。如果该字段 IP 地址是直连接口 IP 地址，则直接建立邻居关系；如果该字段地址是 LoopBack 接口 IP 地址，则要保证该接口 IP 地址路由可达，才能建立邻居关系。

在整个 LDP 的交互过程中，使用了以下四类消息。

（1）发现（Discovery）消息：用于通告和维护网络中邻居的存在，如 Hello 消息。

（2）会话（Session）消息：用于建立、维护和终止 LDP 对等体之间的会话，如 Initialization 消息、Keepalive 消息。

（3）通告（Advertisement）消息：用于创建、改变和删除 FEC 的标签映射，如 Address 消息、Label Mapping 消息。

（4）通知（Notification）消息：用于提供建议性的消息和差错通知。

LDP 交互过程如图 12-8 所示。

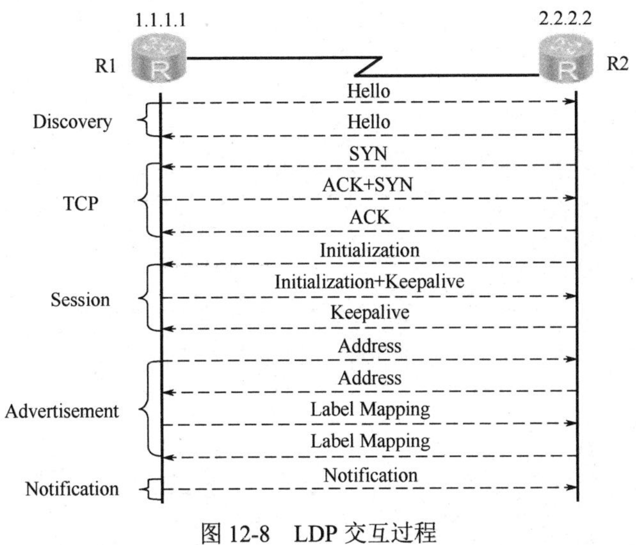

图 12-8　LDP 交互过程

有意思的是，Hello 报文通过 UDP 实现，后续报文为了保证可靠，通过 TCP 来传输，所以发送完 Hello 报文后，传输地址大的一方作为主动方发起 TCP 连接，TCP 连接建立成功后，由主动方发送初始化消息，协商建立 LDP 会话的相关参数。LDP 会话的相关参数包括 LDP 协议版本、标签分发方式、Keepalive 保持定时器的值、最大 PDU 长度和标签空间等。

协商成功后，发送 Keepalive 消息，进行邻居的保活。如果协商失败，则发送 Notification 消息，终止 LDP 会话。如果双方协商成功，发送 Keepalive，然后发送 Address 报文，携带 IP 地址，每台设备会为自己本地的 FEC 生成标签，通过 Label Mapping 报文传给自己的上游邻居。

3. 标签发布方式

标签的发布分为直接生成标签进行发布和需要收到请求消息后再发布标签两种方式。两种标签的发布方式如图 12-9 所示。

（1）DU（Downstream Unsolicited，下游自主方式）：对于一个到达同一目的地址报文的分组，LSR 无须从上游获得标签请求消息即可进行标签分配与分发。

（2）DoD（Downstream on Demand，下游按需方式）：对于一个到达同一目的地址报文的分组，LSR 获得标签请求消息之后才进行标签分配与分发。

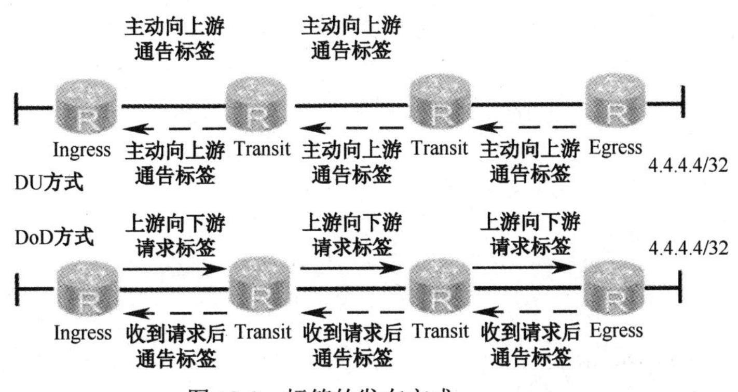

图 12-9　标签的发布方式

4. 标签的分配控制方式

标签的分配控制方式如图 12-10 所示。

（1）Independent（独立标签分配控制方式）：本地 LSR 可以自主为 IP 分组分配一个标签传递给上游，无须等待下游上传标签。

（2）Ordered（有序标签分配控制方式）：只有当该 LSR 已经具有此 IP 分组的下一跳标签，也就是从下游节点收到此 IP 分组的标签，或者该 LSR 就是该 IP 分组的出节点时，该 LSR 才可以向上游发送此 IP 分组的标签。

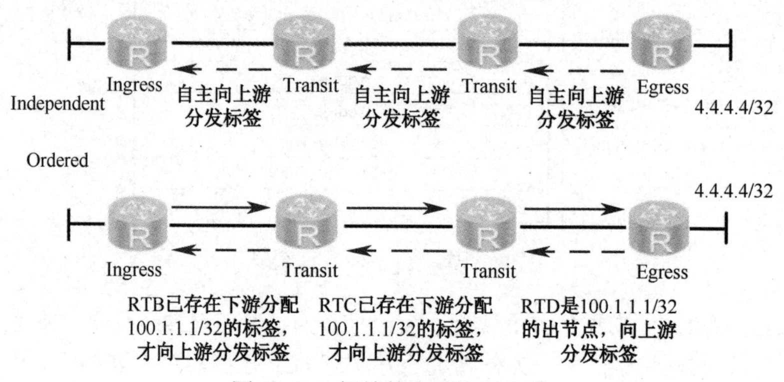

图 12-10　标签的分配控制方式

5. 标签的保持方式

标签的保持方式如图 12-11 所示。

（1）Liberal（自由标签保持方式）：对于从邻居 LSR 收到的标签映射，无论邻居 LSR 在 IP 路由表中是不是自己的最优下一跳，都保留来自该邻居传递过来的标签。

（2）Conservative（保守标签保持方式）：对于从邻居 LSR 收到的标签映射，只有当邻居 LSR 在 IP 路由表中是自己的最优下一跳时，才保留来自该邻居传递过来的标签。

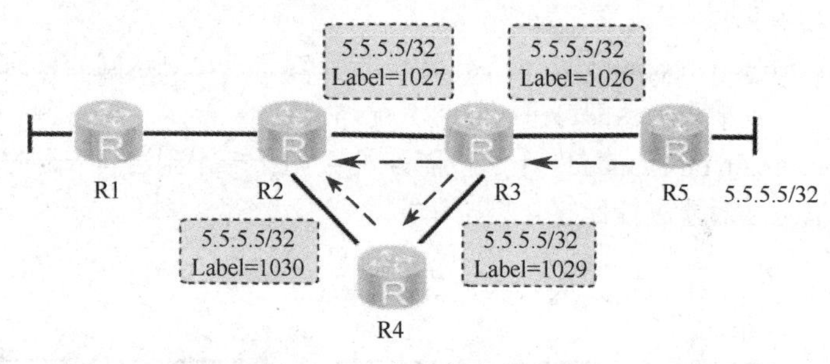

图 12-11　标签的保持方式

6. 动态 LSP 链路配置

动态 LSP 建立拓扑如图 12-12 所示，共有 5 台路由器，其中，R2、R3、R4 属于 MPLS 网络，在 R1 上设置 Loopback1=1.1.1.1/32，在 R5 上设置 Loopback1=5.5.5.5/32，最终实现两个 Loopback 接口之间的通信。整个拓扑通过 OSPF Area 0 实现全网互通。配置 LDP 协议，实现标签互通。

IP 地址规划如表 12-2 所示。

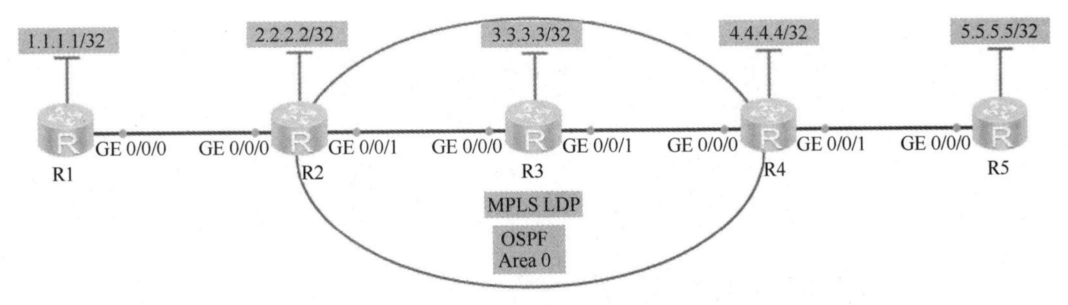

图 12-12　动态 LSP 建立拓扑

表 12-2　IP 地址规划

设　备	接　口	IP 地 址
R1	GE0/0/0	12.1.1.1/24
	Loopback 1	1.1.1.1/32
R2	GE0/0/0	12.1.1.2/24
	GE0/0/1	23.1.1.2/24
	Loopback 1	2.2.2.2/32
R3	GE0/0/0	23.1.1.3/24
	GE0/0/1	34.1.1.3/24
	Loopback 1	3.3.3.3/32
R4	GE0/0/0	34.1.1.4/24
	GE0/0/1	45.1.1.4/24
	Loopback 1	4.4.4.4/32
R5	GE0/0/0	45.1.1.5/24
	Loopback 1	5.5.5.5/32

步骤 1：完成设备接口 IP 地址的配置。

R1：

```
[R1]interface LoopBack 1
[R1-LoopBack1]ip address 1.1.1.1 32
[R1-LoopBack1]quit
[R1]interface GigabitEthernet 0/0/0
[R1-GigabitEthernet0/0/0]ip address 12.1.1.1 24
[R1-GigabitEthernet0/0/0]quit
```

R2：

```
[R2]interface LoopBack 1
[R2-LoopBack1]ip address 2.2.2.2 32
[R2-LoopBack1]quit
[R2]interface GigabitEthernet 0/0/0
[R2-GigabitEthernet0/0/0]ip address 12.1.1.2 24
[R2-GigabitEthernet0/0/0]quit
[R2]interface GigabitEthernet 0/0/1
[R2-GigabitEthernet0/0/1]ip address 23.1.1.2 24
[R2-GigabitEthernet0/0/1]quit
```

R3：

```
[R3]interface LoopBack 1
[R3-LoopBack1]ip address 3.3.3.3 32
[R3-LoopBack1]quit
```

```
[R3]interface GigabitEthernet 0/0/0
[R3-GigabitEthernet0/0/0]ip address 23.1.1.3 24
[R3-GigabitEthernet0/0/0]quit
[R3]interface GigabitEthernet 0/0/1
[R3-GigabitEthernet0/0/1]ip address 34.1.1.3 24
[R3-GigabitEthernet0/0/1]quit
```

R4：

```
[R4]interface LoopBack 1
[R4-LoopBack1]ip address 4.4.4.4 32
[R4-LoopBack1]quit
[R4]interface GigabitEthernet 0/0/0
[R4-GigabitEthernet0/0/0]ip address 34.1.1.4 24
[R4-GigabitEthernet0/0/0]quit
[R4]interface GigabitEthernet 0/0/1
[R4-GigabitEthernet0/0/1]ip address 45.1.1.4 24
[R4-GigabitEthernet0/0/1]quit
```

R5：

```
[R5]interface LoopBack 1
[R5-LoopBack1]ip address 5.5.5.5 32
[R5-LoopBack1]quit
[R5]interface GigabitEthernet 0/0/0
[R5-GigabitEthernet0/0/0]ip address 45.1.1.5 24
[R5-GigabitEthernet0/0/0]quit
```

步骤 2：完成 OSPF 的配置。

R1：

```
[R1]ospf 1
[R1-ospf-1]area 0
[R1-ospf-1-area-0.0.0.0]network 1.1.1.1 0.0.0.0
[R1-ospf-1-area-0.0.0.0]network 12.1.1.0 0.0.0.255
R2:
[R2]ospf 1
[R2-ospf-1]area 0
[R2-ospf-1-area-0.0.0.0]network 2.2.2.2 0.0.0.0
[R2-ospf-1-area-0.0.0.0]network 23.1.1.0 0.0.0.255
[R2-ospf-1-area-0.0.0.0]network 12.1.1.0 0.0.0.255
```

R3：

```
[R3]ospf 1
[R3-ospf-1]area 0
[R3-ospf-1-area-0.0.0.0]network 3.3.3.3 0.0.0.0
[R3-ospf-1-area-0.0.0.0]network 34.1.1.0 0.0.0.255
[R3-ospf-1-area-0.0.0.0]network 23.1.1.0 0.0.0.255
```

R4：

```
[R4]ospf 1
[R4-ospf-1]area 0
[R4-ospf-1-area-0.0.0.0]network 4.4.4.4 0.0.0.0
[R4-ospf-1-area-0.0.0.0]network 45.1.1.0 0.0.0.255
[R4-ospf-1-area-0.0.0.0]network 34.1.1.0 0.0.0.255
R5:
```

```
[R5]ospf 1
[R5-ospf-1]area 0
[R5-ospf-1-area-0.0.0.0]network 5.5.5.5 0.0.0.0
[R5-ospf-1-area-0.0.0.0]network 45.1.1.0 0.0.0.255
```

步骤 3：按图 12-12 配置 LDP 会话。

R2：

```
[R2]mpls lsr-id 2.2.2.2
[R2]mpls
[R2-mpls]lsp-trigger all
[R2]mpls ldp
[R2]interface GigabitEthernet 0/0/1
[R2-GigabitEthernet0/0/1]mpls
[R2-GigabitEthernet0/0/1]mpls ldp
[R2-GigabitEthernet0/0/1]quit
```

R3：

```
[R3]mpls lsr-id 3.3.3.3
[R3]mpls
[R3-mpls]lsp-trigger all
[R3]mpls ldp
[R3]inter GigabitEthernet 0/0/0
[R3-GigabitEthernet0/0/0]mpls
[R3-GigabitEthernet0/0/0]mpls ldp
[R3-GigabitEthernet0/0/0]quit
[R3]interface GigabitEthernet 0/0/1
[R3-GigabitEthernet0/0/1]mpls
[R3-GigabitEthernet0/0/1]mpls ldp
[R3-GigabitEthernet0/0/1]quit
```

R4：

```
[R4]mpls lsr-id 4.4.4.4
[R4]mpls
[R4-mpls]lsp-trigger all
[R4]mpls ldp
[R4]interface GigabitEthernet 0/0/0
[R4-GigabitEthernet0/0/0]mpls
[R4-GigabitEthernet0/0/0]mpls ldp
[R4-GigabitEthernet0/0/0]quit
```

步骤 4：查看 R2 的 LSP 信息，如图 12-13 所示，可以看到 LDP 自动为 FEC 分配的标签。

```
[R2]display mpls lsp
-------------------------------------------------------------------------------
                 LSP Information: LDP LSP
-------------------------------------------------------------------------------
FEC                In/Out Label  In/Out IF                      Vrf Name
3.3.3.3/32         NULL/3        -/GE0/0/1
3.3.3.3/32         1024/3        -/GE0/0/1
2.2.2.2/32         3/NULL        -/-
4.4.4.4/32         NULL/1025     -/GE0/0/1
4.4.4.4/32         1025/1025     -/GE0/0/1
1.1.1.1/32         1026/NULL     -/-
12.1.1.0/24        3/NULL        -/-
23.1.1.0/24        3/NULL        -/-
34.1.1.0/24        NULL/3        -/GE0/0/1
34.1.1.0/24        1027/3        -/GE0/0/1
5.5.5.5/32         NULL/1028     -/GE0/0/1
5.5.5.5/32         1028/1028     -/GE0/0/1
45.1.1.0/24        NULL/1029     -/GE0/0/1
45.1.1.0/24        1029/1029     -/GE0/0/1
```

图 12-13　R2 的 LSP 信息

步骤 5：结果验证。在 R1 上通过使用 Loopback1 的 IP 地址进行 Ping 测试，如图 12-14 所示，并进行抓包验证，如图 12-15 所示。通过验证，我们可以发现数据包在经过 MPLS 网络时，会被打上 MPLS 标签，完成数据转发。

```
<R1>ping -a 1.1.1.1 5.5.5.5
  PING 5.5.5.5: 56  data bytes, press CTRL_C to break
    Reply from 5.5.5.5: bytes=56 Sequence=1 ttl=252 time=100 ms
    Reply from 5.5.5.5: bytes=56 Sequence=2 ttl=252 time=40 ms
    Reply from 5.5.5.5: bytes=56 Sequence=3 ttl=252 time=40 ms
    Reply from 5.5.5.5: bytes=56 Sequence=4 ttl=252 time=40 ms
    Reply from 5.5.5.5: bytes=56 Sequence=5 ttl=252 time=60 ms

  --- 5.5.5.5 ping statistics ---
    5 packet(s) transmitted
    5 packet(s) received
    0.00% packet loss
    round-trip min/avg/max = 40/56/100 ms
```

图 12-14 Ping 测试

```
347 369.156000  1.1.1.1  5.5.5.5  ICMP  Echo (ping) request  (id=0x
348 369.172000  5.5.5.5  1.1.1.1  ICMP  Echo (ping) reply    (id=0x
349 369.625000  1.1.1.1  5.5.5.5  ICMP  Echo (ping) request  (id=0x
350 369.656000  5.5.5.5  1.1.1.1  ICMP  Echo (ping) reply    (id=0x
351 370.125000  1.1.1.1  5.5.5.5  ICMP  Echo (ping) request  (id=0x
352 370.156000  5.5.5.5  1.1.1.1  ICMP  Echo (ping) reply    (id=0x
354 370.625000  1.1.1.1  5.5.5.5  ICMP  Echo (ping) request  (id=0x
355 370.656000  5.5.5.5  1.1.1.1  ICMP  Echo (ping) reply    (id=0x
356 371.125000  1.1.1.1  5.5.5.5  ICMP  Echo (ping) request  (id=0x
357 371.156000  5.5.5.5  1.1.1.1  ICMP  Echo (ping) reply    (id=0x

Frame 354: 102 bytes on wire (816 bits), 102 bytes captured (816 bits)
Ethernet II, Src: HuaweiTe_af:69:bd (00:e0:fc:af:69:bd), Dst: HuaweiTe_0f:74:72 (00:e0:fc:0f:74:72)
MultiProtocol Label Switching Header, Label: 1028, Exp: 0, S: 1, TTL: 254
Internet Protocol, Src: 1.1.1.1 (1.1.1.1), Dst: 5.5.5.5 (5.5.5.5)
Internet Control Message Protocol
```

图 12-15 抓包验证

12.3 MPLS VPN

12.3.1 MPLS VPN 的工作原理

1. VPN 产生的原因

通过上一节的学习，我们可以看到 MPLS 的优势，但是随着硬件技术的快速发展，MPLS 的优势越来越不突出。MPLS 具有的支持多层标签嵌套和设备内转控分离的特点，使其在 VPN、TE 等新兴应用中得到广泛应用。

两个私网跨越公网通信时，可以采用专线连接来保护私网的安全。专线的特点是安全性高，但是价格贵，带宽浪费严重。

在企业用户接入运营商时，有 3 种设备类型，分别是 CE、PE 和 P。

（1）CE（Customer Edge）：指用户网络边缘设备，有接口直接与服务提供商（Service Provider，SP）网络相连。CE 可以是 SVN 或交换机，也可以是一台主机。通常情况下，CE“感知”不到 VPN 的存在，也不需要支持 MPLS。

（2）PE（Provider Edge）：指服务提供商网络边缘设备，与 CE 直接相连。在 MPLS 网络中，对 VPN 的所有处理都发生在 PE 上。

（3）P（Provider）：指服务提供商网络中的骨干设备，不与 CE 直接相连，其只需要具备基本 MPLS 转发能力，不需要维护 VPN 信息。

企业用户接入运营商示意图如图 12-16 所示，R1、R5、R6 和 R7 属于 CE；R2 和 R4 属于 PE；R3 属于 P。

传统的 VPN 技术存在一些固有缺陷，导致客户组网时的很多需求无法得到满足，并且实施起来比较复杂，MPLS VPN 的出现解决了传统 VPN 技术的固有缺陷——地址空间重叠问题。

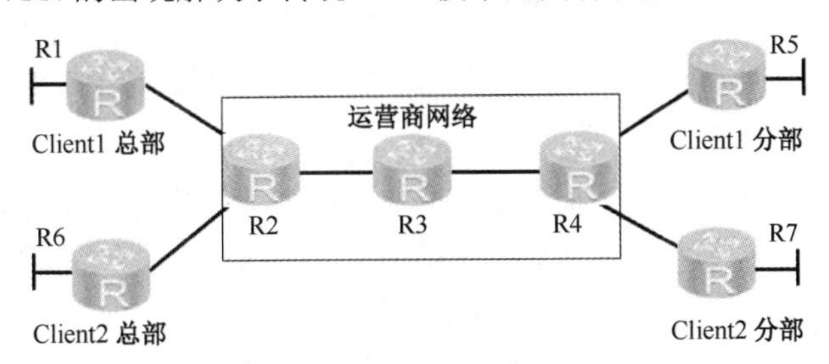

图 12-16　企业用户接入运营商示意图

2. 地址空间重叠问题

在 VPN 路由传递过程中，容易出现地址空间重叠问题，那什么是地址空间重叠问题呢？

VPN 拓扑如图 12-17 所示，两个企业中都存在一条 192.168.1.0/24 的路由，这两条路由本质上是不一样的，但是这两条路由最终都会传递给对端的 CE，这就会出现以下 3 个问题：

（1）PE1 如何区分这是来自不同 CE 的路由；

（2）PE1 把路由传递给 PE2，怎么让 PE2 知道这是不同 VPN 的路由；

（3）PE2 收到路由后，应该把路由导入哪个 CE 设备。

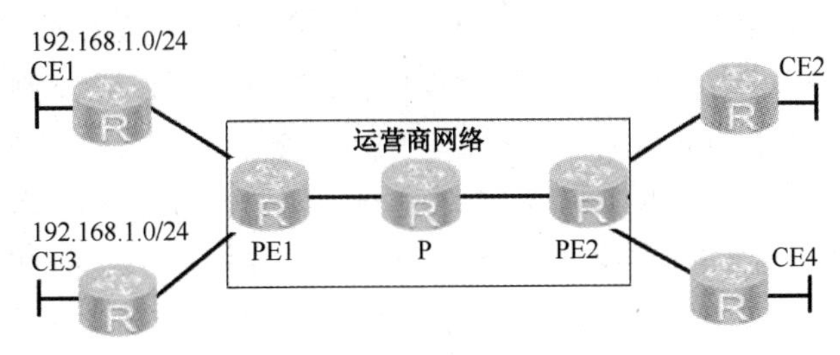

图 12-17　VPN 拓扑

3. 本地路由冲突问题

在图 12-17 中，两条 192.168.1.0/24 的路由传递给 PE1，PE1 收到这两条路由后需要区分这是来自不同 VPN 实例的路由，而不是去往 192.168.1.0/24 有两个下一跳，走哪个都行。因此可以通过在 PE1 上设置两个 VPN 实例，并把 VPN 实例绑定到与 CE 连接的接口上，每一个 VPN 实例对应一个 VRF（VPN Routing and Forwarding Table，VPN 路由转发表），也就是说，在 PE1 上，不仅有一张全局的 IP 路由表，每个 VPN 实例还会对应一个 VRF，从不同 CE 传递过来的路由存放到不同的 VRF 中，从而解决了 PE1 本地路由冲突问题。

在 PE 上使用“display ip routing-table vpn-instance 实例号”命令查看某个 VPN 实例的 VRF，如图 12-18 所示。

```
[PE1]display ip routing-table vpn-instance 1
Route Flags: R - relay, D - download to fib
------------------------------------------------------------------------------
Routing Tables: 1
         Destinations : 6        Routes : 6

Destination/Mask    Proto   Pre  Cost      Flags NextHop         Interface

        1.1.1.1/32  EBGP    255  0           D   12.1.1.1        GigabitEthernet
0/0/0
        5.5.5.5/32  IBGP    255  0          RD   4.4.4.4         GigabitEthernet
0/0/1
       12.1.1.0/24  Direct  0    0           D   12.1.1.2        GigabitEthernet
0/0/0
       12.1.1.2/32  Direct  0    0           D   127.0.0.1       GigabitEthernet
0/0/0
     12.1.1.255/32  Direct  0    0           D   127.0.0.1       GigabitEthernet
0/0/0
255.255.255.255/32  Direct  0    0           D   127.0.0.1       InLoopBack0
```

图 12-18　VRF

4. 在网络传递过程中区分冲突的路由

PE1 的本地路由冲突问题解决了，接下来就是 PE1 把路由传递给 PE2 时，怎么让 PE2 能够区分出这是属于不同 CE 的路由。

RD（Route Distinguisher，路由标识符）由 8 字节组成，配置时同一 PE 上分配给每个 VPN 的 RD 必须唯一。PE 会为每个 VPN 实例分配一个唯一的 RD，PE1 把不同 CE 的路由传递给 PE2 时，PE2 收到路由后能够根据 RD 的不同区分出这是属于不同 CE 的路由。

同时在传递过程中，运营商设备采用 BGP 协议作为承载 VPN 路由的协议，并将 BGP 协议进行了扩展，称为 MP-BGP（Multiprotocol Extensions for BGP-4）。PE 从 CE 接收到客户的 IPv4 私网路由，然后将客户的私网路由添加各种标识信息后变为 VPNv4 路由放入 MP-BGP 的 VPNv4 路由表中，并通过 MP-BGP 协议在公网上传递。

5. VPN 路由引入问题

PE2 收到 PE1 传递过来的 VPN 路由后，能够通过 RD 来区分不同 CE 的路由，但是现在 PE2 针对收到的路由，需要将路由导入 CE 中，那到底是将路由放入 CE2 中还是 CE4 中？

RT（Route Target，路由标记）有两种类型：

（1）Export Target：本端的路由在导出 VRF，转变为 VPNv4 的路由时，标记该属性；

（2）Import Target：对端收到路由时，检查其 Export Target 属性。当此属性与 PE 上某个 VPN 实例的 Import Target 匹配时，PE 就把路由加入该 VPN 实例中。

例如，将 PE1 上接收 CE1 路由的 VPN 实例 1 中的 Export Target 设置为 100:1，Import Target 设置为 200:1；PE2 上接收 CE2 路由的 VPN 实例 1 中的 Export Target 设置为 200:1，Import Target 设置为 100:1。同理，将 VPN 实例 2 设置成其他 RT，就可以实现不同 CE 之间的 VPN 路由引入。

6. MPLS 标签嵌套应用

MPLS VPN 中基本的问题已经解决，接下来就是流量传递的问题。例如，CE1 要给 CE2 传递业务流量，CE1 发送出来的数据包到达 PE1，PE1 会根据流量进入的接口查看对应的 VRF，然后添加标签，再发送到 PE2，流量到达 PE2 后，由于 PE2 本地存在多个 VRF，PE2 并不知道查询哪一个 VRF，所以在数据包中增加了一个标识，称为“Inner Label 内层标签”，又被称为私有标签。在 PE1 上时，将 Inner Label 放在靠近 IP 头部一端，再封装上外层标签头部，在 PE1 和 PE2 之间的传递过程中，依靠外层标签进行标签交换，当流量到达 PE2 后，PE2 剥离外层标签，根据 Inner Label 将数据包发送到对应的 VPN 中。

12.3.2 MPLS VPN 的基础配置

拓扑图如图 12-19 所示，CE1 和 CE2 上分别有各自的内网路由，CE 和 PE 之间通过 EBGP 传递路由，PE 上配置 VPN 实例，最终实现 CE1 和 CE2 的内网路由传递，并能够实现流量通信。

IP 地址规划如表 12-3 所示。

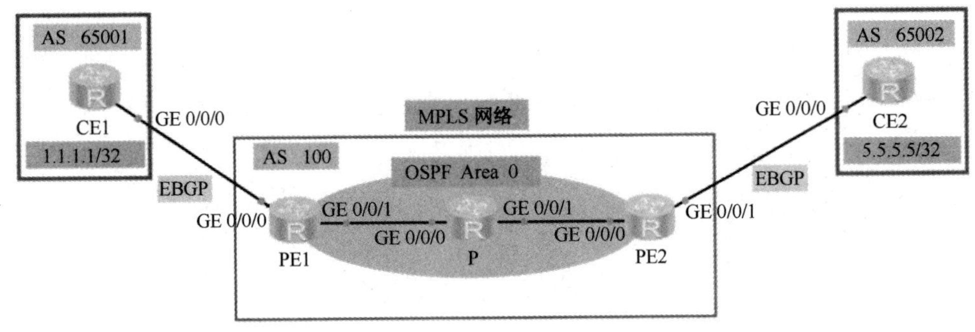

图 12-19　拓扑图

表 12-3　IP 地址规划

设　备	接　口	IP 地 址
CE1	GE0/0/0	12.1.1.1/24
	Loopback 1	1.1.1.1/32
PE1	GE0/0/0	12.1.1.2/24
	GE0/0/1	23.1.1.2/24
	Loopback 1	2.2.2.2/32
P	GE0/0/0	23.1.1.3/24
	GE0/0/1	34.1.1.3/24
	Loopback 1	3.3.3.3/32
PE2	GE0/0/0	34.1.1.4/24
	GE0/0/1	45.1.1.4/24
	Loopback 1	4.4.4.4/32
CE2	GE0/0/0	45.1.1.5/24
	Loopback 1	5.5.5.5/32

步骤 1：IP 地址的具体配置请参考动态 LSP 链路配置，此处不再赘述。

步骤 2：完成 OSPF 配置。

PE1：

```
[PE1]ospf 1
[PE1-ospf-1]area 0
[PE1-ospf-1-area-0.0.0.0]network 2.2.2.2 0.0.0.0
[PE1-ospf-1-area-0.0.0.0]network 23.1.1.0 0.0.0.255
```

P：

```
[P]ospf 1
[P-ospf-1]area 0
[P-ospf-1-area-0.0.0.0]network 3.3.3.3 0.0.0.0
[P-ospf-1-area-0.0.0.0]network 34.1.1.0 0.0.0.255
[P-ospf-1-area-0.0.0.0]network 23.1.1.0 0.0.0.255
```

PE2：

```
[PE2]ospf 1
[PE2-ospf-1]area 0
[PE2-ospf-1-area-0.0.0.0]network 4.4.4.4 0.0.0.0
[PE2-ospf-1-area-0.0.0.0]network 34.1.1.0 0.0.0.255
```

步骤 3：LDP 会话配置请参考 12.2.2 节，此处不再赘述。

步骤 4：完成 PE 的 VPN 实例配置。

PE1：

```
[PE1]ip vpn-instance 1
[PE1-vpn-instance-1]route-distinguisher 1:1
[PE1-vpn-instance-1-af-ipv4]vpn-target 100:1 export-extcommunity
[PE1-vpn-instance-1-af-ipv4]vpn-target 200:1 import-extcommunity
[PE1]interface GigabitEthernet 0/0/0
[PE1-GigabitEthernet0/0/0]ip binding vpn-instance 1
[PE1-GigabitEthernet0/0/0]ip address 12.1.1.2 24
```

PE2：

```
[PE2]ip vpn-instance 1
[PE2-vpn-instance-1]route-distinguisher 2:2
[PE2-vpn-instance-1-af-ipv4]vpn-target 100:1 import-extcommunity
[PE2-vpn-instance-1-af-ipv4]vpn-target 200:1 export-extcommunity
[PE2]interface GigabitEthernet 0/0/1
[PE2-GigabitEthernet0/0/1]ip binding vpn-instance 1
[PE2-GigabitEthernet0/0/1]ip address 45.1.1.4 24
```

步骤 5：完成 BGP 配置。

CE1：

```
[CE1]bgp 65001
[CE1-bgp]peer 12.1.1.2 as-number 100
[CE1-bgp]network 1.1.1.1 32
```

CE2：

```
[CE2]bgp 65002
[CE2-bgp]peer 45.1.1.4 as-number 100
[CE2-bgp]network 5.5.5.5 32
```

PE1：

```
[PE1]bgp 100
[PE1-bgp]ipv4-family vpn-instance 1
[PE1-bgp-1]peer 12.1.1.1 as-number 65001
[PE1-bgp-1]quit
[PE1-bgp]peer 4.4.4.4 as-number 100
[PE1-bgp]peer 4.4.4.4 connect-interface LoopBack 1
[PE1-bgp]ipv4-family vpnv4
[PE1-bgp-af-vpnv4]peer 4.4.4.4 enable
```

PE2：

```
[PE2]bgp 100
[PE2-bgp]ipv4-family vpn-instance 1
[PE2-bgp-1]peer 45.1.1.5 as-number 65002
[PE2-bgp-1]quit
[PE2-bgp]peer 2.2.2.2 as-number 100
[PE2-bgp]peer 2.2.2.2 connect-interface LoopBack 1
[PE2-bgp]ipv4-family vpnv4
[PE2-bgp-af-vpnv4]peer 2.2.2.2 enable
```

步骤 6：路由验证。可以看到，CE1 和 CE2 互相学习到对方的路由，CE1 路由表和 CE2 路由表分别如图 12-20 和图 12-21 所示。

```
<CE1>display ip routing-table
Route Flags: R - relay, D - download to fib
------------------------------------------------------------------------------
Routing Tables: Public
         Destinations : 9        Routes : 9

Destination/Mask    Proto   Pre  Cost      Flags NextHop         Interface

        1.1.1.1/32  Direct  0    0           D   127.0.0.1       LoopBack1
        5.5.5.5/32  EBGP    255  0           D   12.1.1.2        GigabitEthernet
0/0/0
       12.1.1.0/24  Direct  0    0           D   12.1.1.1        GigabitEthernet
0/0/0
       12.1.1.1/32  Direct  0    0           D   127.0.0.1       GigabitEthernet
0/0/0
     12.1.1.255/32  Direct  0    0           D   127.0.0.1       GigabitEthernet
0/0/0
        127.0.0.0/8 Direct  0    0           D   127.0.0.1       InLoopBack0
       127.0.0.1/32 Direct  0    0           D   127.0.0.1       InLoopBack0
127.255.255.255/32  Direct  0    0           D   127.0.0.1       InLoopBack0
255.255.255.255/32  Direct  0    0           D   127.0.0.1       InLoopBack0
```

图 12-20　CE1 路由表

```
<CE2>display ip routing-table
Route Flags: R - relay, D - download to fib
------------------------------------------------------------------------------
Routing Tables: Public
         Destinations : 9        Routes : 9

Destination/Mask    Proto   Pre  Cost      Flags NextHop         Interface

        1.1.1.1/32  EBGP    255  0           D   45.1.1.4        GigabitEthernet
0/0/0
        5.5.5.5/32  Direct  0    0           D   127.0.0.1       LoopBack1
       45.1.1.0/24  Direct  0    0           D   45.1.1.5        GigabitEthernet
0/0/0
       45.1.1.5/32  Direct  0    0           D   127.0.0.1       GigabitEthernet
0/0/0
     45.1.1.255/32  Direct  0    0           D   127.0.0.1       GigabitEthernet
0/0/0
        127.0.0.0/8 Direct  0    0           D   127.0.0.1       InLoopBack0
       127.0.0.1/32 Direct  0    0           D   127.0.0.1       InLoopBack0
127.255.255.255/32  Direct  0    0           D   127.0.0.1       InLoopBack0
255.255.255.255/32  Direct  0    0           D   127.0.0.1       InLoopBack0
```

图 12-21　CE2 路由表

步骤 7：在 CE1 上进行 Ping 测试，如图 12-22 所示，然后进行抓包验证，可以看到具有多层标签嵌套，如图 12-23 所示。

```
<CE1>ping -a 1.1.1.1 5.5.5.5
  PING 5.5.5.5: 56  data bytes, press CTRL_C to break
    Reply from 5.5.5.5: bytes=56 Sequence=1 ttl=252 time=50 ms
    Reply from 5.5.5.5: bytes=56 Sequence=2 ttl=252 time=50 ms
    Reply from 5.5.5.5: bytes=56 Sequence=3 ttl=252 time=50 ms
    Reply from 5.5.5.5: bytes=56 Sequence=4 ttl=252 time=50 ms
    Reply from 5.5.5.5: bytes=56 Sequence=5 ttl=252 time=50 ms

  --- 5.5.5.5 ping statistics ---
    5 packet(s) transmitted
    5 packet(s) received
    0.00% packet loss
    round-trip min/avg/max = 50/50/50 ms
```

图 12-22　Ping 测试

Filter: icmp　Expression... Clear Apply

No.	Time	Source	Destination	Protocol	Info
16	11.469000	1.1.1.1	5.5.5.5	ICMP	Echo (ping) request (id=0x
17	11.500000	5.5.5.5	1.1.1.1	ICMP	Echo (ping) reply (id=0x
18	11.969000	1.1.1.1	5.5.5.5	ICMP	Echo (ping) request (id=0x
19	11.984000	5.5.5.5	1.1.1.1	ICMP	Echo (ping) reply (id=0x
20	12.469000	1.1.1.1	5.5.5.5	ICMP	Echo (ping) request (id=0x
21	12.500000	5.5.5.5	1.1.1.1	ICMP	Echo (ping) reply (id=0x
22	12.969000	1.1.1.1	5.5.5.5	ICMP	Echo (ping) request (id=0x
23	13.000000	5.5.5.5	1.1.1.1	ICMP	Echo (ping) reply (id=0x
24	13.469000	1.1.1.1	5.5.5.5	ICMP	Echo (ping) request (id=0x
25	13.484000	5.5.5.5	1.1.1.1	ICMP	Echo (ping) reply (id=0x

```
Frame 16: 106 bytes on wire (848 bits), 106 bytes captured (848 bits)
Ethernet II, Src: HuaweiTe_af:69:bd (00:e0:fc:af:69:bd), Dst: HuaweiTe_0f:74:72 (00:e0:fc:0f:74:72)
MultiProtocol Label Switching Header, Label: 1024, Exp: 0, S: 0, TTL: 254
MultiProtocol Label Switching Header, Label: 1029, Exp: 0, S: 1, TTL: 254
Internet Protocol, Src: 1.1.1.1 (1.1.1.1), Dst: 5.5.5.5 (5.5.5.5)
Internet Control Message Protocol
```

图 12-23　多层标签嵌套

习　　题

一、选择题

1．推入一层MPLS标签的报文比原来的IP报文多几字节？（　　）

A．4　　B．8

C．16　　D．32

2．基于MPLS标签最多可以标示出几类服务等级不同的数据流？（　　）

A．2　　B．8

C．64　　D．256

3．下列可以分发标签的协议有哪些？（　　）

A．RSVP　　B．LDP

C．MBGP　　D．ISIS

4．如下说法正确的是（　　）。

A．RD是扩展的团体属性　　B．RT是扩展的团体属性

C．RT采用了RD的格式　　D．RD长64位，RT长32位

5．在MPLS VPN组网中，以下标签分发协议能够为“私网”信息分配标签的是（　　）。

A．BGPv4　　B．BGP+

C．MBGP　　D．LDP

6．以下关于LDP协议会话建立过程，描述正确的是（　　）。

A．当双方都收到对端的Keepalive消息后，LDP会话建立成功

B．LDP邻居发现的Hello消息使用TCP报文，目的地址是组播地址224.0.0.2

C．TCP连接建立成功后，由主动方发送初始化消息，协商建立LDP会话的相关参数

D．传输地址较大的一方作为主动方，发起建立TCP连接

7．RD用于区分不同VPN中的相同IP地址，RD包含多少bit?（　　）

A．64　　B．32

C．16　　D．128

8．下面对MPLS头部的描述正确的是（　　）。

A．MPLS头部的长度为32bit

B．MPLS头部中的Label字段取值范围为0～65535

C．MPLS可以实现多层MPLS头部的嵌套

D．可以通过MPLS头部中的max_hop字段防止标签报文被无限制转发

9．华为设备默认的标签发布方式、标签分配控制方式和标签保持方式的组合是（　　）。

A．DU + Independent + Conservative

B．DU + Ordered+ Liberal

C．DoD + Independent+ Liberal

D．DoD + Ordered + Conservative

10．MP-BGP在传递VPNv4路由时，携带哪种Route Target？（　　）

A．Export RT　　B．Implied RT

C．Import RT　　D．Extended RT

二、简答题

1．简述 RT 和 RD 的作用。
2．MPLS 的产生之初是为了解决什么问题？
3．LSP 建立的方式有哪些？
4．标签分配控制方式有哪些？华为采用的是哪一种？
5．什么是 VRF，并简述其作用。
6．MPLS 是 TCP/IP 协议栈中的第几层，并画出 MPLS 的报文头结构。
7．什么是转发等价类？

第13章　WLAN技术

当今世界的网络单单依赖有线网络是远远不够的，这就注定了无线网络的快速发展。无线局域网技术具有传统局域网无法比拟的灵活性。无线局域网的通信范围不受环境条件的限制，网络的传输范围大大拓宽，最大的传输范围可达几十千米。本章主要介绍无线网络涉及的设备与配置。

本章导读：

- WLAN的概念
- 无线局域网标准
- WLAN设备
- 基本WLAN组网
- WLAN的工作流程

13.1　WLAN概述

13.1.1　WLAN的概念

WLAN是Wireless Local Area Network的简称，指应用无线通信技术将计算机设备互连起来，构成可以互相通信和实现资源共享的网络体系。无线局域网的特点是不再使用通信电缆将计算机与网络连接起来，而是通过无线的方式连接，从而使网络的构建和终端的移动更加灵活。

WLAN是相当便利的数据传输系统，利用射频（Radio Frequency，RF）技术，使用电磁波，取代旧式碍手碍脚的双绞铜线所构成的局域网络。在空中进行通信连接，使得无线局域网能利用简单的存取架构，让用户通过它达到“信息随身化、便利走天下”的理想境界。

WLAN有很多优点，其中最主要的两个优点是网络使用自由和部署灵活。

（1）网络使用自由：不论在什么地方都可以无线接入网络，不需要物理链路，所以比较适合办公环境、图书馆、商场、酒店等场景。

（2）网络部署灵活：有些地方部署有线网络比较难，而无线网络需要的部署成本低，且无须物理网络接口成本，因此具有较强的部署灵活性。

13.1.2　无线局域网标准

IEEE 802.11的第一个版本发表于1997年，此后，更多基于IEEE 802.11的补充标准逐渐被定义，最为熟知的是影响Wi-Fi代际演进的标准：802.11b、802.11a、802.11g、802.11n、802.11ac等。

在IEEE 802.11ax标准推出之际，Wi-Fi联盟将新Wi-Fi规格的名字简化为Wi-Fi 6，主流的IEEE 802.11ac改称为Wi-Fi 5、IEEE 802.11n改称为Wi-Fi 4。

13.1.3　WLAN设备

WLAN设备一般分为家用和企业两种类型。其中，家用的无线路由器是被大家所熟知的，可以把有线网络信号转换成无线网络信号，供家庭计算机、手机等设备接收，实现无线上网功能。企业的WLAN设备主要有POE（Power Over Ethernet，以太网供电）交换机、AC（Access Controller，接入控制器）和AP（Access Point，无线接入点），如图13-1所示。

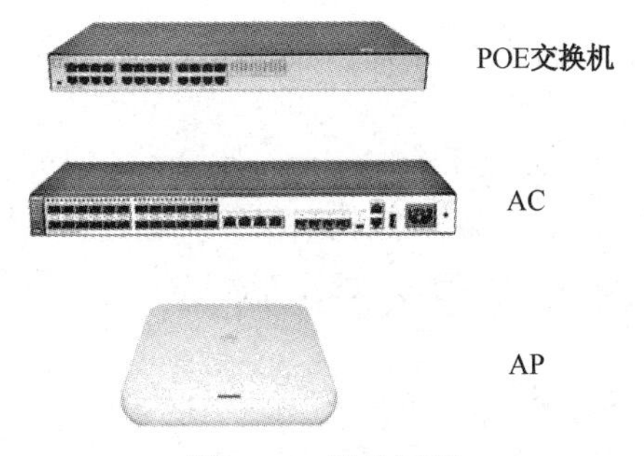

图 13-1　设备图例

POE 交换机在不改变以太网基础架构的前提下，不仅可以为一些 IP 终端传输数据，还可以为这些设备提供直流电，支持以太网供电。

13.1.4　基本 WLAN 组网

WLAN 网络架构分为有线侧和无线侧两部分。有线侧是指 AP 上行到 Internet 网络使用以太网协议；无线侧是指 STA 到 AP 之间的网络使用 802.11 协议。

WLAN 有两种基本架构，分别是 FAT AP 架构和 AC+FIT AP 架构，如图 13-2 和图 13-3 所示。

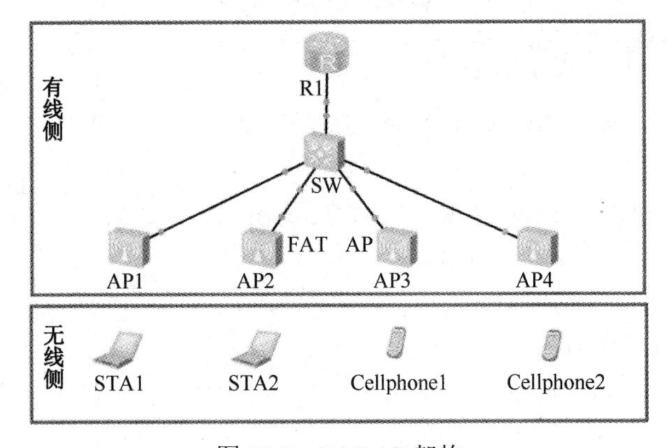

图 13-2　FAT AP 架构

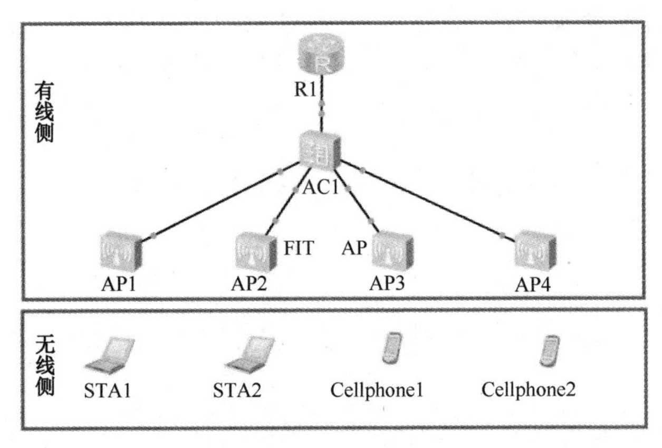

图 13-3　AC+FIT AP 架构

为满足大规模组网的要求，需要对网络中的多个 AP 进行统一管理，IETF 成立了 CAPWAP 工作组，最终制定 CAPWAP 协议。该协议定义了 AC 如何对 AP 进行管理、业务配置，即 AC 与 AP 间首先会建立 CAPWAP 隧道，然后 AC 通过 CAPWAP 隧道来实现对 AP 的集中管理和控制。

无线电磁波属于电磁波的一种，是频率介于 3 Hz 和约 300 GHz 之间的电磁波，也叫作射频电波，简称射频、射电。无线电技术将声音信号或其他信号转换为无线电磁波进行传播。

还有以下几个常用概念：

（1）BSS（Basic Service Set，基本服务集）：指一个 AP 所覆盖的范围。

（2）SSID（Service Set Identifier，服务集标识符）：指无线网络的身份标识。

（3）VAP（Virtual Access Point，虚拟接入点）：指一个 AP 虚拟出多个虚拟 AP，每个虚拟 AP 就是 VAP。

（4）ESS（Extend Service Set，扩展服务集）：由多个 BSS 组成，它们采用相同的 SSID。

13.1.5 有线侧组网和无线侧组网的概念

AP 和 AC 之间的组网分为二层组网和三层组网。其中，二层组网指的是 AP 和 AC 之间的网络为二层网络或者说直连网络，特点是组网比较简单，可以实现快速配置，但是不适用于大型网络架构；三层网络指的是 AP 和 AC 之间跨越了三层网络，一台 AC 可能连接几百台 AP，适用于大型组网环境。

AC 的连接方式分为直连式组网和旁挂式组网。其中，直连式组网指的是 AP 上行数据会经过 AC，AC 会放在下层网络和上层网络之间，也可以扮演汇聚交换机的角色；旁挂式组网指的是把 AC 旁挂在整个网络的一旁，依旧需要管理 AP，但是 AP 去往上层网络的流量不会经过 AC。

13.1.6 WLAN 的工作流程

WLAN 的工作流程主要分为四步，分别是 AP 上线、WLAN 业务配置下发、STA 接入和 WLAN 业务数据转发。

（1）AP 上线主要包括 AP 获取 IP 地址、AP 发现 AC 并与之建立 CAPWAP 隧道、AP 接入控制、AP 版本升级，以及 CAPWAP 隧道维持。

（2）WLAN 业务配置下发主要包括 AC 向 AP 发送配置更新请求消息、AP 回应配置更新回复消息、AC 再将 AP 的业务配置信息下发给 AP。

（3）STA 接入主要包括扫描阶段、链路认证阶段、关联阶段、接入认证阶段、DHCP、用户认证。

（4）WLAN 业务数据转发是将用户的数据报文通过隧道转发方式和直接转发方式进行转发。隧道转发方式是指数据报文到达 AP 后，AP 需要经过 CAPWAP 隧道封装发给 AC，AC 再转发给上层网络；直接转发方式是指数据报文到达 AP 后，不需要经过 CAPWAP 隧道封装而直接转发给上层网络。

13.2 WLAN 配置实现

13.2.1 实验目的

通过部署无线业务，实现工作站等终端设备接入无线网络。掌握无线模板配置方法和基本的 WLAN 配置流程。

13.2.2 实验组网介绍

1. 拓扑介绍

WLAN 实验拓扑如图 13-4 所示，网络中有一台 AC、两台 AP、三台交换机，以及若干个无线终端设备。

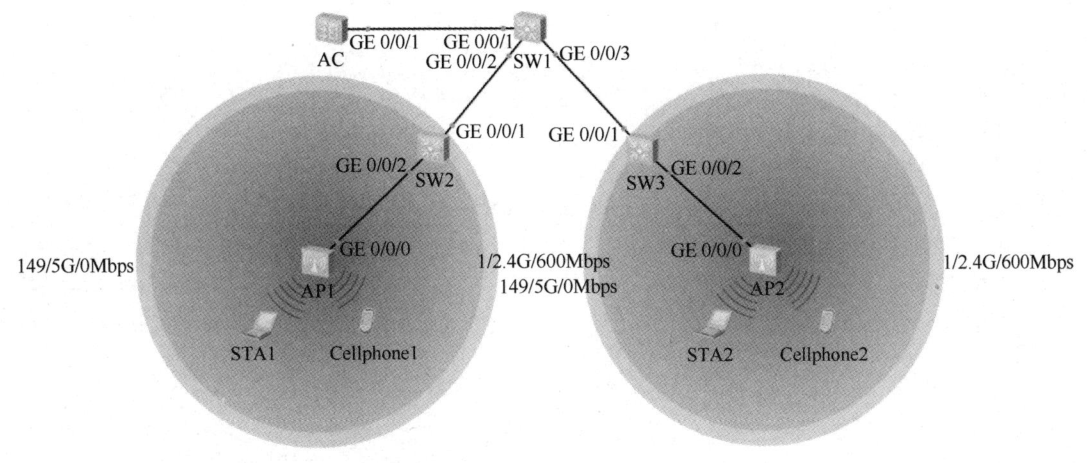

图 13-4　WLAN 实验拓扑

2. IP 地址规划和 VLAN 规划

IP 地址规划表和 VLAN 规划表见表 13-1 和表 13-2。

表 13-1　IP 地址规划表

设备名称	接　口	IP 地 址
AC	Vlanif 10	192.168.10.254/24
SW1	Vlanif 20	192.168.20.254/24

表 13-2　VLAN 规划表

设备名称	VLAN ID
AC	10、20
SW1	10、20
SW2	10、20
SW3	10、20

13.2.3　实验任务配置

1. 有线侧网络配置

步骤 1：开启设备 POE 供电功能（模拟器不用开启）。

SW2：

```
[SW2]interface GigabitEthernet 0/0/2
[SW2-GigabitEthernet0/0/2]poe enable
```

SW3：

```
[SW3]interface GigabitEthernet 0/0/2
[SW3-GigabitEthernet0/0/2]poe enable
```

步骤 2：完成 VLAN 配置。

SW1：

```
[SW1]vlan batch 10 20
[SW1]interface GigabitEthernet 0/0/1
[SW1-GigabitEthernet0/0/1]port link-type trunk
[SW1-GigabitEthernet0/0/1]port trunk allow-pass vlan 10 20
```

```
[SW1-GigabitEthernet0/0/1]quit
[SW1]interface GigabitEthernet 0/0/2
[SW1-GigabitEthernet0/0/2]port link-type trunk
[SW1-GigabitEthernet0/0/2]port trunk allow-pass vlan 10 20
[SW1-GigabitEthernet0/0/2]quit
[SW1]interface GigabitEthernet 0/0/3
[SW1-GigabitEthernet0/0/3]port link-type trunk
[SW1-GigabitEthernet0/0/3]port trunk allow-pass vlan 10 20
[SW1-GigabitEthernet0/0/3]quit
```

AC：

```
[AC]vlan batch 10 20
[AC]interface GigabitEthernet 0/0/1
[AC-GigabitEthernet0/0/1]port link-type trunk
[AC-GigabitEthernet0/0/1]port trunk allow-pass vlan 10 20
[AC-GigabitEthernet0/0/1]quit
SW2：
[SW2]vlan batch 10 20
[SW2]interface GigabitEthernet 0/0/1
[SW2-GigabitEthernet0/0/1]port link-type trunk
[SW2-GigabitEthernet0/0/1]port trunk allow-pass vlan 10 20
[SW2-GigabitEthernet0/0/1]quit
[SW2]interface GigabitEthernet 0/0/2
[SW2-GigabitEthernet0/0/2]port link-type trunk
[SW2-GigabitEthernet0/0/2]port trunk pvid vlan 10
[SW2-GigabitEthernet0/0/2]port trunk allow-pass vlan 10 20
[SW2-GigabitEthernet0/0/2]quit
```

SW3：

```
[SW3]vlan batch 10 20
[SW3]interface GigabitEthernet 0/0/1
[SW3-GigabitEthernet0/0/1]port link-type trunk
[SW3-GigabitEthernet0/0/1]port trunk allow-pass vlan 10 20
[SW3-GigabitEthernet0/0/1]quit
[SW3]interface GigabitEthernet 0/0/2
[SW3-GigabitEthernet0/0/2]port link-type trunk
[SW3-GigabitEthernet0/0/2]port trunk pvid vlan 10
[SW3-GigabitEthernet0/0/2]port trunk allow-pass vlan 10 20
[SW3-GigabitEthernet0/0/2]quit
```

步骤 3：配置接口 IP 地址。

AC：

```
[AC]interface Vlanif 10
[AC-Vlanif10]ip address 192.168.10.254 24
[AC-Vlanif10]quit
SW1：
[SW1]interface Vlanif 20
[SW1-Vlanif20]ip address 192.168.20.254 24
[SW1-Vlanif20]quit
```

步骤 4：完成 DHCP 配置。

AC：

```
[AC]dhcp enable
[AC]ip pool ap
[AC-ip-pool-ap]network 192.168.10.0 mask 24
[AC-ip-pool-ap]gateway-list 192.168.10.254
[AC-ip-pool-ap]quit
[AC]interface Vlanif 10
[AC-Vlanif10]dhcp select global
[AC-Vlanif10]quit
```

SW1：

```
[SW1]dhcp enable
[SW1]ip pool sta
[SW1-ip-pool-sta]network 192.168.20.0 mask 24
[SW1-ip-pool-sta]gateway-list 192.168.20.254
[SW1-ip-pool-sta]quit
[SW1]interface Vlanif 20
[SW1-Vlanif20]dhcp select global
[SW1-Vlanif20]quit
```

2. 配置 AP 上线

步骤 1：创建 AP 组，组名为 ap-group1。

```
[AC]wlan
[AC-wlan-view]ap-group name ap-group1
```

步骤 2：创建域管理模板，设置 AC 的国家码。

```
[AC]wlan
[AC-wlan-view]regulatory-domain-profile name default
[AC-wlan-regulate-domain-default]country-code cn
```

步骤 3：AP 组下调用域管理模板。

```
[AC]wlan
[AC-wlan-view]ap-group name ap-group1
[AC-wlan-ap-group-ap-group1]regulatory-domain-profile default
Warning: Modifying the country code will clear channel, power and antenna gain configurations of the radio and reset the AP. Continue?[Y/N]:y
```

步骤 4：配置 AC 建立 CAPWAP 隧道的源接口。

```
[AC]capwap source interface Vlanif 10
```

步骤 5：AC 上添加 AP。

```
[AC]wlan
[AC-wlan-view]ap auth-mode mac-auth
[AC-wlan-view]ap-id 0 ap-mac 00e0-fc16-6df0
[AC-wlan-ap-0]ap-name ap1
[AC-wlan-ap-0]ap-group ap-group1
Warning: This operation may cause AP reset. If the country code changes, it will clear channel, power and antenna gain configurations of the radio, Whether to continue? [Y/N]:y
Info: This operation may take a few seconds. Please wait for a moment.. done.
[AC-wlan-ap-0]quit
[AC-wlan-view]ap-id 1 ap-mac 00e0-fc0b-0f60
```

```
[AC-wlan-ap-1]ap-name ap2
[AC-wlan-ap-1]ap-group ap-group1
Warning: This operation may cause AP reset. If the country code changes, it will clear channel, power and antenna gain configurations of the radio, Whether to continue? [Y/N]:y
Info: This operation may take a few seconds. Please wait for a moment.. done.
```

3. 配置 WLAN 业务参数

步骤 1：创建 WLAN 安全模板，名称为“WLAN”，配置安全策略。

```
[AC]wlan
[AC-wlan-view]security-profile name WLAN
[AC-wlan-sec-prof-WLAN]security wpa-wpa2 psk pass-phrase 12345678 aes
Warning: The current password is too simple. For the sake of security, you are advised to set a password containing at least two of the following: lowercase letters a to z, uppercase letters A to Z, digits, and special characters. Continue?[Y/N]:y
```

步骤 2：创建 SSID 模板，名称为“WLAN”，配置 SSID 为“WLAN”。

```
[AC]wlan
[AC-wlan-view]ssid-profile name WLAN
[AC-wlan-ssid-prof-WLAN]ssid WLAN
```

步骤 3：创建 VAP 模板，名称为“WLAN”，配置业务数据转发模式，配置业务 WLAN，调用安全模板和 SSID 模板。

```
[AC]wlan
[AC-wlan-view]vap-profile name WLAN
[AC-wlan-vap-prof-WLAN]forward-mode direct-forward
[AC-wlan-vap-prof-WLAN]service-vlan vlan-id 20
[AC-wlan-vap-prof-WLAN]security-profile WLAN
[AC-wlan-vap-prof-WLAN]ssid-profile WLAN
```

步骤 4：AP 组调用 VAP 模板，AP 上射频 0 和射频 1 都使用 VAP 模板。

```
[AC]wlan
[AC-wlan-view]ap-group name ap-group1
[AC-wlan-ap-group-ap-group1]vap-profile WLAN wlan 1 radio all
Info: This operation may take a few seconds, please wait … done.
```

步骤 5：无线终端设备连接无线信号，如图 13-5 所示，输入密码“12345678”。

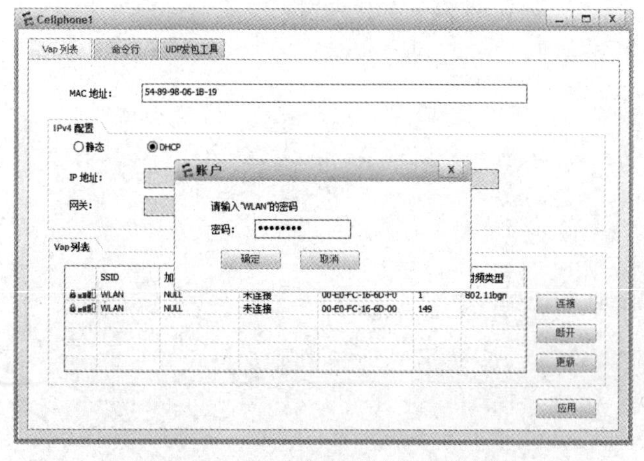

图 13-5 无线终端设备连接无线信号

13.2.4　结果验证

步骤 1：查看 AP 信息，如图 13-6 所示。

```
[AC]display ap all
Info: This operation may take a few seconds. Please wait for a moment.done.
Total AP information:
nor  : normal            [2]
--------------------------------------------------------------------------------
-------------
ID   MAC            Name Group      IP             Type            State STA Upti
me
--------------------------------------------------------------------------------
-------------
0    00e0-fc16-6df0 ap1  ap-group1 192.168.10.217 AP6050DN        nor   0   4M:0
S
1    00e0-fc0b-0f60 ap2  ap-group1 192.168.10.89  AP6050DN        nor   0   6S
--------------------------------------------------------------------------------
-------------
Total: 2
```

图 13-6　查看 AP 信息

步骤 2：使用无线终端测试网关，Ping 测试如图 13-7 所示。

```
STA>ping 192.168.20.254

Ping 192.168.20.254: 32 data bytes, Press Ctrl_C to break
From 192.168.20.254: bytes=32 seq=1 ttl=255 time=125 ms
From 192.168.20.254: bytes=32 seq=2 ttl=255 time=140 ms
From 192.168.20.254: bytes=32 seq=3 ttl=255 time=141 ms
From 192.168.20.254: bytes=32 seq=4 ttl=255 time=140 ms
From 192.168.20.254: bytes=32 seq=5 ttl=255 time=141 ms

--- 192.168.20.254 ping statistics ---
  5 packet(s) transmitted
  5 packet(s) received
  0.00% packet loss
  round-trip min/avg/max = 125/137/141 ms
```

图 13-7　Ping 测试

习　　题

一、选择题

1．WLAN 的传输介质是（　　）。

A．红外线　　B．载波电流

C．无线电波　　D．卫星通信

2．以下可以工作在 2.4GHz 频段的无线协议是（　　）。

A．802.11　　B．802.11a

C．802.11b　　D．802.11g

3．以下哪一种标准是 Wi-Fi 4 采用的标准？（　　）

A．802.11　　B．802.11a

C．802.11b　　D．802.11n

4．WLAN 组网中，AC 通过哪种协议对 AP 进行管理和业务配置？（　　）

A．802.11　　B．CAPWAP

C．SSID　　D．WLAN

5．在 WLAN 组网方式中，AC+FIT AP 的优势是（　　）。

A．轻量型 AP 设备，非智能化，操作简单

B．集中的网络管理，便于管理和维护

C．更高的安全控制

D．无缝漫游

6．WLAN 中常用的天线有哪两种类型？（　　）（多选）

A．全向天线　　B．八木天线

C．定向天线　　D．智能天线

7．下列关于 AP 的说法正确的是（　　）。

A．AC 只可以给胖 AP 下发配置

B．AP 的全称是 Access Pint

C．胖、瘦 AP 之间无法进行转换

D．瘦 AP 会从 AC 获取配置

8．WLAN 的优势有哪些？（　　）（多选）

A．通过 WLAN，用户可以做到信息随身化

B．组网方式灵活，扩展性好

C．不论在什么地方，都可以无线接入网络，不需要物理链路

D．用户被链路/线缆束缚

9．在 WLAN 组网中，AP 到 STA 之间使用的是什么协议？（　　）

A．以太网　　B．PPP

C．802.1　　D．STP

10．以下哪条命令可以开启 POE 供电？（　　）。

A．POE enable　　B．undo POE disable

C．POE turn-on　　D．undo shutdown

二、简答题

1．无线局域网标准有哪些？Wi-Fi 5 采用的是什么标准？

2．FAT 和 FIT AP 有什么差异？其组网架构有何不同？

3．AC 的连接方式有哪些？各有什么优缺点？

4．WLAN 组网中需要用到哪些设备？其在组网中的功能是什么？

5．根据你对 WLAN 的理解，描述一下无线局域网使用的领域范围。

6．尝试简要描述 WLAN 的工作过程。

7．简要描述使用 WLAN 组网的优势有哪些。

第 14 章　企业网络综合实战

本章旨在通过练习综合拓扑、熟练使用多种网络技术来提升综合实验能力，帮助读者快速融入实际应用环境。

本章导读：

- 链路聚合和 VLAN 配置
- MSTP 配置
- VRRP 配置
- 企业内网 OSPF 配置
- 运营商 OSPF 配置
- LDP 配置
- MPLS VPN 实例配置
- MP-BGP 配置
- DHCP 配置

14.1　实验目的

（1）熟练多种常用技术的配置指令；

（2）了解典型现网的规划；

（3）掌握 MPLS VPN 技术的应用。

14.2　实验拓扑

综合实验拓扑如图 14-1 所示。企业总部位于城市 A，企业分部位于城市 B，企业总部通过 OSPF 实现内网互通，配合使用 MSTP 和 VRRP 技术；企业分部的设备通过 DHCP 自动获取 IP 地址等参数。由于总部和分部之间使用专线成本较高，所以选择通过 MPLS VPN 实现总部和分部网络互通。

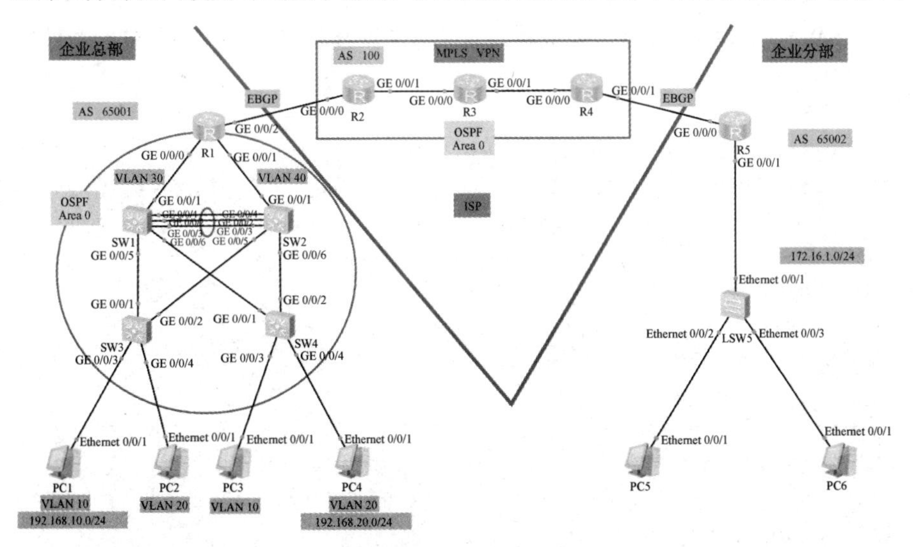

图 14-1　综合实验拓扑

14.3 IP 地址规划

IP 地址规划如表 14-1 所示。

表 14-1 IP 地址规划

设备名称	接口	IP 地址
SW1	Vlanif 10	192.168.10.253/24
	Vlanif 20	192.168.20.253/24
	Vlanif 30	10.1.11.1/24
SW2	Vlanif 10	192.168.10.252/24
	Vlanif 20	192.168.20.252/24
	Vlanif 40	10.1.22.1/24
R1	GE0/0/0	10.1.11.2/24
	GE0/0/1	10.1.22.2/24
	GE0/0/2	12.1.1.1/24
R2	Loopback 1	2.2.2.2/32
	GE0/0/0	12.1.1.2/24
	GE0/0/1	23.1.1.2/24
R3	Loopback 1	3.3.3.3/32
	GE0/0/0	23.1.1.3/24
	GE0/0/1	34.1.1.3/24
R4	Loopback 1	4.4.4.4/32
	GE0/0/0	34.1.1.4/24
	GE0/0/1	45.1.1.4/24
R5	GE0/0/0	45.1.1.5/24
	GE0/0/1	172.16.1.254/24

14.4 实验配置

14.4.1 链路聚合和 VLAN 配置

在 SW1、SW2、SW3 和 SW4 上完成相对应的链路聚合和 VLAN 配置，注意配置接口的类型和允许通过的 VLAN。

SW1：

```
[SW1]vlan batch 10 20 30
[SW1]interface Eth-Trunk 1
[SW1-Eth-Trunk1]trunkport GigabitEthernet 0/0/2
[SW1-Eth-Trunk1]trunkport GigabitEthernet 0/0/3
[SW1-Eth-Trunk1]trunkport GigabitEthernet 0/0/4
[SW1-Eth-Trunk1]port link-type trunk
[SW1-Eth-Trunk1]port trunk allow-pass vlan 10 20
[SW1-Eth-Trunk1]quit
[SW1]interface GigabitEthernet 0/0/5
[SW1-GigabitEthernet0/0/5]port link-type trunk
[SW1-GigabitEthernet0/0/5]port trunk allow-pass vlan 10 20
[SW1-GigabitEthernet0/0/5]quit
[SW1]interface GigabitEthernet 0/0/6
```

```
[SW1-GigabitEthernet0/0/6]port link-type trunk
[SW1-GigabitEthernet0/0/6]port trunk allow-pass vlan 10 20
[SW1-GigabitEthernet0/0/6]quit
[SW1]interface GigabitEthernet 0/0/1
[SW1-GigabitEthernet0/0/1]port link-type access
[SW1-GigabitEthernet0/0/1]port default vlan 30
[SW1-GigabitEthernet0/0/1]quit
```

SW2:

```
[SW2]vlan batch 10 20 40
[SW2]interface Eth-Trunk 1
[SW2-Eth-Trunk1]trunkport GigabitEthernet 0/0/2
[SW2-Eth-Trunk1]trunkport GigabitEthernet 0/0/3
[SW2-Eth-Trunk1]trunkport GigabitEthernet 0/0/4
[SW2-Eth-Trunk1]port link-type trunk
[SW2-Eth-Trunk1]port trunk allow-pass vlan 10 20
[SW2-Eth-Trunk1]quit
[SW2]interface GigabitEthernet 0/0/5
[SW2-GigabitEthernet0/0/5]port link-type trunk
[SW2-GigabitEthernet0/0/5]port trunk allow-pass vlan 10 20
[SW2-GigabitEthernet0/0/5]quit
[SW2]interface GigabitEthernet 0/0/6
[SW2-GigabitEthernet0/0/6]port link-type trunk
[SW2-GigabitEthernet0/0/6]port trunk allow-pass vlan 10 20
[SW2-GigabitEthernet0/0/6]quit
[SW2]interface GigabitEthernet 0/0/1
[SW2-GigabitEthernet0/0/1]port link-type access
[SW2-GigabitEthernet0/0/1]port default vlan 40
[SW2-GigabitEthernet0/0/1]quit
```

SW3:

```
[SW3]vlan batch 10 20
[SW3]interface GigabitEthernet 0/0/1
[SW3-GigabitEthernet0/0/1]port link-type trunk
[SW3-GigabitEthernet0/0/1]port trunk allow-pass vlan 10 20
[SW3-GigabitEthernet0/0/1]quit
[SW3]interface GigabitEthernet 0/0/2
[SW3-GigabitEthernet0/0/2]port link-type trunk
[SW3-GigabitEthernet0/0/2]port trunk allow-pass vlan 10 20
[SW3-GigabitEthernet0/0/2]quit
[SW3]interface GigabitEthernet 0/0/3
[SW3-GigabitEthernet0/0/3]port link-type access
[SW3-GigabitEthernet0/0/3]port default vlan 10
[SW3-GigabitEthernet0/0/3]quit
[SW3]interface GigabitEthernet 0/0/4
[SW3-GigabitEthernet0/0/4]port link-type access
[SW3-GigabitEthernet0/0/4]port default vlan 20
[SW3-GigabitEthernet0/0/4]quit
```

SW4:

```
[SW4]vlan batch 10 20
[SW4]interface GigabitEthernet 0/0/1
```

```
[SW4-GigabitEthernet0/0/1]port link-type trunk
[SW4-GigabitEthernet0/0/1]port trunk allow-pass vlan 10 20
[SW4-GigabitEthernet0/0/1]quit
[SW4]interface GigabitEthernet 0/0/2
[SW4-GigabitEthernet0/0/2]port link-type trunk
[SW4-GigabitEthernet0/0/2]port trunk allow-pass vlan 10 20
[SW4-GigabitEthernet0/0/2]quit
[SW4]interface GigabitEthernet 0/0/3
[SW4-GigabitEthernet0/0/3]port link-type access
[SW4-GigabitEthernet0/0/3]port default vlan 10
[SW4-GigabitEthernet0/0/3]quit
[SW4]interface GigabitEthernet 0/0/4
[SW4-GigabitEthernet0/0/4]port link-type access
[SW4-GigabitEthernet0/0/4]port default vlan 20
[SW4-GigabitEthernet0/0/4]quit
```

14.4.2 MSTP 配置

将 SW1 设置为 VLAN 10 的主根桥，将 SW2 设置为 VLAN 10 的次根桥；将 SW2 设置为 VLAN 20 的主根桥，将 SW1 设置为 VLAN 20 的次根桥。

域名为“HW”。

SW1：

```
[SW1]stp region-configuration
[SW1-mst-region]region-name HW
[SW1-mst-region]instance 1 vlan 10
[SW1-mst-region]instance 2 vlan 20
[SW1-mst-region]active region-configuration
[SW1-mst-region]quit
[SW1]stp instance 1 root primary
[SW1]stp instance 2 root secondary
```

SW2：

```
[SW2]stp region-configuration
[SW2-mst-region]region-name HW
[SW2-mst-region]instance 1 vlan 10
[SW2-mst-region]instance 2 vlan 20
[SW2-mst-region]active region-configuration
[SW2-mst-region]quit
[SW2]stp instance 1 root secondary
[SW2]stp instance 2 root primary
```

SW3：

```
[SW3]stp region-configuration
[SW3-mst-region]region-name HW
[SW3-mst-region]instance 1 vlan 10
[SW3-mst-region]instance 2 vlan 20
[SW3-mst-region]active region-configuration
[SW3-mst-region]quit
```

SW4：

```
[SW4]stp region-configuration
[SW4-mst-region]region-name HW
```

```
[SW4-mst-region]instance 1 vlan 10
[SW4-mst-region]instance 2 vlan 20
[SW4-mst-region]active region-configuration
[SW4-mst-region]quit
```

14.4.3　VRRP 配置

设置 SW1 为 VLAN 10 的 Master 节点，设置 SW2 为 VLAN 10 的 Backup 节点；设置 SW2 为 VLAN 20 的 Master 节点，设置 SW1 为 VLAN 20 的 Backup 节点。其中，将 Master 节点的优先级设置为 130。

SW1：

```
[SW1]interface Vlanif 10
[SW1-Vlanif10]ip address 192.168.10.253 24
[SW1-Vlanif10]vrrp vrid 1 virtual-ip 192.168.10.254
[SW1-Vlanif10]vrrp vrid 1 priority 130
[SW1-Vlanif10]quit
[SW1]interface Vlanif 20
[SW1-Vlanif20]ip address 192.168.20.253 24
[SW1-Vlanif20]vrrp vrid 2 virtual-ip 192.168.20.254
[SW1-Vlanif20]quit
```

SW2：

```
[SW2]interface Vlanif 10
[SW2-Vlanif10]ip address 192.168.10.252 24
[SW2-Vlanif10]vrrp vrid 1 virtual-ip 192.168.10.254
[SW2-Vlanif10]quit
[SW2]interface Vlanif 20
[SW2-Vlanif20]ip address 192.168.20.252 24
[SW2-Vlanif20]vrrp vrid 2 virtual-ip 192.168.20.254
[SW2-Vlanif20]vrrp vrid 2 priority 130
[SW2-Vlanif20]quit
```

14.4.4　企业内网 OSPF 配置

通过 OSPF 配置实现企业内部互通。

SW1：

```
[SW1]ospf 1
[SW1-ospf-1]area 0
[SW1-ospf-1-area-0.0.0.0]network 192.168.10.0 0.0.0.255
[SW1-ospf-1-area-0.0.0.0]network 192.168.20.0 0.0.0.255
[SW1-ospf-1-area-0.0.0.0]network 10.1.11.0 0.0.0.255
```

SW2：

```
[SW2]ospf 1
[SW2-ospf-1]area 0
[SW2-ospf-1-area-0.0.0.0]network 192.168.10.0 0.0.0.255
[SW2-ospf-1-area-0.0.0.0]network 192.168.20.0 0.0.0.255
[SW2-ospf-1-area-0.0.0.0]network 10.1.22.0 0.0.0.255
```

R1：

```
[R1]ospf 1
[R1-ospf-1]area 0
```

```
[R1-ospf-1-area-0.0.0.0]network 10.1.11.0 0.0.0.255
[R1-ospf-1-area-0.0.0.0]network 10.1.22.0 0.0.0.255
```

14.4.5 运营商 OSPF 配置

在运营商中需要配置 IGP，这里选择 OSPF。

R2：

```
[R2]ospf 1
[R2-ospf-1]area 0
[R2-ospf-1-area-0.0.0.0]network 2.2.2.2 0.0.0.0
[R2-ospf-1-area-0.0.0.0]network 23.1.1.0 0.0.0.255
```

R3：

```
[R3]ospf 1
[R3-ospf-1]area 0
[R3-ospf-1-area-0.0.0.0]network 3.3.3.3 0.0.0.0
[R3-ospf-1-area-0.0.0.0]network 34.1.1.0 0.0.0.255
[R3-ospf-1-area-0.0.0.0]network 23.1.1.0 0.0.0.255
```

R4：

```
[R4]ospf 1
[R4-ospf-1]area 0
[R4-ospf-1-area-0.0.0.0]network 4.4.4.4 0.0.0.0
[R4-ospf-1-area-0.0.0.0]network 34.1.1.0 0.0.0.255
```

14.4.6 LDP 配置

在运营商中配置 LDP 功能，实现自动标签分发。

R2：

```
[R2]mpls lsr-id 2.2.2.2
[R2]mpls
[R2]mpls ldp
[R2]interface GigabitEthernet 0/0/1
[R2-GigabitEthernet0/0/1]mpls
[R2-GigabitEthernet0/0/1]mpls ldp
```

R3：

```
[R3]mpls lsr-id 3.3.3.3
[R3]mpls
[R3]mpls ldp
[R3]interface GigabitEthernet 0/0/0
[R3-GigabitEthernet0/0/0]mpls
[R3-GigabitEthernet0/0/0]mpls ldp
[R3-GigabitEthernet0/0/0]quit
[R3]interface GigabitEthernet 0/0/1
[R3-GigabitEthernet0/0/1]mpls
[R3-GigabitEthernet0/0/1]mpls ldp
[R3-GigabitEthernet0/0/1]quit
```

R4：

```
[R4]interface GigabitEthernet 0/0/0
[R4-GigabitEthernet0/0/0]mpls
[R4-GigabitEthernet0/0/0]mpls ldp
```

14.4.7　MPLS VPN 实例配置

设置 R2 的 VPN 实例 1：RD 为 1:1，出方向 RT 为 100:100，入方向 RT 为 200:200；设置 R4 的 VPN 实例 1：RD 为 2:2，入方向 RT 为 100:100，出方向 RT 为 200:200。分别绑定连接 CE 的接口。

R2：

```
[R2]ip vpn-instance 1
[R2-vpn-instance-1]route-distinguisher 1:1
[R2-vpn-instance-1-af-ipv4]vpn-target 100:100 export-extcommunity
[R2-vpn-instance-1-af-ipv4]vpn-target 200:200 import-extcommunity
[R2-vpn-instance-1-af-ipv4]quit
[R2]interface GigabitEthernet 0/0/0
[R2-GigabitEthernet0/0/0]ip binding vpn-instance 1
[R2-GigabitEthernet0/0/0]ip address 12.1.1.2 24
```

R4：

```
[R4]ip vpn-instance 1
[R4-vpn-instance-1]route-distinguisher 2:2
[R4-vpn-instance-1-af-ipv4]vpn-target 100:100 import-extcommunity
[R4-vpn-instance-1-af-ipv4]vpn-target 200:200 export-extcommunity
[R4-vpn-instance-1-af-ipv4]quit
[R4]interface GigabitEthernet 0/0/1
[R4-GigabitEthernet0/0/1]ip binding vpn-instance 1
[R4-GigabitEthernet0/0/1]ip address 45.1.1.4 24
```

14.4.8　MP-BGP 配置

需要在两台 CE 也就是 R1 和 R2 上各自把内网的路由引入 BGP 中传递，然后通过 PE 和 PE 之间的 MP-BGP 实现 VPN 路由传递。

R1：

```
[R1]bgp 65001
[R1-bgp]peer 12.1.1.1 as-number 100
[R1-bgp]import-route ospf 1
[R1]ospf 1
[R1-ospf-1]import-route bgp
```

R2：

```
[R2]bgp 100
[R2-bgp]ipv4-family vpn-instance 1
[R2-bgp-1]peer 12.1.1.1 as-number 65001
[R2-bgp-1]quit
[R2-bgp]peer 4.4.4.4 as-number 100
[R2-bgp]peer 4.4.4.4 connect-interface LoopBack 1
[R2-bgp]ipv4-family vpnv4
[R2-bgp-af-vpnv4]peer 4.4.4.4 enable
```

R4：

```
[R4]bgp 100
[R4-bgp]ipv4-family vpn-instance 1
[R4-bgp-1]peer 45.1.1.5 as-number 65002
[R4-bgp-1]quit
```

```
[R4-bgp]peer 2.2.2.2 as-number 100
[R4-bgp]peer 2.2.2.2 connect-interface LoopBack 1
[R4-bgp]ipv4-family vpnv4
[R4-bgp-af-vpnv4]peer 2.2.2.2 enable
```

R5：

```
[R5]bgp 65002
[R5-bgp]peer 45.1.1.4 as-number 100
[R5-bgp]import-route direct
```

14.4.9 DHCP 配置

设置 R5 作为分部的 DHCP 服务器，租约时间设置为 2 天，排除“172.16.1.100～172.16.1.200”的地址段作为后期扩容服务器集群预留地址段。

R5：

```
[R5]dhcp enable
[R5]ip pool fenbu
[R5-ip-pool-fenbu]network 172.16.1.0 mask 24
[R5-ip-pool-fenbu]gateway-list 172.16.1.254
[R5-ip-pool-fenbu]lease day 2
[R5-ip-pool-fenbu]excluded-ip-address 172.16.1.100 172.16.1.200
[R5-ip-pool-fenbu]quit
[R5]interface GigabitEthernet 0/0/1
[R5-GigabitEthernet0/0/1]dhcp select global
```

14.5 结果验证

在 SW1 上查看路由表，能看到分部的路由，SW1 路由表如图 14-2 所示；同样的，在 R5 上查看路由表，可以看到总部的路由条目，R5 路由表如图 14-3 所示。

```
<SW1>display ip routing-table
Route Flags: R - relay, D - download to fib
------------------------------------------------------------------------------
Routing Tables: Public
         Destinations : 13       Routes : 16

Destination/Mask    Proto   Pre  Cost      Flags NextHop         Interface

      10.1.11.0/24  Direct  0    0           D   10.1.11.1       Vlanif30
      10.1.11.1/32  Direct  0    0           D   127.0.0.1       Vlanif30
      10.1.22.0/24  OSPF    10   2           D   192.168.20.252  Vlanif20
                    OSPF    10   2           D   192.168.10.252  Vlanif10
                    OSPF    10   2           D   10.1.11.2       Vlanif30
       45.1.1.0/24  O_ASE   150  1           D   10.1.11.2       Vlanif30
      127.0.0.0/8   Direct  0    0           D   127.0.0.1       InLoopBack0
      127.0.0.1/32  Direct  0    0           D   127.0.0.1       InLoopBack0
     172.16.1.0/24  O_ASE   150  1           D   10.1.11.2       Vlanif30
   192.168.10.0/24  Direct  0    0           D   192.168.10.253  Vlanif10
 192.168.10.253/32  Direct  0    0           D   127.0.0.1       Vlanif10
 192.168.10.254/32  Direct  0    0           D   127.0.0.1       Vlanif10
   192.168.20.0/24  Direct  0    0           D   192.168.20.253  Vlanif20
 192.168.20.253/32  Direct  0    0           D   127.0.0.1       Vlanif20
 192.168.20.254/32  OSPF    10   2           D   192.168.20.252  Vlanif20
                    OSPF    10   2           D   192.168.10.252  Vlanif10
```

图 14-2 SW1 路由表

进行总部 PC 和分部 PC 进行 Ping 测试，如图 14-4 所示，发现可以通信。

```
[R5]display ip routing-table
Route Flags: R - relay, D - download to fib
------------------------------------------------------------------------------
Routing Tables: Public
         Destinations : 16       Routes : 16

Destination/Mask    Proto   Pre  Cost      Flags NextHop         Interface

      10.1.11.0/24  EBGP    255  0           D   45.1.1.4        GigabitEthernet
0/0/0
      10.1.22.0/24  EBGP    255  0           D   45.1.1.4        GigabitEthernet
0/0/0
       45.1.1.0/24  Direct  0    0           D   45.1.1.5        GigabitEthernet
0/0/0
       45.1.1.5/32  Direct  0    0           D   127.0.0.1       GigabitEthernet
0/0/0
     45.1.1.255/32  Direct  0    0           D   127.0.0.1       GigabitEthernet
0/0/0
      127.0.0.0/8   Direct  0    0           D   127.0.0.1       InLoopBack0
      127.0.0.1/32  Direct  0    0           D   127.0.0.1       InLoopBack0
127.255.255.255/32  Direct  0    0           D   127.0.0.1       InLoopBack0
     172.16.1.0/24  Direct  0    0           D   172.16.1.254    GigabitEthernet
0/0/1
   172.16.1.254/32  Direct  0    0           D   127.0.0.1       GigabitEthernet
0/0/1
   172.16.1.255/32  Direct  0    0           D   127.0.0.1       GigabitEthernet
0/0/1
   192.168.10.0/24  EBGP    255  0           D   45.1.1.4        GigabitEthernet
0/0/0
 192.168.10.254/32  EBGP    255  0           D   45.1.1.4        GigabitEthernet
0/0/0
   192.168.20.0/24  EBGP    255  0           D   45.1.1.4        GigabitEthernet
0/0/0
 192.168.20.254/32  EBGP    255  0           D   45.1.1.4        GigabitEthernet
0/0/0
255.255.255.255/32  Direct  0    0           D   127.0.0.1       InLoopBack0
```

图 14-3　R5 路由表

```
PC>ping 192.168.10.1

Ping 192.168.10.1: 32 data bytes, Press Ctrl_C to break
From 192.168.10.1: bytes=32 seq=1 ttl=122 time=203 ms
From 192.168.10.1: bytes=32 seq=2 ttl=122 time=109 ms
From 192.168.10.1: bytes=32 seq=3 ttl=122 time=125 ms
From 192.168.10.1: bytes=32 seq=4 ttl=122 time=125 ms
From 192.168.10.1: bytes=32 seq=5 ttl=122 time=125 ms

--- 192.168.10.1 ping statistics ---
  5 packet(s) transmitted
  5 packet(s) received
  0.00% packet loss
  round-trip min/avg/max = 109/137/203 ms
```

图 14-4　Ping 测试

14.6　配置参考

以下为每台设备的配置命令：

SW1：

```
<SW1>display current-configuration
#
sysname SW1
#
vlan batch 10 20 30
#
stp instance 1 root primary
stp instance 2 root secondary
#
cluster enable
ntdp enable
ndp enable
#
drop illegal-mac alarm
#
diffserv domain default
```

```
#
stp region-configuration
 region-name HW
 instance 1 vlan 10
 instance 2 vlan 20
 active region-configuration
#
drop-profile default
#
aaa
 authentication-scheme default
 authorization-scheme default
 accounting-scheme default
 domain default
 domain default_admin
 local-user admin password simple admin
 local-user admin service-type http
#
interface Vlanif1
#
interface Vlanif10
 ip address 192.168.10.253 255.255.255.0
 vrrp vrid 1 virtual-ip 192.168.10.254
 vrrp vrid 1 priority 130
#
interface Vlanif20
 ip address 192.168.20.253 255.255.255.0
 vrrp vrid 2 virtual-ip 192.168.20.254
#
interface Vlanif30
 ip address 10.1.11.1 255.255.255.0
#
interface MEth0/0/1
#
interface Eth-Trunk1
 port link-type trunk
 port trunk allow-pass vlan 10 20
#
interface GigabitEthernet0/0/1
 port link-type access
 port default vlan 30
#
interface GigabitEthernet0/0/2
 eth-trunk 1
#
interface GigabitEthernet0/0/3
 eth-trunk 1
#
interface GigabitEthernet0/0/4
```

```
 eth-trunk 1
#
interface GigabitEthernet0/0/5
 port link-type trunk
 port trunk allow-pass vlan 10 20
#
interface GigabitEthernet0/0/6
 port link-type trunk
 port trunk allow-pass vlan 10 20
#
interface GigabitEthernet0/0/7
#
interface GigabitEthernet0/0/8
#
interface GigabitEthernet0/0/9
#
interface GigabitEthernet0/0/10
#
interface GigabitEthernet0/0/11
#
interface GigabitEthernet0/0/12
#
interface GigabitEthernet0/0/13
#
interface GigabitEthernet0/0/14
#
interface GigabitEthernet0/0/15
#
interface GigabitEthernet0/0/16
#
interface GigabitEthernet0/0/17
#
interface GigabitEthernet0/0/18
#
interface GigabitEthernet0/0/19
#
interface GigabitEthernet0/0/20
#
interface GigabitEthernet0/0/21
#
interface GigabitEthernet0/0/22
#
interface GigabitEthernet0/0/23
#
interface GigabitEthernet0/0/24
#
interface NULL0
#
ospf 1
```

```
 area 0.0.0.0
  network 192.168.10.0 0.0.0.255
  network 192.168.20.0 0.0.0.255
  network 10.1.11.0 0.0.0.255
#
user-interface con 0
user-interface vty 0 4
#
Return
```

SW2：

```
<SW2>display current-configuration
#
sysname SW2
#
vlan batch 10 20 40
#
stp instance 1 root secondary
stp instance 2 root primary
#
cluster enable
ntdp enable
ndp enable
#
drop illegal-mac alarm
#
diffserv domain default
#
stp region-configuration
 region-name HW
 instance 1 vlan 10
 instance 2 vlan 20
 active region-configuration
#
drop-profile default
#
aaa
 authentication-scheme default
 authorization-scheme default
 accounting-scheme default
 domain default
 domain default_admin
 local-user admin password simple admin
 local-user admin service-type http
#
interface Vlanif1
#
interface Vlanif10
 ip address 192.168.10.252 255.255.255.0
 vrrp vrid 1 virtual-ip 192.168.10.254
```

```
#
interface Vlanif20
 ip address 192.168.20.252 255.255.255.0
 vrrp vrid 2 virtual-ip 192.168.20.254
 vrrp vrid 2 priority 130
#
interface Vlanif40
 ip address 10.1.22.1 255.255.255.0
#
interface MEth0/0/1
#
interface Eth-Trunk1
 port link-type trunk
 port trunk allow-pass vlan 10 20
#
interface GigabitEthernet0/0/1
 port link-type access
 port default vlan 40
#
interface GigabitEthernet0/0/2
 eth-trunk 1
#
interface GigabitEthernet0/0/3
 eth-trunk 1
#
interface GigabitEthernet0/0/4
 eth-trunk 1
#
interface GigabitEthernet0/0/5
 port link-type trunk
 port trunk allow-pass vlan 10 20
#
interface GigabitEthernet0/0/6
 port link-type trunk
 port trunk allow-pass vlan 10 20
#
interface GigabitEthernet0/0/7
#
interface GigabitEthernet0/0/8
#
interface GigabitEthernet0/0/9
#
interface GigabitEthernet0/0/10
#
interface GigabitEthernet0/0/11
#
interface GigabitEthernet0/0/12
#
interface GigabitEthernet0/0/13
```

```
#
interface GigabitEthernet0/0/14
#
interface GigabitEthernet0/0/15
#
interface GigabitEthernet0/0/16
#
interface GigabitEthernet0/0/17
#
interface GigabitEthernet0/0/18
#
interface GigabitEthernet0/0/19
#
interface GigabitEthernet0/0/20
#
interface GigabitEthernet0/0/21
#
interface GigabitEthernet0/0/22
#
interface GigabitEthernet0/0/23
#
interface GigabitEthernet0/0/24
#
interface NULL0
#
ospf 1
 area 0.0.0.0
  network 192.168.10.0 0.0.0.255
  network 192.168.20.0 0.0.0.255
  network 10.1.22.0 0.0.0.255
#
user-interface con 0
user-interface vty 0 4
#
Return
```

SW3：

```
<SW3>display current-configuration
#
sysname SW3
#
vlan batch 10 20
#
cluster enable
ntdp enable
ndp enable
#
drop illegal-mac alarm
#
diffserv domain default
```

```
#
stp region-configuration
 region-name HW
 instance 1 vlan 10
 instance 2 vlan 20
 active region-configuration
#
drop-profile default
#
aaa
 authentication-scheme default
 authorization-scheme default
 accounting-scheme default
 domain default
 domain default_admin
 local-user admin password simple admin
 local-user admin service-type http
#
interface Vlanif1
#
interface MEth0/0/1
#
interface GigabitEthernet0/0/1
 port link-type trunk
 port trunk allow-pass vlan 10 20
#
interface GigabitEthernet0/0/2
 port link-type trunk
 port trunk allow-pass vlan 10 20
#
interface GigabitEthernet0/0/3
 port link-type access
 port default vlan 10
#
interface GigabitEthernet0/0/4
 port link-type access
 port default vlan 20
#
interface GigabitEthernet0/0/5
#
interface GigabitEthernet0/0/6
#
interface GigabitEthernet0/0/7
#
interface GigabitEthernet0/0/8
#
interface GigabitEthernet0/0/9
#
interface GigabitEthernet0/0/10
```

```
#
interface GigabitEthernet0/0/11
#
interface GigabitEthernet0/0/12
#
interface GigabitEthernet0/0/13
#
interface GigabitEthernet0/0/14
#
interface GigabitEthernet0/0/15
#
interface GigabitEthernet0/0/16
#
interface GigabitEthernet0/0/17
#
interface GigabitEthernet0/0/18
#
interface GigabitEthernet0/0/19
#
interface GigabitEthernet0/0/20
#
interface GigabitEthernet0/0/21
#
interface GigabitEthernet0/0/22
#
interface GigabitEthernet0/0/23
#
interface GigabitEthernet0/0/24
#
interface NULL0
#
user-interface con 0
user-interface vty 0 4
#
Return
```

SW4：

```
<SW4>display current-configuration
#
sysname SW4
#
vlan batch 10 20
#
cluster enable
ntdp enable
ndp enable
#
drop illegal-mac alarm
#
diffserv domain default
```

```
#
stp region-configuration
 region-name HW
 instance 1 vlan 10
 instance 2 vlan 20
 active region-configuration
#
drop-profile default
#
aaa
 authentication-scheme default
 authorization-scheme default
 accounting-scheme default
 domain default
 domain default_admin
 local-user admin password simple admin
 local-user admin service-type http
#
interface Vlanif1
#
interface MEth0/0/1
#
interface GigabitEthernet0/0/1
 port link-type trunk
 port trunk allow-pass vlan 10 20
#
interface GigabitEthernet0/0/2
 port link-type trunk
 port trunk allow-pass vlan 10 20
#
interface GigabitEthernet0/0/3
 port link-type access
 port default vlan 10
#
interface GigabitEthernet0/0/4
 port link-type access
 port default vlan 20
#
interface GigabitEthernet0/0/5
#
interface GigabitEthernet0/0/6
#
interface GigabitEthernet0/0/7
#
interface GigabitEthernet0/0/8
#
interface GigabitEthernet0/0/9
#
interface GigabitEthernet0/0/10
```

```
#
interface GigabitEthernet0/0/11
#
interface GigabitEthernet0/0/12
#
interface GigabitEthernet0/0/13
#
interface GigabitEthernet0/0/14
#
interface GigabitEthernet0/0/15
#
interface GigabitEthernet0/0/16
#
interface GigabitEthernet0/0/17
#
interface GigabitEthernet0/0/18
#
interface GigabitEthernet0/0/19
#
interface GigabitEthernet0/0/20
#
interface GigabitEthernet0/0/21
#
interface GigabitEthernet0/0/22
#
interface GigabitEthernet0/0/23
#
interface GigabitEthernet0/0/24
#
interface NULL0
#
user-interface con 0
user-interface vty 0 4
#
Return
```

R1：

```
<R1>display current-configuration
[V200R003C00]
#
 sysname R1
#
 snmp-agent local-engineid 800007DB03000000000000
 snmp-agent
#
 clock timezone China-Standard-Time minus 08:00:00
#
portal local-server load flash:/portalpage.zip
#
 drop illegal-mac alarm
```

```
#
 wlan ac-global carrier id other ac id 0
#
 set cpu-usage threshold 80 restore 75
#
aaa
 authentication-scheme default
 authorization-scheme default
 accounting-scheme default
 domain default
 domain default_admin
 local-user admin password cipher %$%$K8m.Nt84DZ}e#<0`8bmE3Uw}%$%$
 local-user admin service-type http
#
firewall zone Local
 priority 15
#
interface GigabitEthernet0/0/0
 ip address 10.1.11.2 255.255.255.0
#
interface GigabitEthernet0/0/1
 ip address 10.1.22.2 255.255.255.0
#
interface GigabitEthernet0/0/2
 ip address 12.1.1.1 255.255.255.0
#
interface NULL0
#
bgp 65001
 peer 12.1.1.2 as-number 100
 #
 ipv4-family unicast
  undo synchronization
  import-route ospf 1
  peer 12.1.1.2 enable
#
ospf 1
 import-route bgp
 area 0.0.0.0
  network 10.1.11.0 0.0.0.255
  network 10.1.22.0 0.0.0.255
#
user-interface con 0
 authentication-mode password
user-interface vty 0 4
user-interface vty 16 20
#
wlan ac
#
```

```
Return
```

R2：

```
<R2>display current-configuration
[V200R003C00]
#
 sysname R2
#
 snmp-agent local-engineid 800007DB03000000000000
 snmp-agent
#
 clock timezone China-Standard-Time minus 08:00:00
#
portal local-server load flash:/portalpage.zip
#
 drop illegal-mac alarm
#
 wlan ac-global carrier id other ac id 0
#
 set cpu-usage threshold 80 restore 75
#
ip vpn-instance 1
 ipv4-family
  route-distinguisher 1:1
  vpn-target 100:100 export-extcommunity
  vpn-target 200:200 import-extcommunity
#
mpls lsr-id 2.2.2.2
mpls
#
mpls ldp
#
#
aaa
 authentication-scheme default
 authorization-scheme default
 accounting-scheme default
 domain default
 domain default_admin
 local-user admin password cipher %$%$K8m.Nt84DZ}e#<0`8bmE3Uw}%$%$
 local-user admin service-type http
#
firewall zone Local
 priority 15
#
interface GigabitEthernet0/0/0
 ip binding vpn-instance 1
 ip address 12.1.1.2 255.255.255.0
#
interface GigabitEthernet0/0/1
```

```
 ip address 23.1.1.2 255.255.255.0
 mpls
 mpls ldp
#
interface GigabitEthernet0/0/2
#
interface NULL0
#
interface LoopBack1
 ip address 2.2.2.2 255.255.255.255
#
bgp 100
 peer 4.4.4.4 as-number 100
 peer 4.4.4.4 connect-interface LoopBack1
 #
 ipv4-family unicast
  undo synchronization
  peer 4.4.4.4 enable
 #
 ipv4-family vpnv4
  policy vpn-target
  peer 4.4.4.4 enable
 #
 ipv4-family vpn-instance 1
  peer 12.1.1.1 as-number 65001
#
ospf 1
 area 0.0.0.0
  network 2.2.2.2 0.0.0.0
  network 23.1.1.0 0.0.0.255
#
user-interface con 0
 authentication-mode password
user-interface vty 0 4
user-interface vty 16 20
#
wlan ac
#
Return
```

R3：

```
<R3>display current-configuration
[V200R003C00]
#
 sysname R3
#
 snmp-agent local-engineid 800007DB03000000000000
 snmp-agent
#
 clock timezone China-Standard-Time minus 08:00:00
```

```
#
portal local-server load flash:/portalpage.zip
#
 drop illegal-mac alarm
#
 wlan ac-global carrier id other ac id 0
#
 set cpu-usage threshold 80 restore 75
#
mpls lsr-id 3.3.3.3
mpls
#
mpls ldp
#
#
aaa
 authentication-scheme default
 authorization-scheme default
 accounting-scheme default
 domain default
 domain default_admin
 local-user admin password cipher %$%$K8m.Nt84DZ}e#<0`8bmE3Uw}%$%$
 local-user admin service-type http
#
firewall zone Local
 priority 15
#
interface GigabitEthernet0/0/0
 ip address 23.1.1.3 255.255.255.0
 mpls
 mpls ldp
#
interface GigabitEthernet0/0/1
 ip address 34.1.1.3 255.255.255.0
 mpls
 mpls ldp
#
interface GigabitEthernet0/0/2
#
interface NULL0
#
interface LoopBack1
 ip address 3.3.3.3 255.255.255.255
#
ospf 1
 area 0.0.0.0
  network 3.3.3.3 0.0.0.0
  network 23.1.1.0 0.0.0.255
  network 34.1.1.0 0.0.0.255
```

```
#
user-interface con 0
 authentication-mode password
user-interface vty 0 4
user-interface vty 16 20
#
wlan ac
#
Return
```

R4:

```
<R4>display current-configuration
[V200R003C00]
#
 sysname R4
#
 snmp-agent local-engineid 800007DB03000000000000
 snmp-agent
#
 clock timezone China-Standard-Time minus 08:00:00
#
portal local-server load flash:/portalpage.zip
#
 drop illegal-mac alarm
#
 wlan ac-global carrier id other ac id 0
#
 set cpu-usage threshold 80 restore 75
#
ip vpn-instance 1
 ipv4-family
  route-distinguisher 2:2
  vpn-target 200:200 export-extcommunity
  vpn-target 100:100 import-extcommunity
#
mpls lsr-id 4.4.4.4
mpls
#
mpls ldp
#
#
aaa
 authentication-scheme default
 authorization-scheme default
 accounting-scheme default
 domain default
 domain default_admin
 local-user admin password cipher %$%$K8m.Nt84DZ}e#<0`8bmE3Uw}%$%$
 local-user admin service-type http
#
```

```
firewall zone Local
 priority 15
#
interface GigabitEthernet0/0/0
 ip address 34.1.1.4 255.255.255.0
 mpls
 mpls ldp
#
interface GigabitEthernet0/0/1
 ip binding vpn-instance 1
 ip address 45.1.1.4 255.255.255.0
#
interface GigabitEthernet0/0/2
#
interface NULL0
#
interface LoopBack1
 ip address 4.4.4.4 255.255.255.255
#
bgp 100
 peer 2.2.2.2 as-number 100
 peer 2.2.2.2 connect-interface LoopBack1
 #
 ipv4-family unicast
  undo synchronization
  peer 2.2.2.2 enable
 #
 ipv4-family vpnv4
  policy vpn-target
  peer 2.2.2.2 enable
 #
 ipv4-family vpn-instance 1
  peer 45.1.1.5 as-number 65002
#
ospf 1
 area 0.0.0.0
  network 4.4.4.4 0.0.0.0
  network 34.1.1.0 0.0.0.255
#
user-interface con 0
 authentication-mode password
user-interface vty 0 4
user-interface vty 16 20
#
wlan ac
#
Return
```

R5:

```
<R5>display current-configuration
```

```
[V200R003C00]
#
 sysname R5
#
 snmp-agent local-engineid 800007DB03000000000000
 snmp-agent
#
 clock timezone China-Standard-Time minus 08:00:00
#
portal local-server load flash:/portalpage.zip
#
 drop illegal-mac alarm
#
 wlan ac-global carrier id other ac id 0
#
 set cpu-usage threshold 80 restore 75
#
dhcp enable
#
ip pool fenbu
 gateway-list 172.16.1.254
 network 172.16.1.0 mask 255.255.255.0
 excluded-ip-address 172.16.1.100 172.16.1.200
 lease day 2 hour 0 minute 0
#
aaa
 authentication-scheme default
 authorization-scheme default
 accounting-scheme default
 domain default
 domain default_admin
 local-user admin password cipher %$%$K8m.Nt84DZ}e#<0`8bmE3Uw}%$%$
 local-user admin service-type http
#
firewall zone Local
 priority 15
#
interface GigabitEthernet0/0/0
 ip address 45.1.1.5 255.255.255.0
#
interface GigabitEthernet0/0/1
 ip address 172.16.1.254 255.255.255.0
 dhcp select global
#
interface GigabitEthernet0/0/2
#
interface NULL0
#
interface LoopBack1
```

```
#
bgp 65002
 peer 45.1.1.4 as-number 100
 #
 ipv4-family unicast
  undo synchronization
  import-route direct
  peer 45.1.1.4 enable
#
user-interface con 0
 authentication-mode password
user-interface vty 0 4
user-interface vty 16 20
#
wlan ac
#
return
```

习　题

一、选择题

1．批量创建 vlan 10、vlan 20、vlan 30 可以使用下列哪条命令？（　　）

A．vlan batch 10 20 30　　B．vlan 10 20 30

C．vlan 10-30　　D．vlan 10 to 30

2．实验中总部和分部之间使用了哪种技术互连？（　　）

A．PPPOE　　B．HDLC　　C．MPLS VPN　　D．IPSEC VPN

3．下面路由表中，Flag 字段 D 代表的是什么意思？（　　）

Destination/Mask	Proto	Pre	Cost	Flags	NextHop	Interface
10.1.11.0/24	Direct	0	0	D	10.1.11.1	Vlanif30
10.1.11.1/32	Direct	0	0	D	127.0.0.1	Vlanif30
10.1.22.0/24	OSPF	10	2	D	192.168.20.252	Vlanif20
	OSPF	10	2	D	192.168.10.252	Vlanif10
	OSPF	10	2	D	10.1.11.2	Vlanif30
45.1.1.0/24	O_ASE	150	1	D	10.1.11.2	Vlanif30
127.0.0.0/8	Direct	0	0	D	127.0.0.1	InLoopBack0
127.0.0.1/32	Direct	0	0	D	127.0.0.1	InLoopBack0
172.16.1.0/24	O_ASE	150	1	D	10.1.11.2	Vlanif30

A．接口 down　　B．加载到 FIB 表中

C．加载到 RIB 表中　　D．DN 比特位

4．实验中采用了哪种技术进行 MPLS 的标签分发？（　　）

A．RSVP　　B．BGP　　C．LDP　　D．OSPF

5．实验中采用了哪种参数对路由进行隔离？（　　）

A．OSPF　　B．VRRP　　C．VRF　　D．BGP

6．实验中采用了以下哪条命令实现了 ISP 到总部路由的重分布？（　　）

A．
```
ospf 1
 import-route bgp
```

B．
```
bgp 65001
 ipv4-family unicast
  import-route ospf 1
```

C．
```
bgp 65001
 peer 12.1.1.2 as-number 100
```

D．
```
ospf 1
 area 0.0.0.0
 network 10.1.11.0 0.0.0.255
```

二、简答题

1．企业总部使用了哪种 IGP 路由协议？试描述其与静态路由相比的优缺点。
2．从 OSPF 的视角看，R1 的角色是什么？会产生几种 LSA？
3．简述实验中如何通过 RT 进行路由的收发控制。
4．如何实现企业与 ISP 的路由重分布？实验中用到的是什么方法？请简述其优缺点。

参考文献

[1] 谢希仁．计算机网络．8 版．北京：电子工业出版社，2021.
[2] 吴功宜，等．计算机网络技术教程：自顶向下分析与设计方法．2 版．北京：机械工业出版社，2020.
[3] 王元杰，等．一本书读懂 TCP/IP．北京：人民邮电出版社，2016.
[4] 骆焦煌，等．计算机网络技术与应用实践．北京：清华大学出版社，2017.
[5] 韩立刚．华为 HCNA 路由与交换学习指南．北京：人民邮电出版社，2019.
[6] 苏函．HCNA 实验指南．北京：电子工业出版社，2016.
[7] 王达．华为 MPLS 技术学习指南．北京：人民邮电出版社，2017.
[8] 李世银，等．路由与交换技术．北京：人民邮电出版社，2018.
[9] 华为技术有限公司．数据通信与网络技术．北京：人民邮电出版社，2021.
[10] 李建林．局域网交换机和路由器的配置与管理．2 版．北京：电子工业出版社，2020.
[11] 杨心强．数据通信与计算机网络．5 版．北京：电子工业出版社，2018.